高等学校网络空间安全专业“十三五”规划教材

图像隐写与分析技术

主编　张敏情　刘　佳　杨晓元
参编　雷　雨　李　军　苏光伟
　　　狄富强　柯　彦　刘铁群

西安电子科技大学出版社

内容简介

在诸多的信息安全技术中，信息隐藏技术自20世纪90年代提出以来，在数字版权、隐私保护、隐蔽通信等领域发挥着越来越大的作用，已经逐渐成为信息安全领域的研究热点之一。

本书运用博弈对抗理论，从隐写和隐写分析两个角度系统地介绍了信息隐藏领域中图像隐写及分析技术的基础理论、关键技术和实现方法。其主要内容包括图像隐写与隐写分析的基本概念、典型的图像隐写方法、基于最小化嵌入失真的图像隐写技术、可逆信息隐藏、密文域可逆信息隐藏、无修改的隐写术、图像隐写分析技术、基于富模型的隐写分析、基于深度学习的图像隐写分析、隐写与隐写分析的博弈对抗等。

本书可作为高等院校信息安全、网络空间安全、信息对抗等相关学科专业的研究生和高年级本科生的教材或参考书，也可作为相关专业科技工作者的参考书。

图书在版编目(CIP)数据

图像隐写与分析技术 / 张敏情，刘佳，杨晓元主编. —西安：西安电子科技大学出版社，2019.7
ISBN 978-7-5606-5323-5

Ⅰ. ① 图… Ⅱ. ①张… ② 刘… ③ 杨… Ⅲ. ①电子计算机—密码术—研究
Ⅳ. ① TP309.7

中国版本图书馆 CIP 数据核字(2019)第 093293 号

策划编辑 陈婷
责任编辑 曹锦 陈婷
出版发行 西安电子科技大学出版社(西安市太白南路2号)
电　　话 (029)88242885 88201467 邮　　编 710071
网　　址 www.xduph.com 电子邮箱 xdupfxb001@163.com
经　　销 新华书店
印刷单位 咸阳华盛印务有限责任公司
版　　次 2019年7月第1版 2019年7月第1次印刷
开　　本 787毫米×1092毫米 1/16 印张 13.5
字　　数 313千字
印　　数 1～3000册
定　　价 30.00元
ISBN 978-7-5606-5323-5/TP

XDUP 5625001-1

高等学校 网络空间安全专业“十三五”规划教材

编审专家委员会

前言

QIANYAN

随着网络技术的飞速发展，信息传播变得更加方便和快捷，但同时也给信息安全问题带来了巨大挑战。现代信息隐藏技术自20世纪90年代提出以来，在过去二十多年中有了飞速的发展，已经成为信息安全领域的研究热点之一，在国家安全、社会安全和军事安全领域发挥着重要作用。

本书以数字图像作为信息隐藏载体，系统介绍了基于数字图像的隐写与隐写分析技术，不仅涵盖了常用的图像隐写与分析方法，还有本团队近年来在无载体信息隐藏、可逆信息隐藏和基于生成对抗网络的隐写技术等方面的最新研究成果，希望能够帮助读者建立完善的图像信息隐藏技术体系。本书在内容的选择与组织上突出体现了以下两个方面的特色：

一是涵盖范围较广。本书覆盖了信息隐藏中图像隐写与隐写分析技术的发展以及关键技术原理。这主要是考虑到图像作为最常用的隐写载体应用广泛，研究学者关注多，而且对音频、视频、文本领域的隐写与隐写分析具有指导意义。

二是紧跟学术前沿。本书引入了图像隐写与隐写分析领域中近来逐渐兴起的研究方向：在隐写技术中，从理论基础、典型算法、实现方法等几个方面详细介绍基于失真代价函数的隐写方法、无载体信息隐藏、可逆信息隐藏理论与技术等近年的研究热点内容，还介绍了基于博弈策略的隐写方法以及基于生成对抗网络的隐写技术；在隐写分析中，重点介绍了富模型理论和实现方法，以及基于深度学习的图像隐写分析技术。

全书共分10章。第1章主要介绍信息隐藏的基本概念、特征、分类以及关键技术，同时对图像隐写以及隐写分析作简要介绍。第2章主要介绍典型的图像隐写方法。第3章介绍当前隐写技术研究的热点之一：基于最小化嵌入失真的图像隐写技术。第4章则引入另一个研究热点：可逆信息隐藏技术。第5章重点介绍了密文域可逆信息隐藏技术。第6章介绍了无修改的隐写术，包括基于载体修改和纹理合成的两大类隐写术。第7章进入隐写分析领域，介绍了图像隐写分析技术的基本概念以及传统的隐写分析技术。第8章详细介绍了在隐写分析中产生重要影响的富模型隐写分析技术的原理以及改进方法。第9章贴近前沿隐写分析技术，介绍了深度学习在隐写分析领域的应用。本书最后在第10章分析了隐写与隐写分析之间的博弈对抗策略。

本书得到了国家自然科学基金资助项目(61379152、61872384)的资助。在本书编写过程中，刘轶群老师提供了第5章中三维集成成像密文域可逆信息隐藏技术的相关内容，钮可老师、张英男博士，以及硕士生刘明明、王建平、李天雪等参与了本书内容的讨论修订和整理校对工作，在此表示衷心的感谢!

由于编者水平有限，书中难免存在理解不准确或者表述不当等不足，恳请各位同行专家和广大读者不吝赐教，我们将不胜感激。

编者

2019年3月

目录

MULU

第1章　绪　　论

安全和隐私问题在今天备受关注。密码学和隐写技术(简称隐写术)致力于保护秘密信息的安全。加密方法致力于使不具有解密密钥的人无法从密文恢复出信息，尽管信息的内容受到了保护，但是双方通信的事实却是明显存在的。在某些情况下，保护通信的存在性有时是很重要的，即秘密信息需要隐藏到某个对象中，这个对象“看起来”正常到不会引起注意。这就是隐写术[1]采用的方法。

信息隐藏技术的推动力有两个方面：一方面是需要保护知识产权的用户需求；另一方面是对隐藏信息有兴趣的人们，希望以秘密的方式传送信息并且避免第三方接收者的察觉。目前，信息隐藏主要应用在隐蔽通信、匿名、版权标志、证件防伪等军事领域和民用领域。隐蔽通信可以避免内容加密引起敌人注意，因此许多国家都采用了信息隐藏技术进行隐蔽通信、间谍活动。与此同时，恐怖分子也在利用信息隐藏技术。2001 年 9 月恐怖分子头目本·拉登就有可能利用隐写的方法向其同伙传递重要的信息、散布消息、筹集资金、组织恐怖袭击等。

1.1　信息隐藏概述

1.1.1　信息隐藏基本概念

信息隐藏(Information Hiding 或 Data Hiding)是利用多媒体数字信号本身存在的数据冗余特性及人类感觉器官的感觉冗余，将信息隐藏于多媒体中，不仅多媒体感觉效果和使用价值不受影响，同时不能被察觉或注意到。它是一门涉及数学、密码学、信息论、计算机视觉以及其他计算机应用技术的交叉学科。信息安全与信息隐藏的关系如图 1-1 所示。

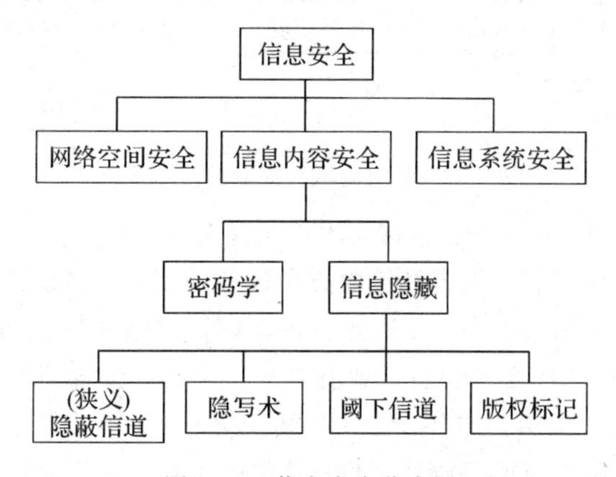

图 1-1　信息安全分支图

信息隐藏是指将秘密信息(简称密信)隐藏在非机密文件内，用公用信道传输。其可用的载体很多，诸如图像、视频、数据流、TCP/IP包等。信息隐藏的首要目标是隐藏后不被发现，即令观测者或者监管者难以察觉。目前，人类从客观世界所获信息基本上来自人类视觉系统，随着现代数码设备的丰富和网络的普及，数字图像越来越接近人们的生活，被认为是人们获取外界信息最重要的渠道。根据信息论知识，自然图像存储时有大量的可用冗余信息，利用冗余信息并结合现代信号处理技术，可以将信息隐藏在这些图像中，通过公用信道传输达到秘密通信的目的。数字图像的普及性及数字图像本身的特殊性促使其成为信息隐写技术最常用的载体媒介，因此数字图像隐写术得到了学者们的广泛关注和研究。

信息隐藏模型可以用Simmons提出的著名的“囚犯问题”来描述[2]。在此模型中假设了囚犯Alice和Bob被关押在同一监狱中的不同牢房内，两人策划如何越狱。为了阻断越狱计划的实施，监狱看守Wendy需要通过检查两者的异常通信完成此项任务。为了避免越狱计划被Wendy发现，Alice和Bob选择使用信息隐藏方法来交换信息，达到共同越狱的目的。这里Alice和Bob可视为信息的发送者和接收者，而Wendy可视为监管者，可以读取、阻断或者修改传输的通信信息。

信息隐藏可以用图1-2所示的框架来描述。信息隐藏有其自身的特殊需求：

(1) 隐藏信息的隐蔽性：这是信息隐藏最核心的要求，即秘密信息嵌入后不影响观测者对载体信息的理解或者不引起监管者的怀疑。

(2) 鲁棒性：秘密信息嵌入后含密载体能对抗各种失真变换。

(3) 可纠错性：从含密载体复原秘密信息的完整性和准确性，即含密载体在经过一些外界操作后能完整地恢复秘密信息。

同时，根据不同的应用环境和领域，信息隐藏也需要区别对待。

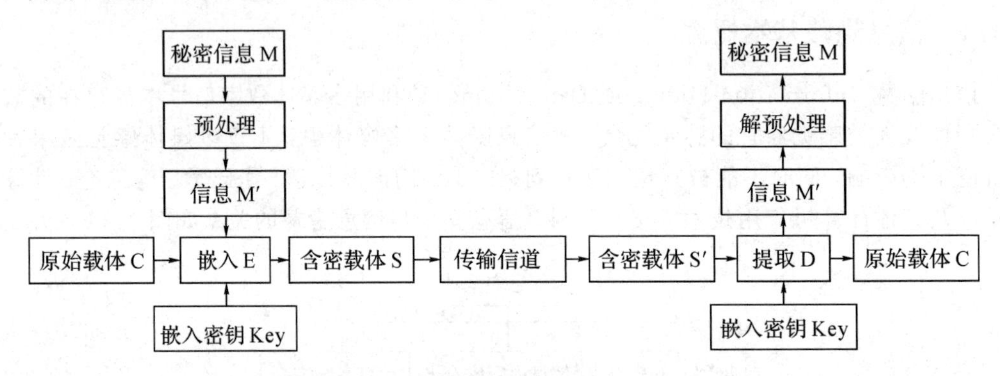

图1-2 信息隐藏及提取通用原理图

下面简要介绍图1-2描述的信息隐藏及提取流程。

秘密信息：隐蔽通信系统发送方和接收方所传递的信息，如军队的机密信息等。

隐写和抽取密钥：通信过程中，发送方在传输密信之前对密信置乱或者决定嵌入位置的密钥(Key)，对于接收方而言是反置乱或者寻找密信嵌入位置的Key，两者所使用的Key完全一样，但是这个Key对第三方不予公开，其安全性取决于公钥密码体制的安全性。

载体：用于负载秘密信息的多媒体文件。通常载体对象是正常的，不会引起怀疑。有一个较大的载体信息库可供选择，一个载体一般不应使用两次。存在冗余空间的数据可以作为载体，如图像、音频数字化后存在一定的测量误差(测量噪声)被作为载体。

嵌入过程：用嵌入算法将秘密信息在密钥控制下嵌入载体的过程。

传输信道：公开的信息传递通道，没有阻断。

密信提取及复原：接收方从载体中复原需要的信息，如果是无损隐藏，则还要完整地复原出原始载体。

1.1.2　信息隐藏的主要特征

设计一个典型的信息隐藏系统时必须依据其不同的应用目的来实现不同的特性。我们总结信息隐藏中的一般性要求，其概念具体如下[3]：

(1) 不可察觉性(Imperceptibility)。不可察觉性是对信息隐藏系统的最基本要求，它是指嵌入信息后的介质与原始载体介质在人类感觉系统(包括视觉系统和听觉系统)下是不可区分的。进行信息隐藏后既不能使载体介质有明显的降质现象，也不能影响载体介质的使用价值，也就是说，传统的信息隐藏是将秘密信息嵌入到一般载体中，无法人为地看到或听见隐藏的秘密信息。

(2) 鲁棒性(Robustness)。鲁棒性是指载密载体能抵抗传输过程中的信道噪声、滤波操作、重采样、剪切、有损压缩等某种改动而不会导致隐藏的秘密信息丢失的能力，即仍然能保持隐藏信息具有一定的完整性，并能以一定的正确概率被检测到。

(3) 不可检测性(Undetectability)。不可检测性是指非法拦截者通过对数据进行数学分析也无法判断是否有隐藏信息，因为载密载体与原始载体具有一致的数学特性，例如具有一致的统计噪声分布等。隐藏的信息若能被检测到，则说明信息隐藏本身已经失效。

(4) 信息嵌入量(Capability)。信息嵌入量是载体所能隐藏信息的最大比特数。一般情况下希望载体能嵌入的数据比特数越大越好，但信息嵌入越多，载体的不可感知性和不可检测性越低，所以信息隐藏算法必须在不可察觉性、信息嵌入量和鲁棒性之间寻找合理的平衡点。

(5) 安全性(Security)。安全性指信息隐藏算法必须使隐藏的信息能承受一定程度的人为攻击而不会被破坏，隐藏的信息内容和隐藏的具体位置都是安全的，至少不会因格式变换而遭到破坏。

(6) 完整性(Intactness)。完整性指在载体信息的内容中，而非文件头等处嵌入秘密信息，避免其因格式变换而遭到破坏。

(7) 自恢复性(Self Recoverability)。隐密载体经过一些操作或变换后可能遭受较大程度的破坏，若不需要原始载体信号却仍能从留下的片断数据中恢复隐藏信息，则该信息隐藏具有自恢复性。

(8) 非对称性(Asymmetry)。在某些场合，信息隐藏技术的主要目的是在不增加数据访问难度的情况下将一些数据嵌入掩护信息(此时称为宿主信号更符合实际)中，因此为保证不使存取难度增加主要采用非对称的隐藏数据编码。

(9) 计算复杂度(Computational Complexity)。计算复杂度也是信息隐藏系统所要考虑的因素之一。在嵌入和恢复隐藏信息时，对计算复杂度的要求高低主要取决于对隐藏算法实时性的要求，若实时性要求不高，则对计算复杂度没有过多要求；如果在嵌入、提取信息时有实时性要求，则隐藏算法应尽量计算简单、有效，以提高算法的实用性。

1.1.3 信息隐藏技术应用

信息隐藏技术的应用领域不仅涉及商务活动中的电子交易保护、票据防伪、资料完整性验证、数字作品版权保护、保密通信等，还涉及银行系统、商业系统、军事情报部门、政府部门等国家的安全部门，其基本应用领域如图 1-3 所示。

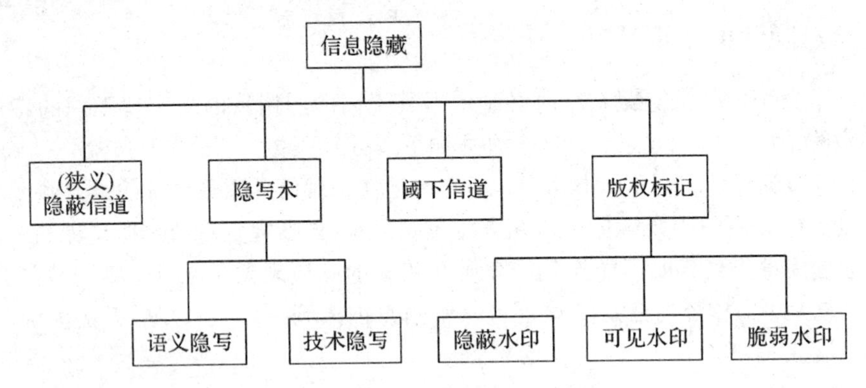

图 1-3 信息隐藏技术的应用领域

1.1.4 信息隐藏的关键技术

理论上来说，要使隐密图像的质量越高，嵌入过程中对载体图像的改变就得越小；要使嵌入容量越高，构造的冗余空间就得越大。因此，信息隐藏技术的关键点是如何在构造最多的冗余空间时，能使载体图像改变尽可能小。信息隐藏技术的关键技术问题主要包括：

(1) 如何找到一个适合的数学变换来构造更多的图像冗余空间，提高嵌入容量。

(2) 保证隐密图像质量。提高嵌入容量，必然会增大对载体图像的修改，这就会降低载密图像的质量，因此如何在嵌入容量和图像质量两者之间找出合理的平衡点是最关键的。

(3) 减少信息提取时的额外信息。秘密信息被发送方使用固定的方式嵌入时，应尽可能少嵌入相关的参数，这样接收方提取秘密信息时只需使用很少的参数。如果额外信息量太多，信息隐藏的意义就不大了。

(4) 设计简单、有效的隐藏和提取算法。隐藏算法的计算复杂度不能太高，这样才能保证在处理数据量较大时通信的连续性和稳定性，同时对硬件的要求也不会太高。

(5) 处理边界像素值的溢出问题。[0，255]是图像像素值的取值范围，当嵌入秘密信息时，某些像素值有可能发生溢出的情况，这不仅使嵌入信息后图像的可视质量受到直接影响，还可能使数学变换不可逆，导致嵌入的秘密信息不能完全被提取出来，无法恢复原始图像。因此，处理像素值的溢出问题在设计信息隐藏算法时也需高度重视。

1.1.5 信息隐藏技术的分类

对信息隐藏技术进行分类的方法有多种，它们之间既有联系又有区别。主要分类方法有按使用密钥方式分类、按提取过程是否需要原始载体分类和按载体信息类型分类。

1. 按使用密钥方式分类

按使用的密钥方式不同，可将信息隐藏技术分为无密钥和有密钥信息隐藏系统两大类。

私钥信息隐藏系统和公钥信息隐藏系统是两类有密钥隐藏系统。

(1) 无密钥信息隐藏系统。无密钥信息隐藏系统在数据嵌入和提取的过程中不使用密钥，因此不需要预先交换密钥。

(2) 私钥信息隐藏系统。私钥信息隐藏系统使用相同的密钥发送与接收信息，因此私钥信息隐藏系统也叫对称密钥信息隐藏系统。

(3) 公钥信息隐藏系统。1996年，Anderson[4]在第一届信息隐藏国际会议上提出了基于公钥密码系统的公钥信息隐藏系统，用公钥密码系统在预处理过程中对消息进行加密处理，再将密文嵌入到载体介质中。然而多数学者认为这不是真正的公钥信息隐藏系统。国外有些学者已经作了一些有益的关于非对称水印方面的探索[5]。因为期待任何人在公开检测算法和密钥时都可以方便地检测水印，却无法根据检测算法和密钥去除已嵌入公钥信息隐藏系统的信息，所以还有待进一步研究切实可行的真正意义上的公钥信息隐藏系统。

2. 按提取过程是否需要原始载体分类

按提取信息的过程中是否需要原始载体信息，可将信息隐藏技术分为盲信息隐藏技术(秘密信息提取不需要原始载体信息)和非盲信息隐藏技术两种。不管是噪声失真、数据的几何失真还是隐密载体受到几何攻击，如果有原始的载体数据作为参照，在检测或者提取隐藏信息时，能够极大地提高检测的准确性，这充分显示原始的载体数据在检测过程中的重要性。可是，原始的载体数据在大多数的应用场合不能取得，在隐蔽通信的应用背景下，比如数据监控和跟踪，必须构造盲信息隐藏算法，否则基于信息隐藏的隐蔽通信是没有实用价值的。在其他一些应用中，由于要处理的数据量很大，比如视频水印应用，因此使用原始载体数据也是不方便的。虽然非盲信息隐藏系统与盲信息隐藏系统相比有其优点，如它比较容易设计，具有更好的鲁棒性、更大的隐藏容量；但盲信息隐藏技术有更为广阔的应用领域。因此，目前的研究主要针对在提取信息时没有原始载体参与的应用场合，也即盲信息隐藏技术。

3. 按载体信息类型分类

按载体信息类型的不同，可将信息隐藏技术分为基于彩色或灰度图像、文档、视频、音频的信息隐藏技术。基于图像的信息隐藏技术主要利用了人类的视觉感知特性，通过修改或替换部分图像数据(空间域)或描述图像的参数(变换域)，在数字化图像中人眼无法感知的成分内嵌入秘密信息。由于图像是互联网上传递最为频繁的一种多媒体信息形式且具有较大的冗余空间，因此图像成为信息隐藏首选的载体。据检索，以图像作为载体的信息隐藏的文献占到了整个信息隐藏文献的80%以上。

基于音频的信息隐藏技术是通过修改或替换部分音频数据(空间域)或描述音频信号的参数(变换域)，把秘密信息嵌入到数字化音频中人耳无法感知的成分内。由于人类听觉感知系统(Human Auditory System，HAS)比人类视觉感知系统(Human Visual System，HVS)更为敏感，而且就单位时间内的采样数据量而言，音频信号的比图像的相对较少，因此，以音频为载体的信息隐藏相关文献较少，使得该方面的研究更具有挑战性。

依文档类型不同，可将文档类的信息隐藏技术分为软拷贝和硬拷贝两种。软拷贝文档的信息隐藏主要应用行移编码、字移编码和特征编码，适当微调一些排版特征来隐藏信息。硬拷贝文档的信息隐藏则可以视为供信息隐藏利用的冗余信息比较少的一类特殊类型的基于图像的信息隐藏。

基于视频的信息隐藏技术把秘密信息嵌入到数字化视频中。视频序列由一系列连续的、等时间间隔的静止图像组成，因此视频的信息隐藏技术和数字图像的信息隐藏技术有很多相似之处，有些用于图像的隐藏算法可以直接应用于视频信息隐藏中，但视频的信息隐藏也有很多自己独特的特点。

另外，将现存的信息隐藏方法按嵌入域分类，主要分为空间域信息隐藏算法和变换域信息隐藏算法。空间域信息隐藏算法利用人类对图像中灰度或颜色的微小变化毫无察觉的视觉冗余特性，用待隐藏的信息替换载体信息中的冗余部分。最典型的基于空间域信息隐藏的算法是最低有效位算法(LSB)。变换域信息隐藏算法利用原始图像变换域系数对秘密信息进行隐藏。变换域信息隐藏算法主要有离散傅里叶变换(DFT)域、离散余弦变换(DCT)域、离散小波变换(DWT)域，以及SVD变换、Contourlet变换、脊波变换等。变换域信息隐藏算法对诸如图像压缩、滤波和某些图像处理等攻击具有较好的鲁棒性，因此有很大的应用前景。

综上所述，信息隐藏技术包含的内容很多，分类十分广泛，在一本书中不可能将全部内容覆盖完毕。因此本书只选取信息隐藏中的一个重要分支——数字图像隐写技术进行介绍，同时由于载体类型多样，本书仅介绍基于图像的隐写技术。实际上，数字隐写术基本涵盖了信息隐藏的一些重要特征，图像载体作为最广泛的信息载体具有广泛的适用性，可以很快推广到其他多媒体，特别是视频隐写中。另外，由于当前信息隐藏技术发展迅速，特别是图像隐写技术，较前几年有了飞速的发展，因此，本书将介绍的重点放在数字图像隐写技术中，以期跟上当前信息隐藏技术发展的趋势。

1.2 数字图像的隐写技术

数字图像是目前隐写算法中使用最多的载体文件之一，这是因为目前网络上存在着大量的图像文件，这给隐写算法带来了巨大的选择空间；数字图像易于获取和修改，且存在着大量的数据冗余，可以很容易地利用隐写算法在载体图像上嵌入密信。图像隐写技术多种多样，有多种分类方式。按照图像类型，可将其分为非压缩灰度图、解压缩灰度图、二值图像、调色板图像、向量图等；按照消息隐蔽域，可将其分为空域隐写方法和变换域隐写方法；再根据隐写术运用的原理，可将其分为LSB隐写、基于扩频技术的隐写、基于现代信号处理技术的隐写等；由隐写术是否可以根据载体特性选择修改区域，可将其分为非自适应隐写和自适应隐写。

1.2.1 传统的图像隐写技术

图像隐写技术包含两个核心问题：载体特性和隐写编码。早期的数字图像隐写技术只考虑了载体特性，特别是统计特性，且是非自适应隐写。为了能够保持隐写后图像的统计特性(从一阶到高阶)，早期图像隐写需要一个模型来刻画隐写对图像统计特性的影响，但是往往会遇到“维数灾难”问题。根据载体中秘密信息嵌入数据域的不同，可以将隐写算法分为空间域(简称空域)隐写算法和变换域隐写算法。

空域隐写算法的思想比较简单，它是直接通过修改图像的像素值来嵌入密信的。经典的空域隐写算法有最低有效位替换最低有效位匹配(Least Significant Bits Match,

LSBM)[6]和利用两个相邻像素的关系来嵌入密信的 LSBMR(LSB Matching Revisited)[7]隐写算法，这些算法都是通过修改像素点的最低有效位来嵌入密信的。其他经典的空域隐写算法还有随机调制(Stochastic Modulation，SM)隐写[8]、扩频图像隐写(Spread Spectrum Image Steganography，SSIS)[9]、随机加减 K 隐写[10]、最低有效位匹配(Multiple Least Significant Bit Replace，MLSBR)隐写等[11-13]，这些算法进一步提高了空域隐写的嵌入容量，但是由于对载体图像进行了较大的修改，因此这些隐写算法的安全性较低。

变换域隐写算法相比于空域隐写算法往往有着更好的抗攻击能力，但一般来说其容量相对较小。目前常见的变换有离散余弦变换(Discrete Cosine Transform，DCT)、离散小波变换(Discrete Wavelet Transform，DWT)和离散傅里叶变换(Discrete Fourier Transform，DFT)。JPEG 压缩算法在提供较大的数据压缩性能的同时，具有良好的图像重建质量，因此 JPEG 图像得到了广泛使用。DCT 变换是 JPEG 压缩算法的核心，所以目前的变换域隐写算法主要集中在修改量化后的 DCT 系数来嵌入密信；基于 DWT 域[14]和 DFT 域的隐写算法相对较少。早期 DCT 域隐写算法一般受到空域隐写算法的启发，如 JSteg 算法就可以看做 LSBR(Least Significant Bit Replace)算法在 DCT 域上的推广，即直接将量化后的交流 DCT 系数的最低有效位替换为密信。这种隐写算法的缺点和 LSBR 算法类似，即含密图像的 DCT 系数会存在一定的值对现象。利用一阶的直方图统计特征就可以比较容易地攻破该算法。为了较好地保持图像的统计特征，基于模型(Model Based，MB)的隐写算法(如 MB1 和 MB2 算法)在嵌入密信的过程中保持了 DCT 系数的直方图统计特征基本不变，但是由于该类算法会增大图像 8×8 子块之间的不连续性，导致分块效应比较明显，因此其安全性也不是很高。F5 算法是一种基于汉明码的矩阵编码算法，它通过减小 DCT 系数的绝对值来嵌入密信，同时引入矩阵编码和随机置乱的思想，将密信均匀嵌入到不同的单元中，提高了算法的安全性。

1.2.2　基于编码的图像隐写技术

随着研究者对图像隐写术的认知加深，隐写术转向更为灵活的自适应隐写，即对载体元素定义符合载体特性的失真后，再最小化嵌入修改影响(最小化嵌入修改影响通常是利用隐写编码来完成的)。由于自适应隐写的发展与隐写编码的发展有着密切联系，因此下面简要介绍一下隐写编码的发展历程与现状。

隐写编码的发展可以按照失真定义模型分为四个阶段：基本模型、湿纸模型、湿度级模型和 STCs 码模型。

(1) 基本模型。该模型认为载体不同元素的修改失真是一致的，在基本模型下隐写编码目的就是为了减少嵌入过程引起的修改个数。最初的数字隐写，其主要的修改方式是 LSB(Least Significant Bit)替换，即将待嵌入信息的比特逐个替换载体元素的 LSB。Cradall 首先在 1998 年提出矩阵编码(Matrix Encoding)以提高隐写安全性。接着，如 BCH 码[15]等二元隐写编码方法被提出，但这些编码都是二元编码，而在实际的使用中，由本章参考文献[16]的论述可知，基于±1 修改的三元编码可以获得最小嵌入失真。三元 Hamming码、三元 Golay 码[17]、EMD(Exploiting Modification Direction)方法、LSBMR 方法等都是一系列在该模型下的有效的三元编码。

(2) 湿纸模型。该模型认为载体分为可修改与不可修改两部分，分别称为“干点”和“湿点”，并且认为所有干点的失真都是相同的。这种模型适用于载体的部分元素过于敏感不宜被修改的情形，应避免嵌入时修改这些区域。Fridrich首先提出该模型下的编码——WPC(Wet Paper Codes)[18]码，可是这种编码的计算复杂度高。本章参考文献[19]提出了WPC码的快速求解法。

(3) 湿度级模型。该模型认为载体可按照敏感程度(即湿度)分为多个级别(离散或连续)，而隐写编码需要在嵌入时能够最小化敏感程度的变化。显然这个模型更符合载体的真实情况。Kim等人首先提出该模型下的隐写编码——MME(Modified Matrix Encoding)[20]码。相同的思想在本章参考文献[21]中被用来得到基于BCH码的隐写编码。但上述编码离嵌入效率理论上界很远，对载体的利用并不充分。

(4) STCs码模型。2010年Filler提出STCs(Syndrome Trellis Codes)码。该隐写编码基于维特比译码算法并加入剪枝和回溯技术，可以近似达到嵌入效率的上界，是目前最优秀的隐写编码之一。但此编码是二元编码，而在很多隐写编码情况下，使用多元嵌入能显著提高隐写编码的性能，所以Filler接着在本章参考文献[22]提出基于STCs码的多元构造，并得到适用于多元嵌入的编码。但是这种构造计算复杂度高，且是一种概率构造，存在嵌入失败的可能性。

载体的不同区域被修改所造成的安全性影响大小是不同的，隐写术应尽可能将修改集中于影响小的区域。即要令隐写算法能自适应地根据图像特性选择嵌入修改位置，并且接收方能简单地提取消息(隐写术的自适应能力)。随着隐写编码的发展，如湿纸码、MME码和STCs码相继被提出，隐写编码开始进入自适应时代。

目前，使用自适应策略的隐写算法有：

(1) PQ(Perturbed Quantization)算法[23]。发送方利用原始未压缩载体与其压缩成隐写载体过程中的特性，对隐写使用的压缩载体元素进行分类，即分为可修改点和不可修改点，然后使用湿纸码嵌入和提取隐蔽信息，使得隐写时的嵌入、修改集中于低敏感度区域。

(2) EA(Edge Adaptive)算法[24]。隐写时如果将空域图像载体在客观上存在的平滑和复杂区域视为一致，那么就会导致严重的安全隐患。针对这一问题，EA算法提出一种可以按照像素与相邻区域的差分大小选择隐写可用点的自适应边沿选择策略，通过调整其中的参数来适应不同长度的待嵌入信息。

(3) HUGO(Highly Undetectable steGO)算法[25]及其改进。HUGO利用隐写分析特征SPAM[26]定义载体元素湿度级，在使用SPAM特征时为了防止“过度训练”问题导致的安全性问题，它利用共生矩阵将其分解升维，得到符合图像高维特征的多级失真定义，最后使用STCs码嵌入信息。HUGO算法将信息的嵌入修改集中于对隐写分析来说在统计上不敏感的区域，使安全性得到极大提升。这是因为HUGO算法在当时具有较高的安全性，被赋予广泛的关注，出现了很多改进的方法，例如WOW(Wavelet Obtained Weights)算法[27]、UED(Uniform Embedding Distortion)算法[28]和UNIWARD算法[29]等。这类隐写方法通过在图像中设计或利用现有的一些统计模型，将秘密信息嵌入前后对模型引起的改变量作为图像的嵌入失真；然后根据图像中每个嵌入位置失真的大小，以编码的方式实现秘密信息的嵌入，并且使得其在嵌入后对图像引起的总体失真最小。STC编码方案很好地解决了自适应隐写中编码算法的问题，因此只需要考虑如何设计失真函数，将基于编码的隐写算法推向更广阔的领域。

1.2.3　无修改的隐写术

以上两大类隐写术都是通过对载体按照一定的规则进行修改以嵌入待隐藏信息的，但这不可避免地把修改痕迹留在了含密载体上，因此很难有效抵挡各类隐写分析方法。为了从根本上抵抗各类隐写分析算法的检测，2014 年 5 月一些学者提出了“无载体信息隐藏”这一全新的概念。“无载体”并不是指不需要载体，而是与传统的信息隐藏相比，它强调的是不需要修改载体，而是直接以秘密信息为驱动来“生成/获取”含密载体[30]的构造式信息隐藏。这类方法主要分为基于载体选择的方法和载体合成的方法。本书将在第 6 章对这部分内容进行详细介绍，在此不再赘述。

1.2.4　基于图像的可逆信息隐藏

可逆信息隐藏是近几年信息隐藏领域一个新的研究热点。不同于有损信息隐藏在嵌入信息的同时会造成原始载体的永久失真，可逆信息隐藏能够在正确提取信息后，无失真地恢复出原始载体。这在对载体信号质量要求严格的场合具有很高的应用价值。例如，对于供医疗诊断的医学图像、供情报决策的军事图像、供法判的证据图像等都属于这种情况。如果采用传统的有损信息隐藏技术进行嵌入，那么产生的永久失真可能会造成图像使用者对图像内容的误判，使图像失去原有的价值，而采用可逆信息隐藏技术可以有效地解决这一难题。

可逆信息隐藏也称为无损信息隐藏或无失真信息隐藏，其基本模型如图 1－4 所示。在信息嵌入端，通过可逆信息嵌入算法修改原始图像的像素位，隐藏秘密信息，得到失真不明显的隐密图像；如果隐密图像在传输过程中没有任何变化，在信息提取端，从隐密图像中正确地提取秘密信息，同时能够无失真地恢复出秘密信息。本质上说，可逆信息隐藏就是构造一种可逆的数学变换，产生尽可能大的冗余空间来隐藏信息。通常，冗余空间越大，信息的嵌入量越大。根据数学变换的可逆性，隐密图像可以无失真地恢复出原始图像。

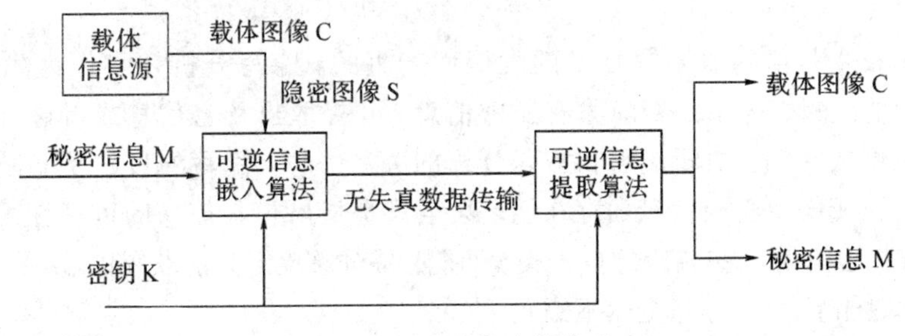

图 1－4　可逆信隐藏模型

就图像载体而言，可逆信息隐藏技术需要解决的关键问题如下：

（1）可逆性。设计可逆信息隐藏算法时，需要构建可逆的数学变换，保证在信息提取端可以无损地恢复原始图像。

（2）平衡扩容与降质间的关系。一个好的可逆信息隐藏算法，应该具有两个主要性能：高容量和低失真。这两个指标是相互矛盾的，不可能同时达到最优。嵌入容量的提升必然会带来图像质量的下降，造成图像的失真，反之亦然。设计可逆信息隐藏算法时，需要根据应用场合在两者之间寻找平衡点。

（3）溢出的处理。对于图像中的像素，其取值范围为[0，255]。如果嵌入信息的过程造成某个像素的取值越界，就会产生溢出。溢出会导致隐密图像中部分像素无法正确恢复。设计可逆信息隐藏算法时，需要找到解决溢出问题的可行方案。

(4) 辅助信息的处理。为了实现可逆，信息嵌入时需要将嵌入过程中使用的参数等信息传递给信息提取端，这些信息统称为辅助信息。设计可逆信息隐藏算法时，需要尽可能地减少辅助信息的长度，保证信息传递的安全性。

(5) 减少计算开销。可逆信息隐藏算法的设计应遵循简单、有效的原则，尽可能地降低信息嵌入和提取及图像恢复过程中的计算开销，提高算法的实用性。

衡量可逆信息隐藏技术的主要性能指标有嵌入容量、隐密图像质量、算法复杂度、性能稳定性等。

1.2.5 图像密文域可逆信息隐藏

可逆信息隐藏根据载体是否加密可分为密文域与非密文域两类。其中，密文域可逆信息隐藏用于嵌入的载体是经过加密的，嵌入信息后仍然可以无差错解密并恢复出原始载体，在信息存储与传输过程中通常采用加密技术来实现隐私保护。密文域可逆信息隐藏主要用于加密数据管理与认证、隐蔽通信或其他安全保护。例如：医学图像在远程诊断的传输或存储过程中，通常经过加密处理来保护患者隐私，但同时需要嵌入患者的身份、病历、诊断结果甚至病理图等来实现相关图像的归类与管理，但是医学图像任何一处修改都可能成为医疗诊断或事故诉讼中的关键，因此需要在嵌入信息后能够解密并还原原始图片；军事图像一般都要采取加密存储与传输，同时为了适应军事场合中数据的分级管理以及访问权限的多级管理，需要在加密图像中嵌入相关的备注信息，但是嵌入过程不能损坏原始图像而导致重要信息丢失，否则后果难以估计。本书将在第5章详细介绍加密域的可逆信息隐藏技术。

1.3 数字图像的隐写分析技术

隐写分析技术是伴随着隐写技术的发展而产生的。隐写分析技术作为隐写术的对立面，其目的就是检测媒体中是否隐藏有秘密信息，并提取出秘密信息或者破坏信息，估计秘密信息的长度或密钥。如同密码和密码分析的关系一样，隐写的目的是隐蔽信息，而隐写分析的目的在于揭示隐蔽信息的存在性，甚至只是指出隐蔽信息的可疑性。和密码分析类似，隐写分析也有着一些相应的攻击类型(唯隐写对象攻击只能获得的隐写对象，对可能使用的隐写算法和隐写内容却全然不知)。

(1) 已知载体攻击，可以获得原始的载体和隐写对象。

(2) 已知信息攻击，在某种意义上使攻击者可以获得隐藏的信息，这可能有助于分析。但即使已知信息，获得隐写对象同样是非常困难的，甚至可以认为其难度等同于唯隐写对象攻击。

(3) 选择隐写对象攻击，知道隐写工具/算法和隐写对象。

(4) 选择信息攻击，隐写分析专家用某个隐写工具/算法对一个选择的信息产生隐写对象。这个攻击的目标是确定隐写对象中相应的模式特征，它可以用来指出具体使用的隐写工具/算法。

(5) 已知载体和隐写对象攻击且已知隐写工具/算法，并且可获得原始载体和隐写对象。

第一种攻击在技术上最具挑战性，是隐写分析的重要研究内容之一。不妨说，成功地实现针对任何对象、任何隐写方法的盲检测是分析者要达到的终极目标。然而要实现对隐写算法和隐写内容一无所知的全盲检测往往非常困难，因此，迄今为止人们常针对一些有效的隐写方法和特定的对象研究有针对性的分析技术。

1.3.1 隐写分析的分类

从目前的研究成果看，隐写分析技术的攻击方式分为被动攻击、主动攻击和恶意攻击三种。根据实际应用和研究趋势来看，基于数字图像的隐写分析技术有两种：专用隐写分析技术和通用隐写分析技术。专用隐写分析技术是设计用于专门攻击的某一种隐写算法。专用隐写分析技术可以准确检测某一特定嵌入算法，具有准确性高但适用性低的特点[31]。通用隐写分析技术寻找嵌入算法的通用特征，利用这些特征训练分类器，判别载体是否包含密信。通用隐写分析技术的准确性不如专用隐写分析技术高，但适用性强，更具应用前途。

1. 专用隐写分析技术

由于盲检测具有的困难性，因此在隐写分析技术发展初期，人们首先从已知的隐写算法入手，分析在隐写算法已知的情况下隐写检测的可能性，即试图实施选择隐写对象攻击。大量的研究和实践表明，对于现有的多数隐写算法，成功检测不但是可能的，而且可以估计嵌入信息的长度和位置，甚至可以提取信息。

LSB 算法是人们最早提出的隐写算法，具有编/译码简单、隐藏容量大的特点。但是该算法一经提出，就遭到很多隐写分析算法的攻击。例如，本章参考文献[32]根据在隐藏信息前后载体图像中的值对的统计特性差异设计了χ^2检验方法，并且用图像像素值的空间相关性提出了 RS 统计检测算法。这些算法不但可以有效检测嵌入信息的存在性，而且可以估计嵌入信息的长度。

JPEG 压缩域上的隐写算法也遭到了各种各样的隐写分析攻击。Westfeld 的卡方检验和 Fridirich 的 RS 分析同样有效。Fridirich 根据 F5 算法对直方图的改变设计了直方图攻击[33]，而 OutGuess 和 MB(Model - Based)算法可以被基于分块特性的隐写分析方法攻破[34]。

对于扩频隐写算法，Chandramouli 用信号处理中的盲信号分离(Blind Signal Separation，BSS)技术提出了进行主动攻击的数学方法，不但可以检测到隐藏信息的存在，而且对于顺序嵌入的隐写还可以提取出隐藏信息。然而，成功实现对特定算法的隐写分析，并不意味着在现实中就一定能够成功地挫败隐写行为。实际上，这反而为敌手使用非公开的隐写方案以避开检测创造了可能性。所以，在考虑一个隐写分析方案的实用性时，必须考虑使用未公开的隐写算法的可能性。此外，当无法得到隐写算法的具体细节，例如只能得到隐写软件的可执行码时，如果分别对每一个可能的隐写算法进行排除分析，既耗时费力，又不能保证分析的全面性。为此，人们开始从另一个角度寻求更切合实际的目标，即从隐写技术对载体对象造成分布或统计特性的差异这一根本属性上建立一个隐写分析框架，使得对于全部隐写算法或者至少对某一类隐写算法可以实施有效检测，这就是通用隐写分析技术。

2. 通用隐写分析技术

通用隐写分析技术并不关注或者剖析隐写算法的细节，它重点研究数字化载体信号中通常出现的模式是否被隐写算法所破坏。例如，以图像为载体的隐写算法通常会改变图像的某些特征如差分直方图、系数直方图等所遵循的分布或者统计特性。隐写引起的各种模式的变化往往潜藏在载体数据中，分析者的任务正是要找到这些改变，准确地描述并利用这些改变以达到检测目的，而所捕捉到的对隐写行为的改变越敏感将越有助于隐写分析。可以说通用隐写分析是一门艺术也是一门科学，其艺术性体现在选择能够暴露隐藏信息存在性的特征或属性上；而科学性则是利用各种数学方法或手段来有效地测试这些选中的特征，从而判断隐藏信息存在与否。因此，目前的图像隐写分析归结为判断检测图像是否含有秘密信息的二值判断，也就是二元决策问题，最终判断检测图像是原始图像还是隐写图像。

隐写分析技术是对表面正常的数字图像进行检测和甄别，甄别数字图像是否包含秘密信息，或者指出数字图像存在秘密信息的可能性，进而阻断隐蔽通信的进程。密信的嵌入过程需要对原始载体的数据进行修改，这种修改或多或少地改变了载体数据的统计特性，虽然隐写分析者没有可用的原始载体图像，但可以利用载体图像的统计特性的异常来判别载体中是否包含密信，即使不能提取出载体中的密信，隐写分析者仍可以阻断隐蔽通信。由于盲分析技术具有较大的实用价值，因此对其进行了大量的研究。基于统计的隐写分析一般模型如图 1-5 所示。

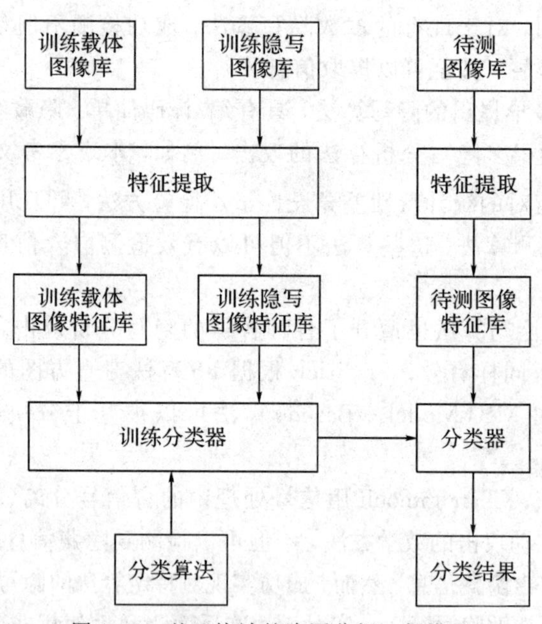

图 1-5　基于统计的隐写分析一般模型

本书将在第 7 章中更加详细地介绍隐写分析算法，这里不再赘述。

1.3.2　评价指标

从目前发表的文献及资料来看，对隐写分析的评估有以下几个评价指标：

(1) 探测准确性。探测准确性指隐写分析算法判别的准确程度。它是隐写分析最重要的评价指标之一，一般用一定虚警率下的成功检测率表示[35]。

(2) 适用性。适用性是指对不同算法的探测能力或者是对不同嵌入率的探测能力。适用性用检验函数可以表示为

$$f(c)=\begin{cases}1, & c \text{ 中嵌入密信} \\ 0, & c \text{ 中没有嵌入密信}\end{cases} \tag{1-1}$$

用概率假设检验可以表示为

$$\begin{cases}\text{Ⅰ型检测错误(纳伪)} \\ \text{Ⅱ型检测错误(弃真)}\end{cases}$$

Ⅰ型和Ⅱ型检测错误分别为“纳伪”和“弃真”事件发生的概率，分别表示为 α 和 β，则应满足

$$d(\alpha,\beta)=\alpha\log_2\left(\frac{\alpha}{1-\beta}\right)+(1-\alpha)\log_2\left(\frac{1-\alpha}{\beta}\right)\leqslant\varepsilon \tag{1-2}$$

式中，ε 为极小值。

特别地，当 $\alpha\to 0$ 时，$\beta\geqslant 2^{-\varepsilon}$。

(3) 实用性。实用性指隐写分析算法可实际应用的程度。它包括探测的自动化程度、探测的稳定性、实时性等。

(4) 复杂度。复杂度用隐写分析算法所必需的资源开销、软/硬件条件等来衡量。

隐写分析过程可视为两类模式分类问题，从上述评价指标来看，判别的准确性十分重要，该性能指标最常使用的是图 1-6 所描述的混淆矩阵评价法。

		真实值		总　数
		P	n	
预测输出	P'	真阳性(TP)	伪阳性(FP)	P'
	n'	伪阴性(FN)	真阴性(TN)	n'
总　数		P	n	

图 1-6　分类的混淆矩阵示意图

通常用 ROC(Receiver Operating Characteristic Curve, ROC)[35] 直观地评估隐写分析的探测能力。ROC 是在不同虚警率时的正确检测值，图 1-7 所示为 ROC 平面图。从式(1-2)可以看出，当 $\alpha=\beta$ 时，点(α, β)的值全落在图 45°主对角线上，此时在一定的虚警率下的全局检测率为 50%，则认为隐写分析检测器是随机猜测的。

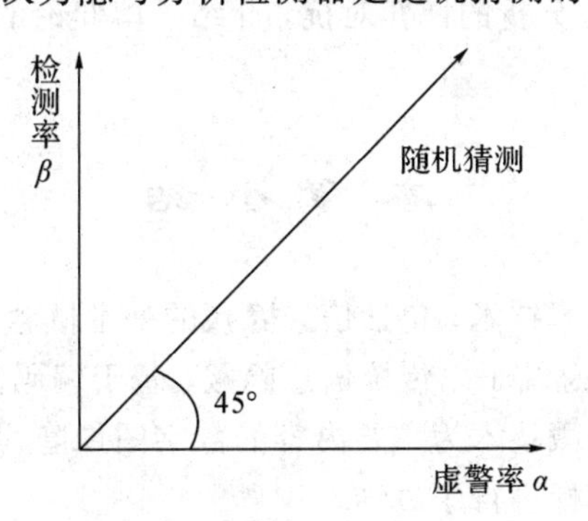

图 1-7　ROC 平面图

图 1-8 描述了一个具有代表性的五类分类 ROC 示意图。从图中可以看到，第一类的 ROC 最靠近左上角而远离主对角线(远离随机猜测)，所以第一类的分类效果最好；而第五

类的 ROC 距离主对角线最近，所以其分类效果最差。

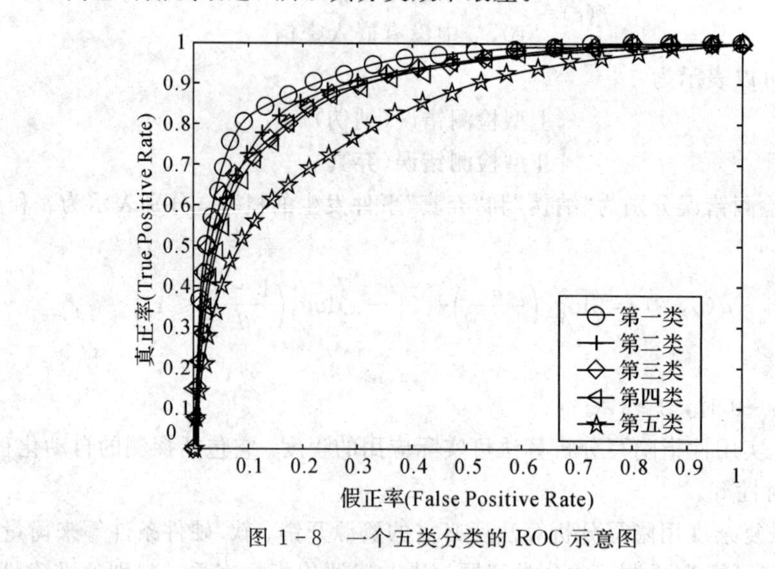

图 1-8　一个五类分类的 ROC 示意图

1.4　本书章节安排

本书第 1 章绪论，主要讲解信息隐藏的基本概念、特征、分类以及关键技术。同时对图像隐写以及隐写分析作简要介绍。第 2 章典型的图像隐写方法，主要介绍典型的图像隐写方法的分类及应用。第 3 章基于最小化嵌入失真的图像隐写技术，介绍当前隐写技术研究的热点：基于最小化嵌入失真的图像隐写技术的隐写框架、算法等。第 4 章可逆信息隐藏，引入另一个研究热点：可逆信息隐藏技术的基本概念、经典算法等。第 5 章密文域可逆信息隐藏，重点介绍了密文域可逆信息隐藏的关键技术、分类及算法。第 6 章无修改的隐写术，主要介绍基于载体修改和纹理合成的隐写术。第 7 章图像隐写分析技术，介绍了图像隐写分析技术的基本概念以及传统的隐写分析技术。第 8 章基于富模型的隐写分析，详细介绍了在隐写分析中产生重要影响的富模型隐写分析技术的原理以及改进方法。第 9 章基于深度学习的图像隐写分析，贴近前沿隐写分析的方法，介绍了深度学习在隐写分析领域的应用。第 10 章隐写与隐写分析的博弈对抗，介绍了博弈论的基础知识、博弈模型框架以及基本策略等。

本章小结

本章首先介绍了信息隐藏技术，包括信息隐藏的基本概念、主要特征、技术应用、关键技术以及技术分类等，其次总结了以传统信息隐藏、基于编码的图像隐写、无修改的隐写、空域与密文域的可逆信息隐藏技术为主要内容的数字图像隐写技术，最后对数字图像隐写分析技术的分类以及评价指标进行了总结。

习 题 1

1.1 信息隐藏技术的主要特征有哪些?

1.2 请简单谈谈隐写术与密码学理论的相同与不同之处。

1.3 论述基于模型保持的图像隐写技术与基于失真代价函数的隐写技术的不同之处。

1.4 结合隐写分析的基本概念，论述一下隐写分析与密码分析的相同与不同点。

1.5 根据自己了解的知识，论述图像隐写与图像水印的区别与联系。

本章参考文献

[1] Jessica Fridrich. 数字媒体中的隐写术：原理，算法和应用[M]. 北京：国防工业出版社，2014.

[2] Simmons G J. The Prisoners' Problem and the Subliminal Channel[M]// Advances in Cryptology. Springer US, 1984: 51-67.

[3] Bender W, Gruhl D, Morimoto N, et al. Techniques for Data Hiding[J]. Ibm Systems Journal, 1996, 35(3.4): 313-336.

[4] Anderson R. Stretching the Limits of Steganography[J]. Lecture Notes in Computer Science, 1996, 1174(4): 39-48.

[5] Adelsbach A, Sadeghi A R. Zero-Knowledge Watermark Detection and Proof of Ownership [C]// International Workshop on Information Hiding. Springer-Verlag, 2001: 273-288.

[6] Ker A D. Improved Detection of LSB Steganography in Grayscale Images[M]// Information Hiding. Springer Berlin Heidelberg, 2004: 97-115.

[7] Mielikainen J. LSB Matching Revisited[J]. IEEE Signal Processing Letters, 2006, 13(5): 285-287.

[8] Fridrich J, Goljan M. Digital Image Steganography Using Stochastic Modulation[J]. Proceedings of SPIE—The International Society for Optical Engineering, 2003, 5020 (4): 191-202.

[9] Marvel L M, Boncelet C G J, Retter C T. Spread Spectrum Image Steganography [J]. Image Processing IEEE Transactions on, 1999, 8(8): 1075-1083.

[10] Li X, Yang B, Cheng D, et al. A Generalization of LSB Matching[J]. IEEE Signal Processing Letters, 2009, 16(2): 69-72.

[11] Swanson M D, Kobayashi M, Tewfik A H. Multimedia Data-Embedding and Watermarking Technologies[J]. Proceedings of the IEEE, 2002, 86(6): 1064-1087.

[12] Vasudev B. Principles and Applications of BPCS Steganography[J]. Proc Spie, 1999, 3528: 464-473.

[13] Nguyen B C, Sang M Y, Lee H K. Multi Bit Plane Image Steganography[M]// Digital Watermarking. Springer Berlin Heidelberg, 2006: 61-70.

[14] Su P C, Kuo C C J. Steganography in JPEG2000 Compressed Images[J]. Consumer Electronics IEEE Transactions on, 2003, 49(4): 824 - 832.

[15] Munuera C. Steganography and Error-Correcting Codes[J]. Signal Processing, 2007, 87(6): 1528 - 1533.

[16] Fridrich J. Minimizing the Embedding Impact in Steganography[C]// The Workshop on Multimedia & Security. DBLP, 2006: 2 - 10.

[17] Willems F M J, Dijk M V. Capacity and Codes for Embedding Information in Gray-Scale Signals[J]. IEEE Transactions on Information Theory, 2005, 51(3): 1209 - 1214.

[18] Fridrich J, Goljan M, Lisonek P, et al. Writing on Wet Paper[J]. IEEE Transactions on Signal Processing, 2005, 53(10): 3923 - 3935.

[19] Fridrich J, Goljan M, Soukal D. Efficient Wet Paper Codes[C]// International Workshop on Information Hiding. Springer, Berlin, Heidelberg, 2005: 204 - 218.

[20] Kim Y, Duric Z, Richards D. Modified Matrix Encoding Technique for Minimal Distortion Steganography[C]// International Conference on Information Hiding. Springer-Verlag, 2006: 314 - 327.

[21] Sachnev V, Kim H J, Zhang R. Less Detectable JPEG Steganography Method Based on Heuristic Optimization and BCH Syndrome Coding[M]. 2009.

[22] Filler T, Fridrich J. Minimizing Additive Distortion Functions with Non-Binary Embedding Operation in Steganography[C]// IEEE International Workshop on Information Forensics and Security. IEEE, 2010: 1 - 6.

[23] Fridrich J, Goljan M, Soukal D. Perturbed Quantization Steganography[M]. Springer-Verlag New York, Inc. 2005.

[24] Selvi G K, Mariadhasan L, Shunmuganathan K L. Steganography Using Edge Adaptive Image[C]// International Conference on Computing, Electronics and Electrical Technologies. IEEE, 2012: 1023 - 1027.

[25] Pevný T, Filler T, Bas P. Using High-Dimensional Image Models to Perform Highly Undetectable Steganography[M]// Information Hiding. Springer Berlin Heidelberg, 2010: 161 - 177.

[26] Pevný T, Bas P, Fridrich J. Steganalysis by Subtractive Pixel Adjacency Matrix [J]. IEEE Transactions on Information Forensics & Security, 2010, 5(2): 215 - 224.

[27] Holub V, Fridrich J. Designing Steganographic Distortion Using Directional Filters [C]// IEEE International Workshop on Information Forensics and Security. IEEE, 2012: 234 - 239.

[28] Guo L, Ni J, Shi Y Q. Uniform Embedding for Efficient JPEG Steganography[J]. IEEE Transactions on Information Forensics & Security, 2014, 9(5): 814 - 825.

[29] Holub V, Fridrich J, Denemark T. Universal Distortion Function for Steganography in an Arbitrary Domain[J]. Eurasip Journal on Information Security, 2014, 2014(1): 1.

[30]　张新鹏，钱振兴，李晟. 信息隐藏研究展望[J]. 应用科学学报，2016，34(5)：475 - 489.

[31]　Westfeld A，Pfitzmann A. Attacks on Steganographic Systems[C]// International Workshop on Information Hiding. Springer-Verlag，1999：61 - 76.

[32]　Fridrich J，Goljan M，Du R. Detecting LSB Steganography in Color and Gray-Scale Images[J]. Multimedia IEEE，2001，8(4)：22 - 28.

[33]　Fridrich J，Goljan M，Hogea D. Steganalysis of JPEG Images：Breaking the F5 Algorithm[C]// International Workshop on Information Hiding. Springer，Berlin，Heidelberg，2002：310 - 323.

[34]　Fridrich J，Goljan M，Hogea D. Attacking the OutGuess[J]. 2000.

[35]　Fawcett T. ROC Graphs：Notes and Practical Considerations for Researchers[J]. Pattern Recognition Letters，2009，31(8)：1 - 38.

第2章　典型的图像隐写方法

在各种载体类型中，以图像为载体的隐写方法具有数据嵌入容量大、存储空间小、算法复杂度适中的特点，在实际中应用最为广泛。适用于隐写的图像类型主要有位图图像、调色板图像、变换域图像，其中最常用的是位图图像和变换域图像，比如BMP、JPEG等。

最早运用于图像的隐写方法是LSB替换方法，该方法实现简单、适用面广，具有较好的视觉不可见性，但其安全性差，易被攻击。为了抵抗隐写分析，隐写者在构造新的隐写方法时会考虑到现有分析方法对它的攻击，出现了一批抗隐写分析的隐写方法，比如LSB匹配、F5方法等。从此，隐写方法和隐写分析方法在对抗中相互促进，共同发展。

对抗发展的无止境促使隐写者企图设计一种“一劳永逸”的隐写方法。于是隐写者从隐写安全性的信息论定义出发，对信源进行简化后建模，让隐写方案保证信息嵌入不对此模型造成破坏，出现了保持模型的隐写方法，比如OutGuess、MB方法等，这类隐写方法可保证其算法在选定的模型下是安全的。

从人眼视觉特性出发，隐写者可以在纹理区域嵌入较多的信息，在平滑区域嵌入较少的信息，以此来保证隐写的不可检测，其中具有代表性的是BPCS和PVD方法。也可将嵌入过程伪装成图像自然处理过程，使载密图像保持与载体图像一致的分布，比如随机调制隐写。

移动社交网络的飞速发展让鲁棒隐写方法变得越来越重要。在移动社交网络环境下，研究能抵抗压缩、采样、缩放等攻击的鲁棒隐写方法变得十分有必要，具有鲁棒性的典型隐写方法有扩频隐写和量化索引调制隐写。

为了抵抗隐写分析，另一种很自然的隐写思路是自适应隐写。但这种方法存在的问题是，隐写者的选择信道可能接收者无法获取，也就是非共享选择信道问题。目前这个问题可以使用伴随式编码来解决，具有代表性的方法有扰动量化隐写。

在信息嵌入时，对载体的修改虽然无法避免，但可以将嵌入对模型造成的影响最小化，这就是最小嵌入失真隐写方法的基本思路。这种方法将修改每个载体元素对图像整体统计特性的影响量化，然后设计如何在给定嵌入量的情况下使整体嵌入影响最小的方法，巧妙地将隐写安全最大化问题转化为了一个最优解问题。

本章将对以上这些典型的隐写方法进行详细介绍。

2.1　图像隐写方法的类型

2.1.1　数字图像的分类

传统隐写方法按使用的载体类型一般可以分为图像隐写、音频隐写、视频隐写、文本隐写等，这些隐写方法各具特点。以音频和视频为载体的隐写方法具有数据嵌入容量大的特点，但占用存储空间也大、传输所需时间长，算法复杂度高；以文本为载体的隐写方法占用存储空间小，算法简单，但数据嵌入容量较小、算法鲁棒性差。以图像为载体的隐写方法兼有以上两类载体的优点，具有数据嵌入容量相对较大、存储空间相对较小的特点，算法复杂度适中。因此，对图像隐写方法的研究获得了广大研究者、军方和商业公司的青睐。

数字图像根据是否具有独立分辨率，可分为向量图像和光栅图像。

(1) 向量图像用数学的方式来记录图像内容，在数学上定义为一系列由线连接的点。在向量文件中图形元素自成一体，具有颜色、形状、轮廓、大小、位置等属性。基于向量的绘图同分辨率无关，在对向量图像进行放大时图像并不会失真。

(2) 光栅图像是用像素点来记录图像内容的，这些像素点是构成图像的最小单位，可以通过不同的排列和染色构成图样。对光栅图像进行放大时，可以看见构成图像的无数单个方块，每一个单个方块就是一个像素点，这些方块会使得图像中的线条和形状显得参差不齐。但从稍远位置看，由于像素点之间的强相关性，图像内容又显得是连续的，在远距离上，像素点参差不齐的效果在人眼中变得模糊了。

可以看到，向量图像是用参数化的描述形式表示图像中的物体，由于描述的算法是确定的，通过改变算法嵌入的数据量往往很小，在向量图像中嵌入的数据通常被作为水印用于向量图像的版权保护。相比而言，光栅图像更适合进行信息隐藏。它以像素点的方式记录图像内容，本身数据量较大，且由于人眼的视觉特性，像素中存在大量冗余，可使隐写设计者在图像中隐藏相对大量的秘密信息。

光栅图像根据域的不同又可分为两类：

(1) 空域图像。它可以直接用像素灰度值或者颜色分量表示，也可以用调色板索引值表示。前者称为位图图像(Bitmap Image)，后者称为调色板图像(Palette Image)。位图图像一般采用行扫描的方式存储，根据具体的格式为每个像素分配不同的比特数，通常用一个或多个比特表示一个像素。例如，黑白图像每个像素用 1 bit 表示，灰度图像每个像素用 8 bit表示，真彩色图像每个像素用 24 bit 表示。其常见的格式有 BMP、TIFF、PNG 等。调色板图像是由文件头、图像调色板和图像数据构成的。调色板至多包括 256 种颜色，每一种颜色以 8 bit 的 RGB 三元组表示。其常见的格式有 GIF 等。由于图像的表示原理不同，位图图像和调色板图像在进行隐写时会有一定的区别。位图图像隐写一般将信息隐藏在图像像素中，而调色板图像隐写在调色板和图像数据中都有可能隐藏信息。

(2) 变换域图像。由于空域图像直接以像素矩阵来表示图像，人眼视觉系统对颜色或高频噪声的微小变化不敏感，因此这种将图像存储为像素矩阵的方式效率过低，造成图像数据中存在大量冗余。为了提高存储效率，研究人员通过将图像变换到不同域的方式，实现图像数据的“稀疏”表示，从而实现数据压缩。这种压缩通常是有损的，意味着被压缩掉的数据无法再恢复，但由于人眼视觉的局限，这些失真在常规观测下是不可察觉的。图像视觉效果的微小损失换来存储空间的节约是合理的。目前，最常用的两种变换方法是离散余弦变换(Discrete Cosine Transform, DCT)和离散小波变换(Discrete Wavelet Transform, DWT)。以 DCT 为核心的 JPEG 图像是变换域图像中最流行的图像格式，它的有损压缩方式能以极高的压缩率获得效果仍然较好的图像。它的升级版本以 DWT 为核心的 JPEG2000 具有更高的压缩比和图像表示精度，但由于计算复杂性和历史原因，至今仍没有成为主流的图像格式，因此 JPEG2000 在目前的数字隐写中应用并不广泛。

JPEG 的压缩过程主要包括四步：

① DCT 变换。将图像划分成连续的 8×8 像素块，然后使用 DCT 将每个像素块转换成 64 个 DCT 系数。有的时候在进行 DCT 变换之前，会将颜色模型从 RGB 模型变换到YC_bC_r模型，并对色度信号 C_b和 C_r进行下采样。由于人眼对亮度信号敏感，对色度信号不敏感，因此这样的模型变换可以获得更高的压缩比。

② 量化。对连续的 DCT 系数块进行量化，其过程是把频率域上每个 DCT 系数分量除以对应量化表上的常数，四舍五入为最接近的整数。这样做的目的是增加"0"值系数的数目，利用了人眼对高频部分不敏感的特性实现数据简化，整个过程是有损的。

③ Z 字形排列。为了最大限度地增加连续"0"值系数的个数，按照从左到右、从上到下 Z 字形的式样对系数进行重新编排。这样就把一个 8×8 的矩阵变成一个 1×64 的向量，低频系数先出现，高频系数后出现，为下一步的编码做准备。

④ 编码。根据不同系数的特点采取不同的编码方式，共有三种不同类型的编码，分别是直流系数编码、交流系数编码和熵编码。直流系数，也称为 DC 系数，它使用差分脉冲调制编码。DC 系数有两个特点：一是系数的数值比较大；二是相邻系数块的 DC 系数值变化不大，对相邻子块 DC 系数的差值进行编码的位数要比原码少。交流系数，也称为 AC 系数，它使用游程编码。AC 系数的特点是 1×63 向量中包含有许多连续的"0"系数，游程编码能将高频连续出现的数字大幅压缩，特别适合相关性较强的数字序列。熵编码是对差分脉冲调制编码后的 DC 系数和游程编码后的 AC 系数作进一步的压缩。在 JPEG 有损压缩算法中，经常采用的是霍夫曼(Huffman)编码，它可以进一步减少数据的信息熵。压缩数据时，霍夫曼编码对出现频度较高的符号分配较短的码字，对出现频度较低的符号分配较长的码字，整体而言数据编码后的码字长度减少了。

各类数字图像的特点及隐写适用性如表 2-1 所示。拥有大量像素的位图图像和流行的变换域图像最适合用于隐写，只有较少颜色数的调色板图像次之，向量图像一般不用于隐写。

表 2-1　各类数字图像的特点及隐写适用性

图像类型	常见格式	特　点	隐写适用性
位图图像	BMP、TIFF、PNG	由大量的像素点构成，每个像素点有特定的位置和颜色，图像数据量大，存储效率低	适用
调色板图像	GIF	由文件头、图像调色板、图像数据构成；调色板至多包含 256 种颜色，每一种颜色以 8 bit 的 RGB 三元组表示，主要应用于低色深图像	较适用
变换域图像	JPEG	不直接用像素表示，通过将图像变换到不同域的方式，实现图像数据的"稀疏"表示，对图像数据进行有损压缩，从而对图像视觉信息进行更为有效的存储	适用
向量图像	EPS、WMF、PS	用数学的方式记录图像内容，向量文件中图形元素自成一体，具有颜色、形状、轮廓、大小、位置等属性。图像同分辨率无关，进行放大时不会失真	不适用

2.1.2　图像隐写方法的分类

1. 基于 LSB 的初级隐写方法和抗隐写分析的隐写方法

最早运用于图像的隐写方法并不是基于特定原理的，而是依靠直觉和启发，比如最不重要比特(Least Significant Bit，LSB)替换方法。设计者的目标只是让隐写过程不易被察觉，而不是不易被检测。由于缺少隐写分析的方法，早期的隐写方法并不担心被检测，只关注隐写后图像的视觉效果。随着隐写分析技术的发展，基于 LSB 的初级隐写方法可以被可靠破解。随后，隐写方法的设计者们为了抵抗隐写分析，提出了更加复杂的隐写方法，出现了一批抗隐写分析的隐写方法，比如 LSB 匹配方法[4]、F5 方法[5]。这些方法的出现反过来又促进了隐写分析方法的发展，隐写技术和隐写分析技术在这种相互促进中以螺旋上升的态势发展。

2. 保持模型的隐写方法

对抗发展的无止境促使隐写设计者企图设计一种“一劳永逸”的隐写方法。对于一种真正安全的隐写方法，隐写设计者期望隐写分析者无法构造出能够区分载体图像和载密图像的检测器。也就是说，隐写方法要安全到何种程度才能保证不被检测器检测出？回答这个问题的关键是定义隐写安全性。在隐写领域对隐写安全性的信息论定义是比较成熟的定义之一[1]。隐写安全性的信息论定义假设载体信源为概率分布 P_c 的随机变量，隐写后载密信源为概率分布 P_s 的随机变量，基于信息论的定义将 P_c 和 P_s 之间的距离作为隐写安全性的度量。在信息论中用 KL(Kullback - Leibler)散度度量两个分布的差异，当 P_c 和 P_s 之间的 KL 散度为零时，称隐写系统是绝对安全的(不可检测的)。这个定义可作为构造隐写方法的设计准则，其目标很明确，就是保持载体信源的统计特性。但可惜的是载体信源往往很复杂，无法准确描述。数字图像就是一个超高维且十分复杂的载体信源，很难用简单的统计模型进行精确描述。为了让载体信源可以被描述，通常会对载体信源进行简化，简化后再对信源进行建模，隐写只要能保证这个简化模型在隐写过程中不被破坏，就可以认为隐写系统在该模型下是不可检测的。由此出现了一类保持载体信源统计特性的隐写方法，比如 OutGuess 方法[6]、MB 方法[7]，这类隐写方法可保证相应算法在选定的模型下是安全的。然而，到目前为止所有遵循这一模式的图像隐写方法均失败了，原因是隐写分析者在攻击这类方法时，只需要找到嵌入时没有保持的统计特性，由于图像具有高维度，因此找到这样的统计特性并不困难。

3. 基于视觉特性的隐写方法和模仿自然过程的隐写方法

由于缺乏精确的图像模型，使得以隐写安全性的信息论定义为指导准则的隐写设计方法无法在实践中实现。没有理论的指导，隐写方法设计者又从直觉出发，试探性的从人眼视觉特性和模仿自然过程两方面切入，提出了基于人眼视觉特性的隐写方法和模仿自然过程的隐写方法。通过对人眼某些视觉现象的观察与分析，结合生理学、心理学等方面的研究，人们发现了人眼视觉系统的多种掩蔽效应，其中有一个非常重要的就是纹理掩蔽效应。将图像分为平滑区和纹理区，人眼视觉系统对于平滑区的敏感度要远高于纹理区，图像纹理越复杂，人眼视觉系统可见度阈值越高。基于人眼的这个特性，设计者在隐写时就可以在纹理区嵌入较多信息，在平滑区嵌入较少信息，以此来保证隐写的不可检测，其中具有代表性的是位平面复杂度分割(Bit-Plane Complexity Segmentation，BPCS)[8]和相邻像素对差值(Pixel-Value Differencing，PVD)方法[9]。基于人眼视觉特性的隐写方法保证的只是隐写的视觉不可见性，并不能保证其统计不可见性，通过对图像统计特性进行分析，这类方法可以被可靠地检测。另一种从直觉出发的方法是尝试把嵌入过程伪装成图像自然处理的过程。这类方法假设嵌入过程对图像的影响与某些对图像的自然处理过程是不可区分的，把嵌入过程模仿成自然过程，使载密图像保持与载体图像一致的分布。这种思想的一种可行的实现方法是把嵌入过程伪装成图像的一种噪声叠加，其中具有代表性的方法是随机调制(Stochastic Modulation，SM)[10]。当然，使用基于图像统计特征提取和机器学习的隐写分析方法可以可靠检测 SM，这是因为这种方法所加噪声是在照相机处理后的最终图像上，而处理后的图像相邻像素间会有相关性，隐写噪声会破坏这种相关性。

4. 鲁棒隐写方法

评估隐写方法性能的三个指标是：隐写容量、安全性、鲁棒性。通常我们默认隐写分析者是被动式看守，不对隐写信道做任何修改，这种情况下只需关注隐写方法的隐写容量和安全性，但在实际使用隐写系统的过程中情况会有所不同。移动社交网络的飞速发展让鲁棒隐写方法变得越来越重要。移动社交网络具有数据量大、身份隐蔽、传输实时性强的特点，这些特点使得基于移动社交网络的信道非常适合进行隐蔽通信，它的飞速发展为隐写提供了新的更好的应用环境。当前移动社交网络对图像隐写技术的最大挑战是图像在传输过程中通常会被有损转码，比如微信在传输图像时通常会对较大的图像进行 JPEG 压缩。如果完全不考虑隐写方法的鲁棒性，秘密信息极有可能在传输过程中被破坏而造成隐写失败。因此在移动社交网络环境下，研究能抵抗压缩、采样、缩放等攻击的鲁棒隐写方法变得十分有必要。具有鲁棒性的典型隐写方法有扩频隐写和量化索引调制(Quantization Index Modulation，QIM)隐写[11]。扩频隐写是在载体图像上又叠加了一个用秘密信息调制的随机噪声，可以抵抗一定程度的噪声干扰。QIM 隐写是利用一个由秘密信息序列决定的量化器来量化载体数据，只要载体数据受到的干扰没有超出偏移范围，秘密信息就可以被正确提取。

5. 非共享选择信道的隐写方法

为了抵抗隐写分析，另一种很自然的隐写思路是自适应隐写，比如把秘密信息嵌入在图像纹理丰富的区域，避开纹理简单的区域，纹理区越复杂，嵌入的秘密信息就越安全。但这种方法存在的问题是，嵌入过程中的选择信道取决于载体图像的内容，而载体图像的内容在信息嵌入后有可能发生改变，这种改变是接收者无法获取的。因此，接收者无法从载密图像中确定同样的选择信道，从而无法读取秘密信息，这种在发送者和接收者之间不能共享的信道被称为非共享选择信道。非共享选择信道是自适应隐写或各种利用边信息进行隐写的方法经常遇到的问题，随着研究的深入，学者们发现这个问题可以使用伴随式编码来解决。可在非共享选择信道下进行隐写的方法被称为非共享选择信道隐写方法。其中，具有代表性的方法扰动量化(Perturbed Quantization，PQ)隐写[12]，这种方法在 JPEG 图像重压缩的过程中嵌入信息，使信息嵌入过程中量化和隐写带来的联合失真最小。由于嵌入信息后，嵌入系数被修改，接收者在没有原始 JPEG 图像的情况下无法提取信息，针对这种情况，PQ 隐写在嵌入信息时使用了基于伴随式编码的湿纸编码，解决了发送者和接收者不能共享信道的问题。

6. 最小嵌入失真的隐写方法

在修改载体图像进行信息嵌入时，不可避免地会在图像中引入一些嵌入改变，这些改变必然会对图像的统计特性造成影响。由于无法对图像的统计模型进行精确描述，企图在嵌入过程中完全消除修改对统计特性的影响在基于模型的隐写方法中已经被证明是失败的。既然现阶段无法消除对图像统计特性的影响，那么就干脆接受所要设计的隐写方法可能不完美的事实，不再尝试保持图像的统计模型，而是将嵌入操作对模型造成的影响最小化，这就是最小嵌入失真隐写方法的基本思路。这种方法将修改每个载体元素对图像整体统计特性的影响量化，然后设计如何在给定嵌入量的情况下使整体嵌入影响最小的方法，巧妙地将隐写安全最大化问题转化为了一个最优解问题。同时这种方法还能实现模块化设计，随着人们对隐写安全性理解的加深，将来只需更新失真值即可，不必再改变优化算法。目前该类方法已经成为最重要的隐写设计方法之一，在下一章中将对该类方法进行详细介绍。

图像隐写方法的分类如表 2-2 所示。

表 2-2　图像隐写方法分类

分　类	原理及特点
基于 LSB 的初级隐写方法	在空域或变换域基于 LSB 算法进行隐写；实现简单，但安全性较差
抗隐写分析的隐写方法	以隐写分析方法为指导准则设计隐写方法；能抵抗某一种或某一类隐写分析方法的攻击
保持模型的隐写方法	将载体图像源建模为某一种简化模型，在嵌入信息时保持此模型；隐写方法在该模型下是不可检测的，但在别的模型下可能很容易被检测
基于视觉特性的隐写方法	以人眼视觉系统的多种掩蔽效应为指导准则设计隐写方法；具有较好的视觉不可见性，但统计不可见性可能较差
模仿自然过程的隐写方法	假设嵌入过程对图像的影响与某些对图像的自然处理过程是不可区分的，从而把嵌入过程伪装成图像自然处理的过程；但自然处理过程很难被真正模仿，隐写时通常会留下人工痕迹
鲁棒隐写方法	利用随机噪声或量化器，使隐写方法能抵抗压缩、采样、缩放等攻击；特别适合在移动社交网络环境下进行隐蔽通信；嵌入容量通常较小
非共享选择信道的隐写方法	利用基于伴随式编码的湿纸码实现译码；使接收者在不知晓发送者选择信道的情况下也能正确读取秘密信息
最小嵌入失真的隐写方法	将修改每个载体元素对图像整体统计特性的影响量化，设计的隐写方案可在给定嵌入量的情况下使整体嵌入失真最小；隐写安全最大化问题被转化成为一个最优解问题，算法可实现模块化设计

2.2 基于LSB的初级隐写方法

最不重要比特(Least Significant Bit，LSB) 替换方法是最早也是最广为人知的图像隐写方法。该方法的原理非常简单，就是将图像的最低比特位看做随机噪声，然后用秘密信息直接替换图像的最低比特位平面的一个子集。该方法成功的关键是图像的最低比特位平面是否可看做随机噪声。

2.2.1 LSB在位图图像中的应用

这里以灰度的位图图像为例，简要介绍一下LSB替换方法的原理。灰度图像实际上就是一个$M\times N$的矩阵，M和N分别表示该图像行数和列数。现在假设其每一像素值均由8 bit的二进制数据表示，则该图像的灰度值由0～255的整数值组成，分别表示256种不同的灰度级别。将图像的每一位抽取出来，单独作为一个矩阵，就构成了一个位平面(Bit Plane)。如图2-1所示，图(a)是Lena的原图，大小为256×256；图(b)是原图的第1位平面；图(c)是原图的第5位平面；图(d)是原图的第8位平面。从图中可以看出，第1位平面还可以看出原图的基本轮廓；第5位平面中图像已变得很模糊；第8位平面，也就是最低位平面类似于随机噪声，从该位平面上完全看不出原图的样子。可以做出判断，位平面越高，对图像视觉效果贡献越大；位平面越低，对图像视觉效果贡献越小。如果将最低位平面的一个子集用秘密信息替换，那么不会对图像的视觉效果造成太大影响。

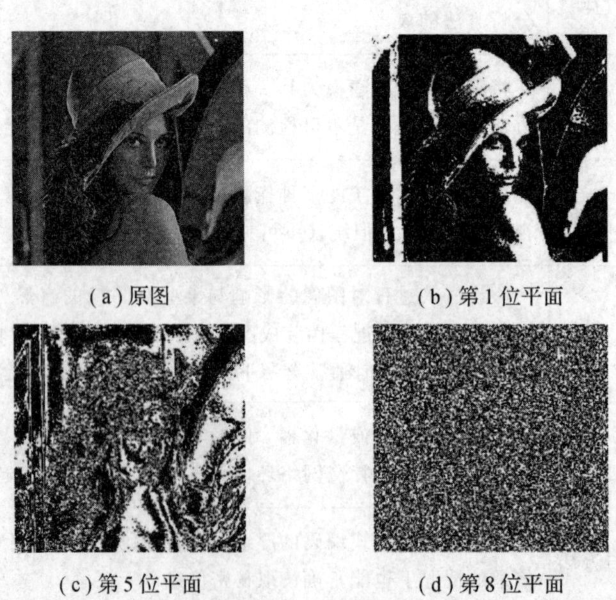

(a) 原图　(b) 第1位平面　(c) 第5位平面　(d) 第8位平面

图2-1　Lena图

由图2-2可以看到，将256×256的灰度Lena图最低比特位替换成秘密信息后，并没有对原图的视觉效果造成太大影响。

(a) 原图

(b) 嵌入秘密信息后

图 2-2　Lena 图 LSB 替换隐写嵌入前后视觉效果的变化

假设 x 表示嵌入前的原始灰度位图图像，$M \times N$ 是图像的大小，x_{ij} 表示载体图像 (i, j) 位置上的像素值，且 $0 \leqslant i \leqslant M-1$，$0 \leqslant j \leqslant N-1$，$0 \leqslant x_{ij} \leqslant 255$；$y$ 表示嵌入秘密信息后的载密图像，y_{ij} 表示载密图像 (i, j) 位置上的像素值，$0 \leqslant y_{ij} \leqslant 255$；$m$ 表示待嵌入的秘密信息，m_k 表示第 k 位秘密信息，$m_k \in \{0, 1\}$，$k \leqslant M \times N$，LSB 替换隐写的过程如下：

(1) 在 x 中根据密钥和 m 的长度选择若干个载体像素。

(2) 若所选像素的 LSB 与要嵌入的秘密信息比特相同，则不对像素做修改。

(3) 若所选像素的 LSB 与要嵌入的秘密信息比特不同，则像素值的高 7 位不变，最低位如果是 0 则变为 1，最低位如果是 1 则变为 0。由于秘密信息的取值只有 0 或 1，因此最低位在翻转过程中一定会变得和秘密信息比特相同。

当提取信息时，根据密钥找到载密图像中秘密信息的嵌入位置，抽出这些位置对应像素的 LSB 即可得到秘密信息 m。

嵌入过程用数学公式描述如下：

$$y_{ij} = \begin{cases} x_{ij}, & m_k = \mathrm{LSB}(x_{ij}) \\ x_{ij} + 1 - 2 \times \mathrm{LSB}(x_{ij}), & m_k \neq \mathrm{LSB}(x_{ij}) \end{cases} \tag{2-1}$$

LSB 替换隐写虽然具有良好的视觉效果，但其在设计之初并未考虑安全性，统计不可见性较差，通过一些方法检测 LSB 嵌入带来的改变是可能的。LSB 替换隐写时，像素值仅存在 $2i$ 和 $2i+1$ 之间的转换，而不存在 $2i$ 和 $2i-1$ 之间的转换，导致了具有成对灰度值的像素数趋于相等的现象(值对现象)，这种现象在图像直方图上可以明显观察到，利用一些数学方法可以有效检测信息嵌入对图像直方图的影响，比如卡方分析法[2]、RS 分析法[3]等。

EzStego 软件在调色板图像的索引值中应用 LSB 替换嵌入信息。它通过预排序调色板使得相邻的调色板条目颜色值接近，然后对颜色指针应用简单的 LSB 嵌入。图 2-3 所示是

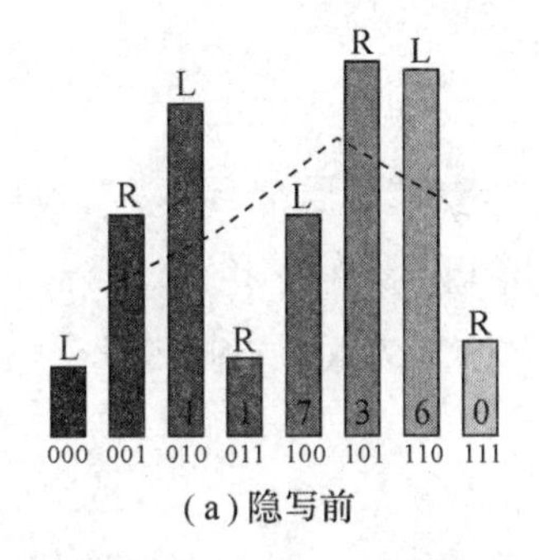

(a) 隐写前

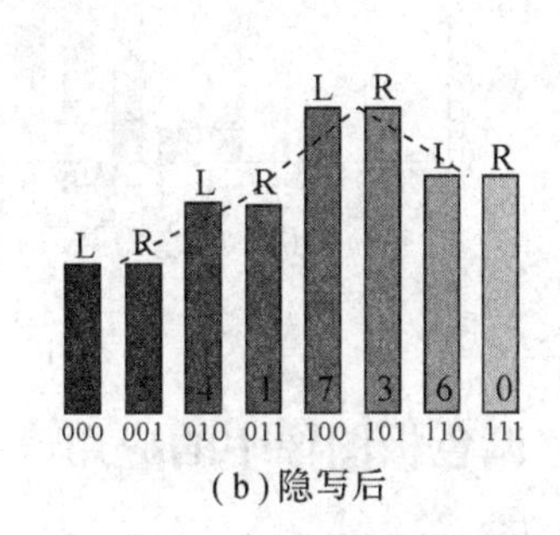

(b) 隐写后

图 2-3　EzStego 隐写前后图像 8 种颜色索引值的直方图变化

EzStego 隐写前后图像索引值的直方图变化，图中 0～7 为 8 种颜色索引值，可以看到 LSB 隐写后直方图对{$2i$, $2i+1$}中索引值 $2i$ 和索引值 $2i+1$ 的个数趋于相同。利用这一特点就可构造对 LSB 替换隐写的攻击方法。

2.2.2 LSB 在 JPEG 图像中的应用

LSB 替换隐写也可应用到 JPEG 图像上，通常是将信息通过 LSB 替换方法嵌入到 JPEG 图像的量化 DCT 系数上，大致过程如下：选择一幅 JPEG 图像作为载体图像，提取它的量化 DCT 系数；然后通过 LSB 替换修改这些系数来嵌入秘密信息；最后将隐写后的含密图像再次存储为 JPEG 图像。

Jsteg 是一个较早将 LSB 应用到 JPEG 图像的隐写方法，其嵌入过程是，直接利用 LSB 替换方法将信息嵌入在 JPEG 图像量化 DCT 系数的最低比特位上，其中 0、1 系数不使用；提取消息时，将含密 JPEG 图像量化 DCT 系数中非 0、1 系数的 LSB 取出即可。

LSB 在 JPEG 图像应用后，也会引起 DCT 系数直方图出现值对现象，出现直方图系数值趋于相同的情况，图 2-4 是 Jsteg 隐写前后 DCT 系数直方图的变化，隐写后除 0、1 系数外，其他系数均出现了值对现象，用卡方分析法也可以很容易地对 Jsteg 进行检测。

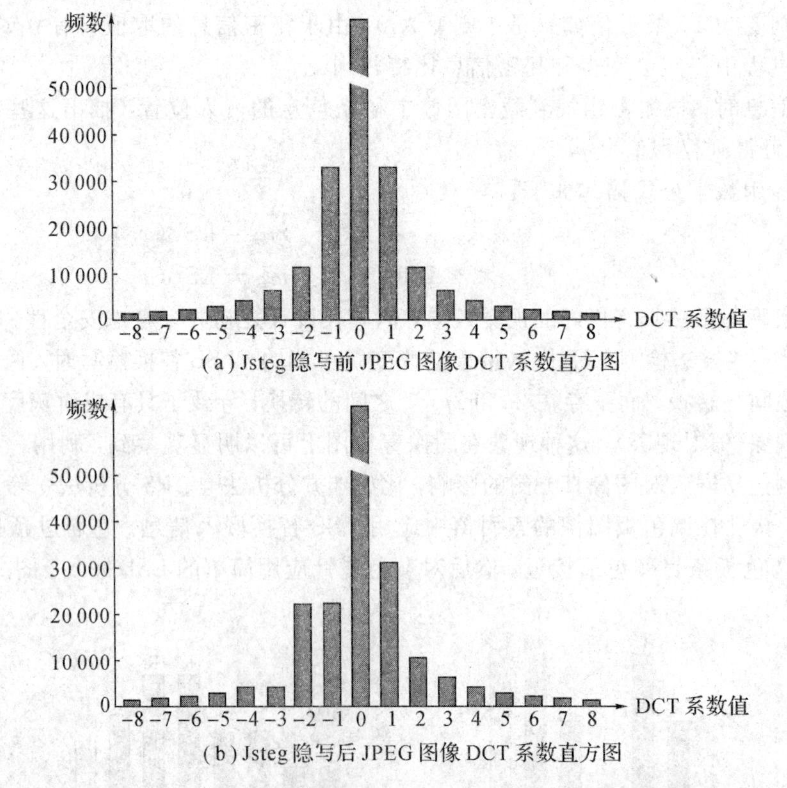

图 2-4　Jsteg 隐写前后 JPEG 图像 DCT 系数直方图的变化

2.2.3 LSB 在调色板图像中的应用

调色板图像由两类数据组成，一类是调色板数据，另一类是图像数据。调色板数据定义了颜色索引对(i, c_i)，其中 c_i 是颜色，i 是该颜色的索引；图像数据不保存实际的颜色值，而是保存实际颜色的索引值。调色板图像可以利用这两类数据进行隐藏。

1. 在调色板数据中隐藏调色板图像

调色板图像可以直接在颜色索引对(i, c_i)中的颜色分量 c_i 中进行隐藏，用 LSB 替换方法将信息隐藏在 c_i 的最低比特位中，但这种方法极少使用，原因是调色板图像只有 256 种颜色，使用这种方法最多隐藏 256 bit。其实在调色板数据中运用较多的一种隐藏方法是对图像调色板进行重新排序，重排后再对图像数据重建索引，这种方法不会对图像视觉效果造成任何影响，已在隐写软件 Gifshuffle 中实现，最多可隐藏 $\log_2 256! \approx 1684$ bit≈210 B 数据。许多图像编辑软件是依据颜色亮度、出现频率或者其他标量来对调色板进行排序的，虽然这种隐藏方法不会改变图像的外观，但一个随机排序的调色板很容易引起攻击者的怀疑。

2. 在图像数据中隐藏调色板图像

图像数据不保存实际的颜色值，而是保存实际颜色的索引值。但相邻索引值对应的颜色值在感官上并不一定相近，简单地用秘密信息替换图像数据的 LSB 可能会导致图像颜色的跳跃。解决方法之一是先对调色板数据进行预排序。例如，EzStego 软件根据亮度对调色板进行排序，排序后调色板中相邻颜色在感官上是接近的，此时再用秘密信息替换图像数据的 LSB，一般不会引起图像颜色太大的波动。图 2-5 所示是 EzStego 的隐写过程，8 种颜色按亮度进行重新排序，依次分配索引值，LSB 替换嵌入时索引值或者不变，或者被修改到值对中的另一个，此时索引值对应的颜色变化较小。使用 EzStego 软件对彩色图像按亮度进行调色板排序时并不能保证隐藏效果，彩色图像亮度是三基色的线性组合，有时亮度值相近的颜色在视觉上却是完全不同，而这种情况发生时很容易引起攻击者的注意。

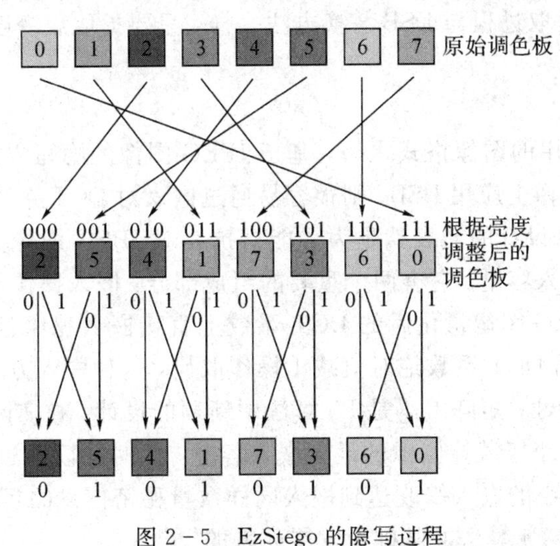

图 2-5　EzStego 的隐写过程

2.3　抗隐写分析的隐写方法

隐写技术和隐写分析技术之间不仅是对立关系，同时也是相互促进、共同发展的。在构造新的隐写方法时会考虑到现有分析方法对它的攻击；在设计新的隐写分析方法时会以现有隐写方法作为测试对象，两者在相互促进中螺旋上升发展。因此在设计下一代隐写方法时，通常会将现有的隐写分析技术作为指导准则，以保证构造的方法不会出现已知的安全漏洞。

2.3.1 LSB 匹配算法

因为缺少攻击者，基于 LSB 的初级隐写方法在设计时只关注隐写后图像的视觉效果，并没有考虑安全性。LSB 替换隐写在操作上是非对称的，用于嵌入的载体如果是偶数则 LSB 增加，如果是奇数则 LSB 减小。这种非对称的操作会在直方图中留下很多人工修改的痕迹。利用这些痕迹，隐写分析者可以轻松破解 LSB。为了对抗隐写分析者的攻击，一种简单、有效的改进是 LSB 匹配(LSB Matching)，也就是 ± 1 隐写[4]。这种隐写方法同样是在载体图像的 LSB 上嵌入秘密信息，当嵌入的信息和载体 LSB 相同时不做修改；当嵌入的信息和载体 LSB 不同时，并不是对 LSB 进行翻转，而是随机加 1 或者减 1，使得嵌入后载体 LSB 和信息相同。LSB 匹配隐写的本质是将信息嵌入时对载体 LSB 位平面的影响扩展到其他位平面，减少了 LSB 替换的非对称操作在直方图上留下的痕迹，从而使得卡方攻击等依据直方图变化对 LSB 进行分析的方法失效。

LSB 匹配隐写的具体公式如下：

$$y_{ij}=\begin{cases}x_{ij}-1,\ r_{ij}>0\ \text{或}\ x_{ij}=255,\ m_k\neq \mathrm{LSB}(x_{ij})\\ x_{ij},\ m_k=\mathrm{LSB}(x_{ij})\\ x_{ij}+1,\ r_{ij}<0\ \text{或}\ x_{ij}=0,\ m_k\neq \mathrm{LSB}(x_{ij})\end{cases} \tag{2-2}$$

其中，r_{ij} 是共享密钥生成的伪随机数，服从$\{-1, +1\}$上的均匀分布，由这个伪随机数来控制载体 LSB 的增加或减少。

LSB 匹配算法的提取过程与 LSB 替换方法一样，只要提取载密图像 LSB 即可。

2.3.2 F5 算法

JPEG 图像是最常用的图像格式之一，基于 JPEG 图像的隐写方法具有很强的实用性。但如果直接在 JPEG 图像上应用 LSB，则很容易通过嵌入对 DCT 系数直方图造成的影响来检测隐写方法。F5 算法设计的初衷就是为了能抵抗针对 JPEG 图像 DCT 系数的直方图攻击，同时提供较大的嵌入容量。它有两个重要的组成部分：嵌入操作和矩阵编码。嵌入操作时，F5 算法[5]是在 JPEG 图像量化后的 DCT 系数上直接嵌入秘密信息，但嵌入操作时不再是 LSB 翻转，而是用 DCT 系数绝对值减 1 操作取代，这种嵌入方式有助于保持 DCT 系数直方图的一些关键特性；矩阵编码是 F5 算法中新颖的设计，在实际的隐写过程中，需要嵌入的秘密信息长度常小于载体图像的最大嵌入容量，此时可以通过编码技术来提高嵌入效率，即隐写者利用最小的嵌入修改达到嵌入同样数量秘密信息的目的。

F5 算法是在 F3 和 F4 算法的基础上发展而来的[16,18]。

1. F3 算法

F3 算法在隐写时没有使用传统的 LSB 方法，而是采取了新的嵌入策略：

(1) 每个非 0 的 DCT 系数用于隐藏 1 比特秘密信息，为 0 的 DCT 系数不负载秘密信息。如果秘密信息与 DCT 系数的 LSB 相同，便不作改动；如果不同，则将 DCT 系数的绝对值减 1，符号不变。

(2) 当原始值为+1 或-1 且欲嵌入秘密比特为 0 时，在(1)中就会产生一个值为 0 的 DCT 系数；将这一比特的秘密信息视为无效，在下一个 DCT 系数上重新嵌入。

从 F3 算法的嵌入策略可以看出，在嵌入秘密信息时，它是通过对 DCT 系数的绝对值减 1 来完成的，这一策略可使 F3 算法有效抵抗卡方检测，但也带来了另外的缺陷。当在绝对值为 1 的 DCT 系数上嵌入秘密比特 0 时就会产生无效嵌入，需要重新嵌入，如果想要重新嵌入的过程成功，那么秘密比特 0 就必须由其他偶数来承载，因此隐写后图像 DCT 系数直方图中偶数位置上的频数，就很可能要比绝对值比其小 1 的奇数位置上的频数大一些。对比图 2-6 和图 2-7 可看出，偶数位置±4、±6、±8 的频数比奇数位置±3、±5、±7 的大，这种嵌入导致了 DCT 系数直方图的特性发生了较大改变，为隐写检测留下了可能。

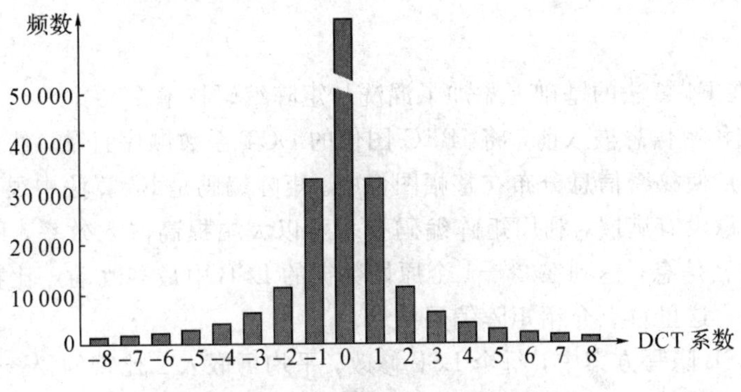

图 2-6　JPEG 图像 DCT 系数直方图

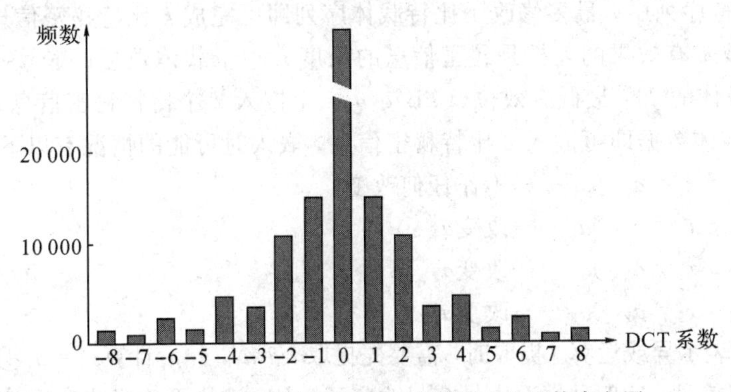

图 2-7　F3 算法隐写后 JPEG 图像 DCT 系数直方图

2. F4 算法

为了克服 F3 算法的缺点，F4 算法用正奇数和负偶数代表秘密信息 1，用负奇数和正偶数代表秘密信息 0，值为 0 的 DCT 系数同样不负载秘密信息。当欲嵌入的秘密比特与 DCT 系数代表的信息相同时，同样将 DCT 系数的绝对值减 1，符号不变。如果嵌入时产生了一个新的值为 0 的 DCT 系数，也要在下一个 DCT 系数上重新嵌入。经过这样的改动之后，不仅仅嵌入秘密比特 0 时可能产生无效嵌入，嵌入秘密比特 1 时也会产生无效嵌入，都要进行重新嵌入，这样 DCT 系数直方图偶数位置上的频数比绝对值比其小 1 的奇数位置上的频数大的现象就不会出现，F4 算法隐写后的 DCT 系数直方图如图 2-8 所示，从图中可以看出，F4 算法隐写后随着 DCT 系数绝对值的增加，其出现频率呈现逐步下降趋势，这和原始 JPEG 图像 DCT 系数直方图的特性是一致的。

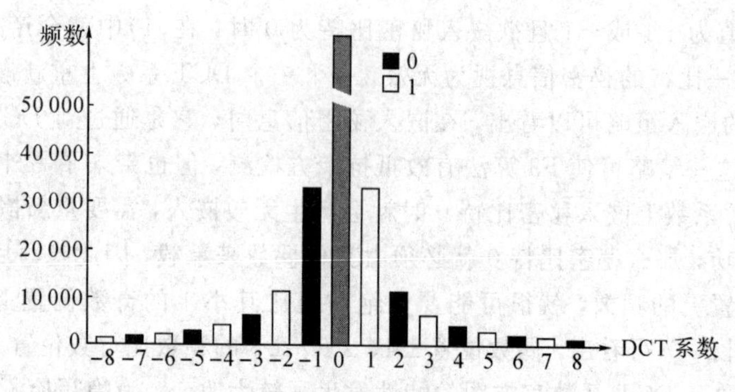

图 2-8 F4 算法隐写后 JPEG 图像 DCT 系数直方图

3. F5 算法

F5 算法是在 F4 算法的基础上添加了混洗与矩阵编码技术。

混洗就是在秘密信息嵌入前，将 JPEG 图像的 DCT 系数顺序打乱，然后顺序地嵌入秘密信息，其目的是使秘密信息分布在整幅图像中。矩阵编码是 F5 算法中很有特点的一个技术，如果载体图像没有满嵌，利用矩阵编码技术可以大幅提高嵌入效率，用较少的修改嵌入同样数量的秘密信息，达到在 2^k-1 个原始数据的 LSB 中最多改动 1 比特而嵌入 k 比特秘密信息的效果。这里重点介绍矩阵编码技术。

在通常的 LSB 隐写方案中，每个 LSB 修改，平均可嵌入 2 比特的秘密信息。为了降低修改率，提高嵌入效率，R. Crandall 于 1998 年提出了矩阵编码技术，该技术可在长度为 2^k-1的载体比特序列中，最多修改 1 比特载体序列即可完成 k 比特秘密信息的嵌入。

矩阵编码技术有效果的前提是秘密信息的长度 k 小于载体数据的长度 n，即 $k<n$。例如，要在图像载体的 3 个最低有效位(LSB)$a_1a_2a_3$上嵌入 2 个比特秘密信息x_1x_2，要求最多只能修改 1 位载体数据即可嵌入 2 比特秘密信息，嵌入时可能的情况有以下四种：

$x_1=a_1\oplus a_2$，$x_2=a_2\oplus a_3$——不作任何改变

$x_1\neq a_1\oplus a_2$，$x_2=a_2\oplus a_3$——改变a_1

$x_1=a_1\oplus a_2$，$x_2\neq a_2\oplus a_3$——改变a_2

$x_1\neq a_1\oplus a_2$，$x_2\neq a_2\oplus a_3$——改变a_3

其中，符号“$\oplus$”表示异或运算。提取时，需要先提取$a_1a_2a_3$，然后计算$x_1=a_1\oplus a_2$，$x_2=a_2\oplus a_3$可得嵌入的秘密信息。这四种情况中最多只改变了 1 位，这样平均只修改图像载体 0.75 个比特即可嵌入 2 比特秘密信息。与常规嵌入方式相比，矩阵编码技术的嵌入效率更高。

以上是矩阵编码技术的一个特例，它的通用形式是：假设载体数据是长度为 n 的码字 a，在修改不超过$D_{\max}$个比特的条件下，可嵌入 k 比特的秘密信息 x。码字 a 可用一个有序三元组$(n, k, D_{\max})$来表示。设 f 是一散列函数，可以通过 f 从码字a 中提取k 个比特的信息。利用矩阵编码对于任意 a 和 x，可以得到码字 a'，使得 $x=f(a')$，且要求 a 与a'之间的汉明距离 $d(a, a')\leqslant D_{\max}$。

F5 算法中，令$D_{\max}=1$，则矩阵编码方式为$(1, n, k)$编码，即在长度为 $n=2^k-1$ 的码字中只修改 1 比特，即可嵌入 k 比特秘密信息。在$(1, n, k)$矩阵编码中，其散列函数 f 定义为

$$f(a)=\bigoplus_{i=1}^{n} a_i i \tag{2-3}$$

其中，$\bigoplus_{i=1}^{n}$表示作连续异或运算，需要修改的位置 s 为

$$s = x \oplus f(a) \tag{2-4}$$

改变后的码字 d 为

$$a' = \begin{cases} a, & s = 0 \\ (a_1\ a_2\ a_3 \cdots a_s \oplus 1 \cdots a_n), & s \neq 0 \end{cases} \tag{2-5}$$

a'即为载密信息，从而实现了秘密信息 x 的嵌入。

此时载体数据变化密度为

$$D(k) = \frac{1}{n+1} = \frac{1}{2^k} \tag{2-6}$$

载体数据的嵌入率为

$$R(k) = \frac{k}{n} = \frac{k}{2^k - 1} \tag{2-7}$$

载体数据的嵌入效率为

$$E(k) = \frac{R(k)}{D(k)} = 2^k \cdot \frac{k}{2^k - 1} \tag{2-8}$$

$(1, n, k)$矩阵编码从 $k=1$ 到 $k=9$ 的情况下，其载体数据的变化密度、嵌入率、嵌入效率之间的关系如表 2-3 所示。F5 算法中，根据载体图像信息嵌入容量和秘密信息长度来具体确定 n 和 k 的值，从而达到最大的嵌入效率。

表 2-3　$(1, n, k)$矩阵编码变化密度、嵌入率和嵌入效率的关系

k	n	变化密度 $D(k)/(\%)$	嵌入率 $R(k)/(\%)$	嵌入效率 $E(k)/(\%)$
1	1	50.00	100.00	2.00
2	3	25.00	66.67	2.67
3	7	12.50	42.86	3.43
4	15	6.25	26.67	4.27
5	31	3.12	16.13	5.16
6	63	1.56	9.52	6.09
7	127	0.78	5.51	7.06
8	255	0.39	3.14	8.03
9	511	0.20	1.76	9.02

F5 算法的隐写过程如下：

(1) 选择载体图像，进行 JPEG 压缩，获取其量化后的 DCT 系数。

(2) 用密钥对伪随机数字发生器进行初始化，然后对(1)中得到的 DCT 系数进行混洗。

(3) 根据可用的 DCT 系数和欲嵌入的秘密信息长度计算嵌入所使用的三元组$(1, n, k)$，即确定参数 k 并计算码字长度。

(4) 取出 n 个混洗后的非零交流 DCT 系数，k 比特欲嵌入的秘密信息，采用$(1, n, k)$矩阵编码进行秘密信息的嵌入。

① 计算载体数据是否需要更改，若需要，则更改相应的载体数据的 LSB；若不需要，则继续下一组秘密信息的嵌入。

② 对经过更改后的载密数据，判断是否产生了新的值为 0 的 DCT 系数，若没有，则重复执行(4)，直到秘密信息全部嵌入为止；若有，则此次嵌入操作无效，重新选择 n 个可用的非零交流 DCT 系数(包含 1 个新的可用系数和上次嵌入中没有变化的 $n-1$ 个可用系数)，重复执行①。

(5) 反混洗，恢复 DCT 系数的排列顺序。

(6) 生成载密图像。

需要强调的是，F5 算法并不能保证直方图不发生任何变化，只是保持了一些关键特性。通过对 F4 算法的改进，F5 算法可有效保持 DCT 系数直方图的前两个分布特点，即维持了系数直方图递减的分布规律。但是它仍然对全局 DCT 系数直方图引入了明显的改变，首先是使得 0 值系数显著增加；其次是使除 0 外的其余系数都有不同程度的减小，其中绝对值为 1 的系数显著减小(被称为“收缩现象”)，同时 F5 算法中的隐写操作也会对各频率系数直方图和系数的块相关性造成影响。利用 F5 算法对 DCT 系数直方图造成的这些影响，可实现对其的检测。

2.3.3 YASS 算法

随着隐写分析技术的发展，根据其所适用的应用场合不同，出现了两类分析方法：专用隐写分析方法和盲隐写分析方法。前者是根据已知的嵌入算法构造隐写分析特征，这类特征通常是单个标量特征，仅适用于攻击一种隐写方法或者一类隐写方法，比如卡方分析仅能针对 LSB 替换隐写进行攻击。后者则在进行隐写分析前并不知道嵌入算法的知识，这种情况下攻击者希望所提取的特征能够检测尽可能多的隐写方法，因此盲隐写分析往往需要提取较大的特征集，并通常采用机器学习的方法实现，可以适用于攻击多种类型的隐写方法。相比较专用隐写分析方法，盲隐写分析方法更具实用性。随着研究的深入，学者们提出了很多不同的隐写分析方法，这些方法已经可以在不太了解隐写方法相关信息的情况下，实现对多种隐写方法的检测。比如，本章参考文献[15]所提的盲分析方法只需知道隐写方法是在 JPEG 图像 DCT 系数上嵌入信息的知识就可以实现对 Jsteg、F5、OutGuess、MB 算法的有效检测，具有较强的实用性。为了对抗这类针对 JPEG 图像 DCT 域的盲分析方法，Solanki 等提出 YASS(Yet Another Steganographic Scheme) 隐写方法[13]。

YASS 算法的基本过程是先对空域图像进行分块(要求块大于 8×8)；然后从这些大于 8×8 的块中随机选取 8×8 的子块进行 DCT 变换，采用 QIM 的方式将秘密信息嵌入到 DCT 系数中，再进行反 DCT 变换到空域；最后用新的量化表对整幅图像进行 JPEG 压缩。这个过程有两个关键点，一是 YASS 算法不直接在 JPEG 图像 DCT 系数上嵌入数据，而是随机地选取 8×8 的子块，这种做法使得基于移位剪切重压的通用隐写分析方法无法准确地得到校正图像从而失效；二是 YASS 算法在数据嵌入后会对图像进行 JPEG 压缩，压缩过程可以掩盖数据嵌入留下的痕迹。

YASS 算法如果只在 JPEG 图像的亮度分量中进行数据嵌入，具体过程可归纳为以下七步：

(1) 对要嵌入的秘密信息用具有纠删功能的 RA(Repeat Accumulate)码进行编码。

（2）将给定的图像（空域图像或者 JPEG 图像）以空域表示，然后划分其为连续而不重叠的块，块的大小为 $B\times B$，其中 $B>8$，称这些块为 B 块或者 B－block。

（3）在每个 B－block 中，根据密钥随机选取一个 8×8 的子块，称为数据嵌入子块或者 E－block。

（4）对 E－block 进行二维 DCT 变换，所得的 DCT 系数除以对应的量化步长，量化步长由嵌入质量因子 QF_h 决定，得到未取整的量化系数。

（5）将编码后的秘密信息以 QIM 的方式嵌入到一些未取整的低频系数（zigzag 扫描后前 19 个 AC 系数）上，也叫做候选嵌入系数。

（6）将嵌入数据后的系数乘以对应的量化步长，然后对 E－block 进行二维反 DCT 变换。

（7）对整幅图像进行 JPEG 压缩，其中压缩的质量因子为 QF_a，得到含密图像。

为了提高数据嵌入率，本章参考文献[13]提出增大 B－block 边长的方法，即在较大的 B－block 中选取多个 E－block，以提高整幅图像中 E－block 的数量。例如，令 $B=8n+1$（$n>1$），则在一个 B－block 中能得到 n^2 个 E－block。

本章参考文献[14]中对 YASS 算法又进行了两方面的改进。第一个改进是根据 DCT 系数的方差来调节嵌入量化因子 QF_h 的选取，增加嵌入参数的随机性，以提高信息的安全性。第二个改进是利用重复嵌入的方式替换对秘密信息进行的 RA 编码，以增强嵌入数据的鲁棒性，提高数据嵌入率。

YASS 算法的数据提取过程可归纳为以下五步：

（1）将 JPEG 图像解压到空域。

（2）秘密信息提取方利用密钥将所有的 E－block 位置找出。

（3）对 E－block 进行二维 DCT 变换，并对变换后的 DCT 系数进行量化，量化器选用的质量因子等于 QF_h。

（4）在 E－block 的候选嵌入系数上提取数据信息。

（5）对所提的数据信息进行 RA 码译码操作，恢复秘密信息。

YASS 算法的核心是利用数据嵌入子块选取的随机性和 QIM 嵌入方式的鲁棒性以掩盖秘密信息嵌入留下的痕迹。但其中 QIM 的嵌入方式会造成载体图像局部随机性的异常，且数据嵌入子块的选取也仅是局部随机。利用数据嵌入子块选取的局部随机性，分析数据嵌入子块的位置，可实现对 YASS 算法的专用检测。

2.4　保持模型的隐写方法

由隐写安全性的信息论定义可知，若要保证隐写方法的绝对安全，嵌入时的目标就是要保持载体信源的统计特性不发生任何变化。由于数字图像是一个超高维且十分复杂的载体信源，为了让载体信源可以被描述，通常会对其进行简化；简化后对信源进行建模，隐写只要能保证这个简化模型在隐写过程中不被影响，就认为隐写系统在该模型下是不可检测的。由此出现了一类保持载体信源统计特性的隐写方法，比如 OutGuess、MB 方法等，这类隐写方法可保证算法在选定的模型下是安全的。

2.4.1 OutGuess 算法

OutGuess 算法的基本思路是统计复原，即在嵌入过程中先保留一部分图像不使用，然后在后期对嵌入过程中破坏的统计量进行复原。

它的实现包括两步：第一步，采用一个伪随机数发生器(PRNG)，从所有 DCT 系数中选择一个冗余比特集合用于秘密信息嵌入，嵌入过程使用简单的 LSB 替换方法，不修改值为 0、1 的 DCT 系数；第二步，对集合外的 DCT 系数进行校正，保证隐写前后 DCT 系数直方图不发生任何变化[16]。

1. 从所有 DCT 系数中选取冗余比特集合

假设 b_i 表示第 i 个比特嵌入的位置，$R_i(x)$ 表示 PRNG 产生的序列，b_i 的位置由 $R_i(x)$ 决定，公式如下：

$$b_0 = 0,\ b_i = b_{i-1} + R_i(x),\ i = 1,\ \cdots,\ n \tag{2-9}$$

$R_i(x)$ 介于 1 与 x 之间，每嵌入 8 比特秘密信息之后，重新计算 x，公式如下：

$$x = \frac{2m}{H} \tag{2-10}$$

其中，m 表示剩余的冗余比特数；H 表示尚未嵌入的秘密信息长度。

在第一步中有两个问题需要注意，一是对于不同的种子，同一个 PRNG 选取的冗余比特集合是不同的，为了使选取的冗余比特序列与秘密信息尽量接近，减少对载体的修改，对 PRNG 有必要选择一个合适的种子；二是在嵌入秘密信息之前需要先嵌入包含有 PRNG 密钥的状态信息，该状态信息嵌入位置的选取和秘密信息类似。

2. 对集合外的 DCT 系数进行校正

对集合外的 DCT 系数校正包括两个方面[16]：

(1) 在状态信息和秘密信息加密前进行纠错编码，纠正不更改被锁定的冗余比特所引起的误码。用$[n,\ k,\ d]$表示编码长度为 n，汉明距离为 $d=2t+1$ 的 k 元线性码，校正时采用该编码将 k 比特数据编码为 n 比特的分组，从而纠正 t 比特误码。

(2) 在嵌入秘密信息之后引入附加的修正，保持 DCT 系数直方图的特性不变。假设嵌入 1 比特秘密信息时需对第 j 个 DCT 系数 DCT(j)进行更改：若 DCT$(j) = 2$，则将其更改为 $2i+1$，同时选取一个值为 $2i+1$ 的系数 DCT(k)，将其更改为 $2i$。

用 $h(i)(i=0,\ \pm1,\ \pm2,\ \pm3,\ \cdots)$表示原始图像系数直方图，$\alpha$ 表示秘密信息与冗余比特间的比率。当 $h(2i) > h(2i+1)$时，嵌入之后直方图将发生如下改变：

$$h'(2i) = h(2i) - \frac{\alpha}{2}(h(2i) - h(2i+1)) \tag{2-11}$$

$$h'(2i+1) = h(2i+1) + \frac{\alpha}{2}(h(2i) - h(2i+1)) \tag{2-12}$$

可见被更改的值为 $2i$ 的系数将多于值为 $2i+1$ 的系数。为了使得有足够的值为 $2i+1$ 的系数用于修正，必须使得

$$(1-\alpha)h(2i+1) \geqslant \frac{\alpha}{2}(h(2i) - h(2i+1)) \tag{2-13}$$

为了有足够的系数用于修正，秘密信息与冗余比特间的比率 α 应满足：

$$\alpha \leqslant \frac{2h(2i+1)}{h(2i)+h(2i+1)} \tag{2-14}$$

OutGuess 算法可保证 JPEG 图像全局 DCT 系数的直方图在隐写前后不发生变化。全局 DCT 系数直方图是一阶统计量。如果将 JPEG 图像 DCT 系数的统计特性建模为该一阶统计量，则在该模型下 OutGuess 算法是安全的。但 JPEG 图像 DCT 系数的统计特性还可建模为各种二阶甚至高阶统计量，在这些模型下，OutGuess 算法将是不安全的。

2.4.2　MB 算法

Sallee 提出了基于模型的 MB(Model - Based)隐写框架[7]，该框架的基本思路是首先从载体数据中拟合一个参数模型，然后在嵌入过程中保持这个模型不变，整个过程不需要校正，这点有别于 OutGuess 的基本思路[16]。

它的具体实现是基于模型的隐写框架将载体数据建模为一个随机变量，即 $X=(X_{\text{inv}}, X_{\text{emb}})$，其中 X_{inv} 表示隐写过程中 X 保持不变的部分，X_{emb} 表示隐写过程中可以发生变化的部分。载体模型可通过条件概率 $p(X_{\text{emb}} \mid X_{\text{inv}})$ 构成，隐写时确保可发生变化部分 $X_{\text{emb}}{}'$ 相对 X_{inv} 的条件概率 $p(X'_{\text{emb}} \mid X_{\text{inv}}=x_{\text{inv}})$ 服从一定的分布。用熵解码器把均匀分布的秘密信息译码成符合 $p(X'_{\text{emb}} \mid X_{\text{inv}}=x_{\text{inv}})$ 的数据 X'_{emb}，用 X'_{emb} 替换 X 中的 X_{emb} 得到载密数据 X'。基于模型隐写框架的嵌入和提取过程分别如图 2-9 和图 2-10 所示。

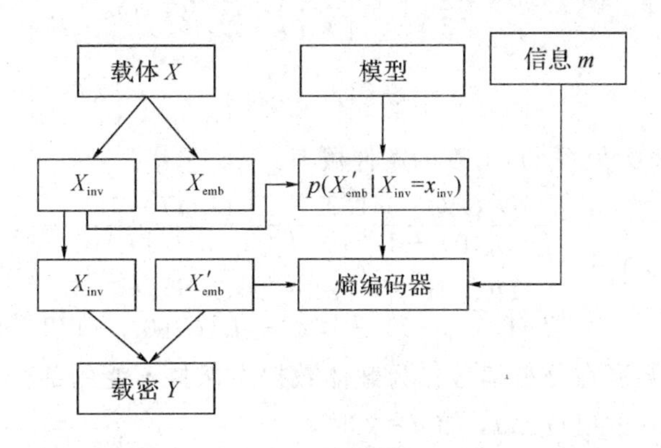

图 2-9　基于模型隐写框架的嵌入过程

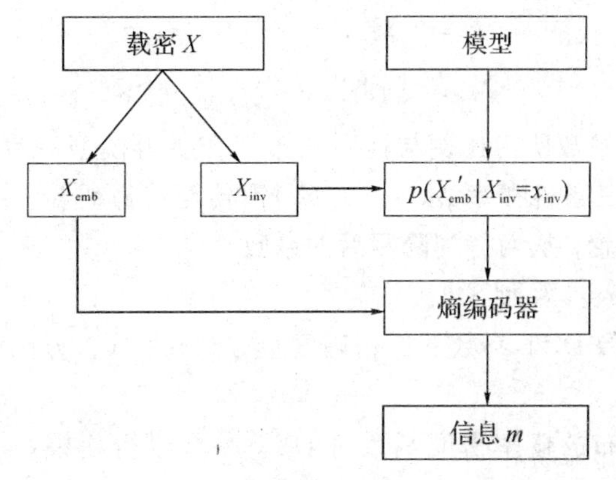

图 2-10　基于模型隐写框架的提取过程

Sallee 随后将基于模型的隐写框架应用于 JPEG 图像，提出了基于广义柯西模型的 JPEG 隐写，它的隐写过程如下[16]：

假设 $h_k^{(i,j)}$ 表示 JPEG 图像各频率 DCT 系数直方图，将其称为高精度直方图，其中 (i, j) 表示 DCT 系数在 8×8 小块中的位置，k 表示 DCT 系数值。将 DCT 系数值按下列形式进行分组：

$$\begin{cases} G_r(i) = (r+1)d - 1 - i, & 0 \leqslant i < d,\ r < 0 \\ G_0 = \{0\}, & r = 0 \\ G_r(i) = (r-1)d + 1 + i, & 0 \leqslant i < d,\ r > 0 \end{cases} \tag{2-15}$$

其中，r 表示分组标号；d 表示分组长度；$G_r(i)$ 表示分组 G_r 内第 i 个 DCT 系数值。统计各频率系数分组的直方图为

$$b_r^{(i,j)} = h_{G_r(0)}^{(i,j)} + h_{G_r(1)}^{(i,j)} + \cdots + h_{G_r(d-1)}^{(i,j)}$$

该值表示属于分组 G_r 的 DCT 系数频数，将其称为低精度直方图。

将 DCT 系数建模为广义柯西分布，其概率密度函数为

$$P(u) = \frac{p-1}{2s}\left(\left|\frac{u}{s}\right| + 1\right)^{-p}$$

其中，u 是系数值，并且 $p>1$，$s>0$。对于给定图像，可采用最大似然法估计模型中的参数 p 和 s。该分布的概率分布函数为

$$D(u) = \begin{cases} \dfrac{1}{2}\left(1 + \left|\dfrac{u}{s}\right|\right)^{-p}, & u \leqslant 0 \\ 1 - \dfrac{1}{2}\left(1 + \left|\dfrac{u}{s}\right|\right)^{-p}, & u \geqslant 0 \end{cases} \tag{2-16}$$

分组 G_r 内每个系数值 $G_r(i)$ 出现的条件概率为

$$p(G_r(i) \mid G_r) = \begin{cases} \dfrac{D(G_r(i) + 1/2) - D(G_r(i) - 1/2)}{D(G_r(0) + 1/2) - D(G_r(d-1) - 1/2)}, & r < 0 \\ \dfrac{D(G_r(i) + 1/2) - D(G_r(i) - 1/2)}{D(G_r(d-1) + 1/2) - D(G_r(0) - 1/2)}, & r > 0 \end{cases} \tag{2-17}$$

在隐写时，各系数所在分组编号作为载体数据中保持不变的部分 X_{inv}，将系数更改为分组内代表相应信息 i 的值 $G_r(i)$，如 $d=2$ 时，

$$b_r^{(i,j)} = \begin{cases} h_{2r+1}^{(i,j)} + h_{2r}^{(i,j)}, & r < 0 \\ h_0^{(i,j)}, & r = 0 \\ h_{2r-1}^{(i,j)} + h_{2r}^{(i,j)}, & r > 0 \end{cases} \tag{2-18}$$

为了保持分组内各系数所占比例与柯西分布拟合所得模型一致，秘密信息、系数值在分组内的相对位置 i 及其条件概率 $p(G_r(i) | G_r)$ 需传至熵译码器，译码得到隐写后每个系数值在分组内的相对位置，从而得到隐写后的系数。

MB 算法的具体嵌入步骤如下[16]：

(1) 计算 JPEG 图像 DCT 系数的低精确度直方图 $b_r^{(i,j)}$（直方图的柱宽度大于 1），将它作为 X_{inv}。

(2) 用广义柯西分布的概率密度函数对 DCT 系数进行建模，采用最大似然拟合模型参数。

(3) 由系数值在各自分组内的偏移组成 X_{emb}，利用模型的条件概率密度函数计算每个系数值所在分组内所有可能偏移相对其分组的条件概率 $p(G_r(i)|G_r)$。

(4) 选择一个确定系数序列的“伪随机置换”。

(5) 将秘密信息和步骤(3)中计算的条件概率 $p(G_r(i)|G_r)$ 以步骤(4)中指定的次序传递给一个非自适应的算术译码器，得到含秘密信息的偏移 X'_{emb}。

(6) 根据系数值所在的分组和译码得到的系数值在分组内的偏移 i，得到隐写后的系数。

从以上可以看到，基于广义柯西模型的 JPEG 隐写算法可以保持 JPEG 图像 DCT 系数全局直方图和各频率直方图不发生变化，在该模型下 MB 算法是安全的。但 JPEG 图像 DCT 系数的块内和块间相关性在隐写过程中很难被保持，那么利用该算法对这些高阶统计量的破坏可实现对 MB 隐写框架下算法的检测。

2.5　基于视觉特性的隐写方法

由于缺乏精确的图像模型，使得以隐写安全性的信息论定义为指导准则的隐写设计方法无法在实践中实现。没有理论的指导，隐写方法设计者又从直觉出发，试探性地从人眼视觉特性切入，提出了基于人眼视觉特性的隐写方法。即在视觉不敏感的区域嵌入较多秘密信息，在视觉较敏感的区域嵌入少量秘密信息，这类方法的关键是如何对区域内图像复杂度进行描述。其中较具代表性的是 BPCS 和 PVD 算法。

2.5.1　BPCS 算法

BPCS 算法[9]的隐写原理是先将载体图像的所有位平面划分成相同大小的子块，然后计算每个子块的复杂度，基于人眼视觉特性，人的视觉对复杂度低的子块中的变化敏感，对复杂度高的子块中的变化不敏感，将秘密信息嵌入到复杂度较高的子块中，从而使嵌入数据后的图像具有较好的视觉不可见性。

假设载体图像为位图图像，BPCS 算法的隐写过程如下[18]：

(1) 首先将载体图像的所有位平面分成相同大小的小块，如 8×8 等。

(2) 计算每个小块的复杂度，这是 BPCS 隐写方法的关键。BPCS 中小块的复杂度定义为小块内所有相邻像素对中取值不同的像素对数目。假设位平面中黑色像素点用 0 表示，白色像素点用 1 表示，当位平面小块全 0 或全 1 时，复杂度取值最小(如图 2-11 所示)；当位平面小块为 0、1 相间的棋盘状时，复杂度取值最大(如图 2-12 所示)。如果位面小块的大小为 8×8，那么复杂度的取值范围就是 0 和 112 之间的整数。将复杂度的最大可能值记为 c_{max}，当位平面小块全 0 或全 1 时，复杂度取值为 0；当位平面小块为 0、1 相间的棋盘状时，复杂度取值为 $c_{max}=112$。

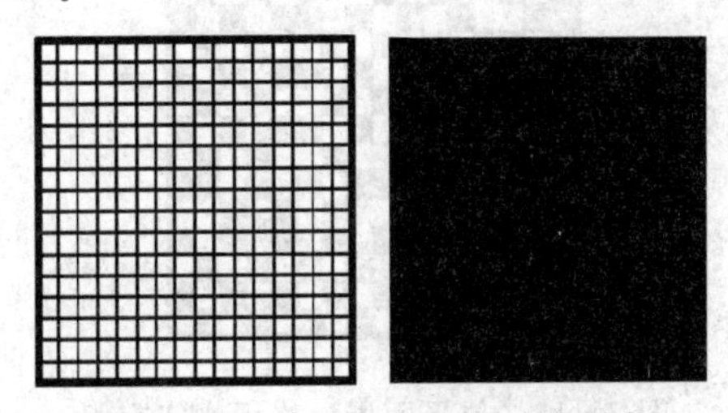

图 2-11　位平面全白色或全黑色

(3) 将复杂度大于 $a \cdot c_{max}$ 的位面小块用于负载秘密信息，这里 a 是系统参数，其取值小于 0.5。

(4) 由秘密信息组成位面小块，如果复杂度大于 $a \cdot c_{max}$，则直接替换原位面小块；否则作共轭处理，将秘密信息组成的位面小块与棋盘状小块作异或生成新的小块。设共扼处理前的复杂度为 c，那么共扼处理后的复杂度为 $c_{max}-c$。因为 $a<0.5$，所以新小块的复杂度一定大于 $a \cdot c_{max}$。共扼处理后，用新的小块替换原始数据的位面小块。

(5) 记录下来哪些小块是经过共扼处理的，将这部分信息也嵌入到载体图像中。这些额外信息的嵌入不能影响已经嵌入的秘密信息，并且要能够被正确提取。

图 2-12　位平面棋盘格

接收方的提取过程如下[18]：

将载体图像中所有复杂度大于 $a \cdot c_{max}$ 的位面小块取出；再提取出上述(5)中额外嵌入的信息，确定哪些小块经过了共扼处理；将经过共扼处理的小块与棋盘状小块作异或，便可恢复出秘密信息。

这种方法顾及了人的视觉特性，因此具有较好的隐蔽性。同时，因为秘密信息可以嵌入到多个位平面上，所以它比 LSB 方法有更大的嵌入量，其最高数据嵌入率可以超过 1bpp (比特/像素)。BPCS 隐写方法还可以应用到调色板图像和 JPEG2000 图像上。

基于视觉特性的隐写方法中非常重要的一步是定义视觉不敏感的区域，也就是复杂度较高的区域。BPCS 算法利用位平面黑色和白色像素变化频率的高低来描述复杂度。一个位平面黑色和白色像素变化频率越高图像越复杂，变化频率越低图像越简单。但从我们日常的直觉效果上来讲，黑格和白相间的棋盘格图像并不复杂，而如 2-13 所示的黑格和白格无规律交织的位平面从直觉上讲更复杂，因此 BPCS 算法对位平面复杂度的描述方法有时并不合理，还有很大的改进空间。

图 2-13　位平面黑白格无规律交织

2.5.2　PVD 算法

PVD 算法[9]采取了另一种方式定义图像复杂度，它的原理是先将载体图像扫描成许多不交叠的小块，每个小块由两个相邻像素组成，扫描的方式有行扫描、按列扫描、zigzag 扫描等；然后将秘密信息嵌入在小块内两个相邻像素的差值中，依据人眼的视觉特性，在差值大的小块中嵌入较多信息，差值小的小块中嵌入较少信息。

假设载体图像为位图图像，PVD 算法的隐写过程如下[18]：

将小块中相邻像素的差值记为 $d=p_{i+1}-p_i$，$|d|$ 的取值范围为[0，255]。将这个范围分成 K 个区域 $R_k(k=0, 1, \cdots, k-1)$。每个区域的宽度都是 2 的整数幂，例如分成 6 个区域为[0，7]、[8，15]、[16，31]、[32，63]、[64，127]、[128，255]。每个区域的下界、上界、宽度分别记为 k_l、k_u、k_w。如果 $|d|$ 落在区域 R_k，那么在这个小块中嵌入 $\log_2(w_k)$ 个秘密比特。

将 $\log_2(w_k)$ 个秘密比特转化为十进制的值 b，并计算

$$d'=\begin{cases} l_k+b, & d\geqslant 0 \\ -(l_k+b), & d<0 \end{cases} \tag{2-19}$$

$|d'|$ 与 $|d|$ 一定属于同一个 R_k。

嵌入过程如下：

$$(p'_i, p'_{i+1})=f[(p_i, p_{i+1}), d']=\begin{cases} (p_i-r_c, p_{i+1}-r_f), & d \text{ 为奇数} \\ (p_i-r_f, p_{i+1}-r_c), & d \text{ 为偶数} \end{cases} \tag{2-20}$$

其中

$$r_c=\left\lceil \frac{d'-d}{2} \right\rceil, \quad r_f=\left\lfloor \frac{d'-d}{2} \right\rfloor$$

即将 d 变为 d'。如果在某个小块中嵌入操作有可能产生溢出，那么定义这个小块为“不可用的”，所有的嵌入操作仅在可用的小块中进行。一般情况下不可用小块的比例往往很小，而且 PVD 算法嵌入并不会改变小块的“可用”或“不可用”属性。

接收秘密信息时，以同样方式划分小块，并判断哪些小块是“可用的”。在可用小块中计算 $d'=p'_{i+1}-p'_i$，若 $|d'|\in R$，用 $b=|d'|-l_k$，解出 $\log_2(w_k)$ 比特秘密信息。

PVD 算法隐写时将秘密信息嵌入到小块内两个相邻像素的差值中，因此隐写分析时可以从图像的差值直方图着手，找出嵌入过程对图像差值直方图的影响，从而实现对 PVD 算法的检测。

2.6　模仿自然过程的隐写方法

模仿自然过程的隐写方法是尝试把嵌入过程伪装成图像自然处理的过程。这类方法假设嵌入过程对图像的影响与某些对图像的自然处理过程是不可区分的，把嵌入过程模仿成自然过程，使载密图像保持与载体图像一致的分布。这种思想的一种可行的实现方法是把嵌入过程伪装成图像的一种噪声叠加，其中具有代表性的方法是随机调制(SM)算法。

数字图像在获取过程中会受到多种噪声源的影响，即使在相同的条件下，使用同样的照相机设置对完全相同的场景拍摄多幅图像，它们的噪声成分也会有所不同，这是由光的

量子属性和传感器电子元件中的噪声导致的随机现象。这个现象在构造隐写方法时可以加以利用，比如将信息嵌入的过程伪装成图像获取过程中传感器噪声的叠加。SM 就是这样的隐写方法。

SM 算法[10]的原理是将欲嵌入的信息调制成具有特定概率分布的噪声；然后用调制后的信号替代图像获取过程中传感器带来的噪声，从而使得攻击者无法区分这些噪声是由电子元件产生的还是由隐写产生的。SM 算法中巧妙设计了一个参数奇偶函数，使得在提取操作时不必估计原始灰度值就可以准确地恢复嵌入的秘密信息。

假设 x 表示嵌入前的原始灰度位图图像，$M\times N$ 是图像的大小，x_{ij} 表示载体图像 (i, j)位置上的像素值，且 $0\leqslant i\leqslant M-1$，$0\leqslant j\leqslant N-1$，$0\leqslant x_{ij}\leqslant 255$；$y$ 表示嵌入秘密信息后的载密图像，y_{ij} 表示载密图像(i, j)位置上的像素值，$0\leqslant y_{ij}\leqslant 255$；$m$ 表示待嵌入的秘密信息，m_k表示第 k 位秘密信息，$m_k\in\{0, 1\}$，$k\leqslant M\times N$。对于 X_{ij} 的所有可能取值，定义参数奇偶函数为 $P(x_{ij}, r_{ij})$，其中 x_{ij} 的定义域是从 0 到 255 之间的整数，r_{ij} 的定义域是所有非负整数，函数 $P(x_{ij}, r_{ij})$的值域为$\{+1, -1\}$且满足

$$P(x_{ij}, r_{ij}) = 0, r_{ij} = 0 \tag{2-21}$$

$$P(x_{ij}+r_{ij}, r_{ij}) = -P(x_{ij}-r_{ij}, r_{ij}), r_{ij}\neq 0 \tag{2-22}$$

一般情况下，对某个固定的 r_{ij}，可以任意定义 $P(x_{ij}, r_{ij})$的前 $2r_{ij}$ 个值，根据上面的公式便可以推知 $P(x_{ij}, 2r_{ij}+1)$以后的值。一个较好的参数奇偶函数的定义为

$$P(x_{ij}, r_{ij}) = (-1)^{x_{ij}+r_{ij}}, \quad x_{ij}\in\{1, 2, \cdots, 2r_{ij}\} \tag{2-23}$$

SM 算法的隐写过程如下：

(1) 对秘密信息进行双极性的二进制编码，得到值域为$\{-1, +1\}$的伪随机序列$\{m_i\}$。

(2) 根据密钥产生服从 $N(0, \sigma^2)$高斯噪声，取整并取绝对值后得到序列$\{r_{ij}\}$。将 r_{ij} 与载体图像的每一个像素 x_{ij} 建立一一对应关系。

(3) 隐藏秘密信息时，取出一个秘密比特对应于一个像素，如果该像素对应的 r_{ij} 为 0，则跳到下一个像素。如果 r_{ij} 不为 0，则检查 $P(x_{ij}+r_{ij}, r_{ij})$是否与欲隐藏的比特一致，如果两者一致，则将像素灰度值变为 $x_{ij}+r_{ij}$；如果不一致，则将像素灰度值变为 $x_{ij}-r_{ij}$。这是因为 $P(x_{ij}, r_{ij})$具有反对称性，$P(x_{ij}+r_{ij}, r_{ij})$和 $P(x_{ij}-r_{ij}, r_{ij})$中必然有一个与欲嵌入的秘密比特相同，即

$$y_{ij} = x_{ij}+m_i\cdot P(x_{ij}+r_{ij}, r_{ij})\cdot r_{ij} \tag{2-24}$$

提取秘密信息时，按照同样的方法产生序列$\{r_{ij}\}$，对不为 0 的 r_{ij} 计算 $P(y_{ij}, r_{ij})$，计算结果就是在该像素上隐藏的秘密比特。

SM 方法的信息嵌入率与具有特定概率分布的噪声信号密切相关。如果噪声信号服从 $N(0, \sigma^2)$高斯噪声，则信息嵌入率 p 可由下式估算：

$$p = 1-\mathrm{erf}\left(\frac{1}{2\sqrt{2}\sigma}\right) \tag{2-25}$$

其中

$$\mathrm{erf}(x) = \frac{2}{\sqrt{\pi}}\int_0^x \mathrm{e}^{-t^2}\mathrm{d}t$$

虽然 SM 方法似乎很有道理，但仍然很容易被基于机器学习的盲隐写分析方法检测。其中主要原因是，在图像的获取过程中，噪声的叠加发生在信号被数模转换器量化和其他

进一步处理之前，图像获取后由于照相机内的一些处理操作，最终的图像相邻像素间有多种复杂的相关性，隐写噪声应该叠加在传感器的原始输出上，而不是具有相关性的最终图像上，因此分析SM嵌入过程对图像相关性造成的影响可有效检测该方法。

2.7 鲁棒隐写方法

近些年发展起来的移动社交网络具有数据量大、身份隐蔽、传输实时性强的特点，这些特点使得基于移动社交网络的信道非常适合进行隐蔽通信。但当前移动社交网络对图像隐写技术的最大挑战是图像在传输过程中通常会被有损转码，比如压缩、采样、缩放等。为了能够在这样的环境下进行隐蔽通信，必须考虑隐写方法的鲁棒性。

评估隐写方法性能的三个重要指标是隐写容量、安全性和鲁棒性。对于这三个指标，在传统隐写方法的构造中，隐写者通常只关心前两个指标，这是因为他们通常默认隐写分析者是被动式看守，不对隐写信道做任何修改。但在移动社交网络信道中，这样的默认条件可能不再成立。若要在移动社交网络信道中进行隐蔽通信，研究具有鲁棒性的隐写方法是必要的。

相比于隐写方法，数字水印方法的构造者们更关心隐写算法的鲁棒性和安全性，这和水印的应用方向有关。隐写和数字水印既有联系又有区别，因此在构造鲁棒隐写方法时可借鉴数字水印中的鲁棒算法。具有鲁棒性的典型隐写方法有扩频隐写和量化索引调制(QIM)隐写。扩频隐写是在载体图像上又叠加了一个用秘密信息调制的随机噪声，可以抵抗一定程度的噪声干扰。QIM隐写是利用一个由秘密信息序列决定的量化器来量化载体数据，只要载体数据受到的干扰没有超出偏移范围，秘密信息就可以被正确提取。

2.7.1 扩频隐写

扩频技术起源于通信技术，其理论基础来源于信息论和抗干扰理论。香农信息论公式如下：

$$C = W\log_2\left(1+\frac{S}{N}\right) \tag{2-26}$$

其中，C是信道容量，表示信道可传输的最大信息速率；W表示信道带宽；N表示噪声的平均功率；S表示有用信号的平均功率。S/N为信噪比。香农定理揭示了无差错传输信息的能力与信道中信噪比及用于传输信息的信道带宽之间的关系。

扩频技术通过使用与欲传输的信息数据相互独立的扩频码进行频带扩展，之后在大于所需带宽中进行信号的传输。接收方利用接收到的发送方所使用的扩频码对接收到的数据进行解扩，恢复所传信息。进行频谱扩展之后，信号占据很大的带宽，因而在每一个频段上的信号能量都很低，可以认为信号是淹没在信道噪声中的，因此扩频技术具有拦截概率小和抗干扰能力强的特点；同时，即使在信号传输中丢失了某些频段的信息，利用其他频段接收到的信息仍然能够恢复原始信号。

扩频技术的上述特点使得其非常适用于信息隐藏技术，特别是隐写技术中。可将原始数据的频域看做通信信道C，秘密信息看做有用信号S，各种干扰看做噪声信号N。利用扩频技术将秘密信息分布在数据的频域系数上，信道的带宽很大，但各个频域系数上叠加的秘密信息信号的能量很小，可以认为秘密信息是淹没在信道噪声中的，因此扩频隐写可以抵抗一定的噪声干扰。

一种通用的扩频隐写过程如下[17]：

假设载体为 n 个独立同分布的高斯随机变量构成的序列 $x[i] \sim N(0, \sigma_c^2)$，$i=1, \cdots, n$。利用密钥 k 作为种子，采用伪随机数发生器生成一个高斯随机变量 $N(0, D_w)$ 的 n 个独立同分布的实现 $w[i]$，$i=1, \cdots, n$，序列 w 和 x 是相互独立的。隐写者利用序列 w 对秘密信息进行调制，通过对载体加 w 或者减 w 嵌入秘密信息比特 $m \in \{0, 1\}$。公式表示为

$$y = x + (2m-1)w \tag{2-27}$$

其中，y 是嵌入秘密信息之后的序列。

接收者根据同样的隐写密钥生成 w，计算相关系数 $\rho = \frac{1}{n}\sum_{i=1}^{n} y[i]w[i]$，如果 $\rho > 0$，则 $m=1$；如果 $\rho \leqslant 0$，则 $m=0$。即使 y 受到噪声 z 的干扰变成 $\tilde{y} = y + z$，只要能保证 ρ 的值不变，仍然可以恢复秘密信息 m。

2.7.2 QIM

QIM[11] 最初是用于数字水印的鲁棒嵌入方法，但也可以根据需求推广应用到隐写方法中，增强隐写算法的鲁棒性。QIM 具有鲁棒性的关键是引入了一个量化器，利用量化器将任意载体数据量化到与之最近的重构点上，恢复嵌入信息时只要载体所受噪声污染在可控范围内，就可无差错地恢复嵌入的信息。

QIM 应用于隐写的基本过程如下：

假设载体数据序列为 $\{X_n\}$，嵌入秘密信息的序列为 $\{b_n\}$，嵌入过程是根据秘密信息的值 b_n（取值为 0 或者 1），选择相应的量化器 q_{b_n} 量化载体数据 X_n，量化后的数据序列为 $\{S_n = q_{b_n}(X_n)\}$。

用一个量化步长为 Δ 的均匀量化对载体数据进行量化，表达式可表示为

$$q_b(X) = \begin{cases} \text{round}\left(\frac{X}{\Delta}\right), & b=0 \\ \text{round}\left(\frac{X}{\Delta}\right) + \frac{\Delta}{2}, & b=1 \end{cases} \tag{2-28}$$

其中，round(·)表示取整运算；Δ 是量化步长。图 2-14 演示了该量化的过程。由秘密信息 0 或 1 决定的两个量化器所对应的重构点集在数轴上分别用方框 1 和圆圈 0 来表示，它们形成两个格，两个量化器重构点之间的最小距离 $d_{\min} = \Delta/2$。

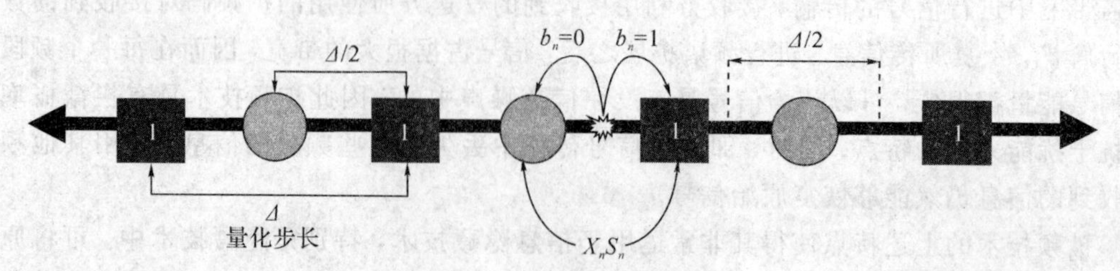

图 2-14　QIM 的隐写过程

提取秘密信息时无须原始数据参与，采用最小距离法进行译码。实际的过程是用接收到的数据除以 Δ，若余数为 0，则信息位为 0；若余数为 $\Delta/2$，则信息位为 1。如果接收的数据受到噪声 n 的污染，只要 $|n|<\Delta/4$，秘密信息就可以无差错地被恢复，这也是 QIM 隐写具有鲁棒性的原因，与 LSB 相比，其对噪声有较强的鲁棒性。还可以通过拉伸量化器、增大量化步长的方法来提高抗噪鲁棒性，但代价是增大了嵌入操作引起的失真。

由图 2-14 可以看出，无论输入序列是一个怎样的集合，输出序列都是一个由 $\Delta/2$ 的整数倍组成的集合，这样的一种集合很容易被检测到，因此有学者在 QIM 隐写的基础上引入了抖动量化索引调制方案。其原理也很简单，就是在量化之前对载体数据加上一个区间 $[-\Delta/2, \Delta/2]$ 内的伪随机数，量化后再减去这一伪随机数。

设随机序列为 m_n，带有抖动的 QIM 隐写过程为

$$S(X_n, m_n) = q_{b_n}(X_n + m_n) - m_n \tag{2-29}$$

其中，量化器表达式(2-28)变为

$$q_b(X) = \begin{cases} \text{round}\left(\dfrac{(X+m)}{\Delta}\right), & b=0 \\ \text{round}\left(\dfrac{(X+m)}{\Delta}\right)+\dfrac{\Delta}{2}, & b=1 \end{cases} \tag{2-30}$$

带有抖动的 QIM 隐写过程如图 2-15 所示。

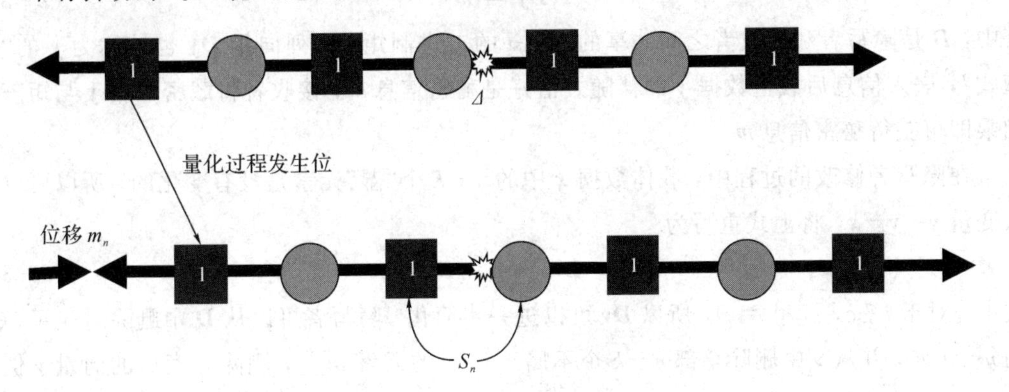

图 2-15 带有抖动的 QIM 隐写过程

2.8 非共享选择信道的隐写方法

在隐写过程中有时会面临这样一个问题：隐写者选择的隐写信道是从载体图像或者某些边信息中计算得出的，但这些信息的接收者通常无法获得，这就造成了隐写者可以很好地嵌入数据，但接收者无法恢复的局面。比如自适应隐写，隐写者把秘密信息嵌入在图像纹理丰富的区域，避开纹理简单的区域，因为纹理区域越复杂，嵌入的秘密信息就越安全。但嵌入过程中的选择信道取决于载体图像的内容，而载体图像的内容在信息嵌入后有可能发生改变，这种改变是接收者无法获取的。因此，接收者无法从载密图像中确定同样的选择信道，从而无法读取秘密信息，这种在发送者和接收者之间不能共享的信道被称为非共享选择信道。有效解决隐写中的非共享选择信道问题可以提高算法的安全性。目前非共享

选择信道问题可以通过编码技术得到很好解决。

2.8.1 基于伴随式编码的湿纸码

隐写中的非共享选择信道问题，可以用在“湿纸上写字”来描述[17]。假设载体图像 $\boldsymbol{x}$ 暴露在雨中，它的部分像素被淋湿了。隐写者在嵌入时不能修改湿像素，只能修改干像素，这些干像素也就是隐写者的选择通道。但在图像传输过程中，载密图像 $\boldsymbol{y}$ 变干了，接收者无法得知之前哪些像素是干的，也就无法恢复信息了。这样的一个问题可以通过伴随式编码来解决。

假设载体数据是一个有 n 个元素的向量 $\boldsymbol{x}\in\{0, 1\}^n$，隐写者用 k $(k<n)$个可改变的元素 $x[j]$构成一个可选择信道 $c\subset\{1, \cdots, n\}$，$|c| = k$，$j\in c$，这 k 个可改变元素在嵌入过程中是可以修改的，其余 $n-k$ 个元素不能修改。现在隐写者的目标是对载体数据中可改变的 k 个元素进行修改，保证接收者在没有任何关于选择信道 c 信息的条件下，向接收者发送 $m(m<k)$位的信息 $\boldsymbol{m}\in\{0, 1\}^m$。

为了达到此目标，隐写者在对载体数据中可改变的元素进行修改后，必须使得嵌入信息后的载密数据 $\boldsymbol{y}$ 满足：

$$\boldsymbol{D}\boldsymbol{y} = \boldsymbol{m} \tag{2-31}$$

其中，$\boldsymbol{D}$ 是隐写者和接收者之间共享的 $m\times n$ 的二进制矩阵。列向量 $\boldsymbol{D}\boldsymbol{y}$ 也被称为 $\boldsymbol{y}$ 的“伴随式”，嵌入信息后载密数据 $\boldsymbol{y}$ 的伴随式恰好是秘密信息 $\boldsymbol{m}$，接收者将载密数据 $\boldsymbol{y}$ 与矩阵 $\boldsymbol{D}$ 相乘即可获得秘密信息 $\boldsymbol{m}$。

在隐写者修改的过程中，载体数据 $\boldsymbol{x}$ 中的 $n-k$ 个“湿”元素是没有变化的。所以可以引入变量 $\boldsymbol{v}=\boldsymbol{y}-\boldsymbol{x}$，将上式重写为

$$\boldsymbol{D}\boldsymbol{v} = \boldsymbol{m} - \boldsymbol{D}\boldsymbol{x} \tag{2-32}$$

式中，对于 $i\notin c$，$v[i] = 0$，所以 $\boldsymbol{D}\boldsymbol{v}$ 可以进一步简化。隐写者可以从 $\boldsymbol{D}$ 中删除对应于 $i\notin c$ 的 $n-k$ 列，并从 $\boldsymbol{v}$ 中删除全部 $n-k$ 个不属于 $i\notin c$ 的元素 $v[i]$，删除元素后的向量 $\boldsymbol{v}$ 仍用相同的符号表示。方程式(2-32)的右边都是已知的，设 $\boldsymbol{z}=\boldsymbol{m}-\boldsymbol{D}\boldsymbol{x}$，则该式可化简为

$$\boldsymbol{H}\boldsymbol{v} = \boldsymbol{z} \tag{2-33}$$

其中，$\boldsymbol{H}$ 是 $\boldsymbol{D}$ 的 $m\times n$ 子矩阵，由 $\boldsymbol{D}$ 中对应 c 中的各列构成。现在的目标是确定 $v[i]$，$j\in c$，相当于解一个包含 m 个方程、k 个未知量的线性方程组。

由此我们可以看到，利用隐写者和接收者共享的矩阵 $\boldsymbol{D}$ 的伴随式编码，能够解决隐写过程中的非共享选择信道问题。接收者只需要通过一个简单的矩阵乘法 $\boldsymbol{D}\boldsymbol{y}$ 就可以得到秘密信息 $\boldsymbol{m}$，而难点在于隐写者要能求解出线性方程组。

上述方程组存在解的必要条件是 $m\leqslant k$，如果方程组的解存在，可以采用高斯消元法进行求解。但在实际的求解中会发现，选择信道是由载体数据或者边信息决定的，这导致隐写者无法直接限制 $\boldsymbol{H}$ 的结构，使得高斯消元法的复杂度非常大，无法有效求解该方程组。一种解决办法是使矩阵 $\boldsymbol{D}$ 变得稀疏，获得求解稀疏矩阵方程组的快速算法，从而降低求解的复杂度。

2.8.2　PQ隐写算法

对于隐写者来说，使用非共享选择信道进行通信已经变成非常重要的工具，扰动量化(PQ)隐写[12]就是该工具的一个具体应用。

假设隐写者有一幅原始的没有经过任何压缩的图像，试图在对该图像进行 JPEG 压缩的过程中嵌入秘密信息。在图像 JPEG 压缩过程中，图像的 DCT 系数会被量化，量化包括两步，先是用 DCT 系数值除以量化步长，然后对除的结果取整。隐写者在 DCT 系数除以量化步长后、但未取整之前，检查此时的 DCT 系数，选择那些小数部分接近于 0.5 的系数(比如小数部分大于 0.4、小于 0.6 的系数)进入秘密信息嵌入。正常取整时，小数部分大于 0.5 的系数小数部分被取整为 1，小数部分小于 0.5 的系数小数部分被取整为 0，在隐写时，隐写者根据秘密信息的情况选择将小数部分接近于 0.5 系数的小数部分取整为 0 或者 1。例如，对系数 5.56 正常取整为 6，因为取整而产生的失真是 0.44；根据秘密信息的情况，在对 5.56 取整为 5 或者 6 的过程中可嵌入 1 bit 信息，若嵌入时取整为 6 则和正常取整产生的失真一样，若嵌入时取整为 5 则失真为 0.56，因为取整和嵌入带来的联合失真只比正常取整产生的失真大了 0.11＝0.56－0.44，这个失真小于直接在量化后的 DCT 系数进行嵌入产生的失真。这种在原始未压缩图像的压缩过程中嵌入秘密信息的方式，可借助图像的边信息更好地掩盖嵌入改变。

一般来说，JPEG 压缩的量化误差是均匀分布的，在取整失真一定的情况下，可用于嵌入的载体元素有限。通过重复量化可增加用于嵌入的载体元素。PQ 算法就是在 JPEG 图像重压缩的过程中嵌入秘密信息，重压缩的质量因子和原始图像的质量因子不同，其隐写过程如下：

选择质量因子为 85 的 JPEG 图像作为待嵌入图像，设 $BC^k(i, j)$表示重压缩前第 k 个 8×8 的 DCT 系数块$(i, j)(i, j = 1, \cdots, 8)$位置的系数，对应位置的量化步长为 $Q_{85}(i, j)$，将待嵌入 JPEG 图像重压缩为质量因子为 75 的 JPEG 图像，重量化时在 DCT 系数除以量化步长后但未取整前，相同位置的系数为 $C^k(i, j)$，对应位置的量化步长是 $Q_{75}(i, j)$，计算可得：

$$C^k(i, j) = \frac{BC^k(i, j) \times Q_{85}(i, j)}{Q_{70}(i, j)} \tag{2-34}$$

选择满足 $0.4 \leqslant |C^k(i, j)| \bmod 1 \leqslant 0.6$ 的系数作为可修改系数嵌入秘密信息。因为接收者无法得到重压缩前的JPEG图像，所以接收者在得到载密图像后无法辨别哪些 DCT 系数用于了秘密信息嵌入，隐写者和接收者无法共享选择信道。此时可用湿纸码来解决这个非共享选择信道问题，根据湿纸码的结果将未取整 DCT 系数的小数部分量化到 0 或者 1 的位置上。其他位置的不可修改系数，按正常方式取整。因此，PQ 算法相对于正常重压缩图像的误差控制在(－0.2, 0.2)之间。

在用高斯消元法求解方程组(2－33)时，计算复杂度为 $O(k^3)$，一般 JPEG 图像重压缩时可修改的 DCT 系数个数 $k > 10^5$，所以一次求解所有系数的计算量太大，因此在实际的嵌入过程中常采用分组嵌入的方法，设重压缩时可修改的 DCT 系数个数为 N，将所有 DCT

系数分为 α 组，这样平均每组有 $k_i=\left[\frac{N}{\alpha}\right](i=1, \cdots, \alpha)$ 个可修改系数，利用公式(2-33)对每组系数进行编码。

常用隐写软件下载网址如表 2-4 所示。

表 2-4　常用隐写软件下载网址

序号	工具	作者	下载网址
1	Jsteg	Derek Upham	http://zooid.org/~paul/crypto/jsteg/
2	EzStego	Romana Machado	http://www.fqa.com/stego_com/
3	F5	Andreas Westfeld	http://www.rn.inf.tudresden.de/~westfeld/f5.html
4	OutGuess	Niels Provos	http://www.outguess.org/
5	MB	Phil Sallee	http://philsallee.com/
6	PQ	Jessica Fridrich	http://dde.binghamton.edu/

本章小结

本章主要介绍了数字图像分类、图像隐写方法分类及每一种分类下典型的隐写方法。不同类别隐写方法依据不同的原则，具有不同的特点。基于 LSB 的初级隐写方法在空域或变换域基于 LSB 算法进行隐写，实现简单，但安全性较差。抗隐写分析的隐写方法以隐写分析方法为指导准则设计隐写方法，能抵抗某一种或某一类隐写分析方法的攻击，其中典型的方法有 LSB 匹配、F5 和 YASS。保持模型的隐写方法将载体图像源建模为某一种简化模型，在嵌入信息时保持此模型，使隐写方法在该模型下是不可检测的，但该方法在别的模型下可能很容易被检测，其中典型的方法有 OutGuess、MB。基于视觉特性的隐写方法以人眼视觉系统的多种掩蔽效应为指导准则设计隐写方法，具有较好的视觉不可见性，但统计不可见性可能较差，其中典型的方法有 BPCS、PVD。模仿自然过程的隐写方法假设嵌入过程对图像的影响与某些对图像的自然处理过程是不可区分的，从而把嵌入过程伪装成图像自然处理的过程，但自然处理过程很难被真正模仿，隐写时通常会留下人工痕迹，其中典型的方法有 SM。鲁棒隐写方法利用随机噪声或量化器，使隐写方法能抵抗压缩、采样、缩放等攻击，特别适合在移动社交网络环境下进行隐蔽通信，但该类方法嵌入容量通常较小，其中典型的方法有扩频隐写、QIM。非共享选择信道的隐写方法利用基于伴随式编码的湿纸码实现译码，使接收者在不知晓发送者选择信道的情况下也能正确读取秘密信息，典型的方法有 PQ。最小嵌入失真的隐写方法将修改每个载体元素对图像整体统计特性的影响量化，设计的隐写方案可在给定嵌入量的情况下使整体嵌入失真最小，隐写安全最大化问题被转化成为一个最优解问题，该算法可实现模块化设计。可以看到随着时间的推移，隐写方法的安全性逐步提升，特别是最小嵌入失真的隐写方法的出现，使隐写安全性达到一个新的高度，下一章将专门对该类方法进行介绍。

习　题　2

2.1　数字图像的分类有哪些？哪一类图像适合隐写？

2.2　图像隐写分类有哪些？每一类都有哪些特点？

2.3　隐写系统安全性的信息论定义是什么？

2.4　LSB 替换隐写的基本原理是什么？LSB 匹配在其基础上做了怎样的改进，为什么要这样改进？

2.5　F5 算法如何由 F3 和 F4 算法发展而来？F5 算法中为什么要引入混洗和矩阵编码？矩阵编码起作用的前提是什么？

2.6　YASS 算法能够抵抗校正攻击的原因是什么？

2.7　MB 隐写框架的基本思想是什么？

2.8　QIM 算法具有鲁棒性的原因是什么？

2.9　简述湿纸码的原理。

本章参考文献

[1] Cachin C. An Information-Theoretic Model for Steganography. Proceedings of 2nd International Workshop on Information Hiding. Portland：Springer，1998：306 - 318.

[2] Westfeld A，Pfitzmann A. Attacks on Steganographic Systems. Proceedings of the 3rd International Workshop on Information Hiding. Berlin：Springer，1999，1768：61 - 76.

[3] Fridrich J，Goljan M，Du R. Detecting LSB Steganography in Color and Gray-Scale Images. IEEE Multimedia，2001，8(4)，22 - 28.

[4] Sharp T. An Implementation of Key-Based Digital Signal Steganography，Proceedings of Information Hiding Workshop. Pittsburgh，USA：Springer，2001：13 - 26.

[5] Westfeld A. F5-A Steganographic Algorithm. Proceedings of the 4th International Workshop on Information Hiding. 2001，2137：289 - 302.

[6] Provos N. Defending Against Statistical Steganalysis. Proceedings of the 10th USENIX Security Symposium. Washington，D. C，USA：IEEE，2001：323 - 335.

[7] Sallee P. Model-Based Methods for Steganography and Steganalysis. International Journal of Image and Graphics. 2005，5(1)：167 - 189.

[8] Kawaguchi K，Eason R O. Principle and Application of BPCS Steganography，Multimedia Systems and Applications. Proceedings of SPIE，Boston：SPIE，1998：464 - 472.

[9] Wu D，Tsai W H. A Steganographic Method for Images by Pixel-Value Differencing. Pattern Recognition Letters，2003，24：1613 - 1626.

[10] Fridrich J，Goljan M. Digital Image Steganography Using Stochastic Modulation. Proceedings of SPIE：Security and Watermarking of Multimedia Contents V. San

Jose：SPIE，2003，5020：191-202.

［11］ Chen B，Wornell G W. Quantization Index Modulation：A Class of Provably Good Methods for Digital Watermarking and Information Embedding. IEEE Transactions on Information Theory，2001，47(4)：1423-1443.

［12］ Fridrich J，Goljan M，Soukal D. Perturbed Quantization Steganography. ACM Multimedia and Security Journal，2005，11(2)：98-107.

［13］ Solanki K，Sarkar A，Manjunath B S. YASS：Yet Another Steganographic Scheme that Resists Blind Steganalysis. Proceedings of 9th International Workshop on Information Hiding. Saint Malo，Brittany France：Springer，2007，4567：16-31.

［14］ Sarkar A，Solanki K，Manjunath B S. Further Study on YASS：Steganography Based on Randomized Embedding to Resist Blind Steganalysis. Proceedings of SPIE-Security，Steganography，and Watermarking of Multimedia Contents Ⅹ. San Jose，CA，USA：SPIE，2008.

［15］ Pevny T，Fridrich J. Merging Markov and DCT Features for Multi-Class JPEG Steganalysis. Proceedings of SPIE Electronic Imaging，Security，Steganography，and Watemarking of Multimedia Contents IX. San Jose：SPIE，2007：3-4.

［16］ 刘粉林，刘九芬，罗向阳. 数字图像隐写分析. 北京：机械工业出版社，2010.

［17］ Jessica Fridrich. 数字媒体中的隐写术：原理、算法和应用. 张涛，奚玲，张彦，等译. 北京：国防工业出版社，2014.

［18］ 王朔中，张新鹏，张开文. 数学密写与密写分析：互联网时代的信息战技术. 北京：清华大学出版社，2005.

第3章　基于最小化嵌入失真的图像隐写技术

统计安全性较高的隐写算法中有一类是基于内容自适应的最小嵌入失真方法，该类方法通过计算原始载体的经验统计特性来为每一个载体单元(包括像素、DCT系数、小波系数等)设定一个失真值，再通过特定编码来达到最小嵌入失真的目的。该类方法不仅在安全性上比传统隐写方法高出许多，而且为隐写方法的设计提供了一个类似流水线生产的模式，即给出了一个设计隐写系统的框架，研究者的主要任务是设计失真代价函数。但设计出一个合理的失真代价函数不是一个简单的问题，这个问题相当于对图像统计特征进行建模，是一个公认的难题，因此近年来许多学者将研究重点放在如何设计一个合理的失真函数。

本章首先介绍了最小化嵌入失真的基本原理，以及用于最小化嵌入失真的 STC (Syndrome Trellis Codes)编码[1-3]，然后从 3.3 节开始重点介绍了几种近年来具有代表性的失真函数设计方式。

3.1　最小化嵌入失真的隐写框架

在传统的信息隐藏中，数字媒体在经过隐写算法的嵌入后，必然导致隐写前载体Cover和隐写后载体 Stego 之间或多或少的差异，这种差异对载体统计特征带来的影响，称为载体失真。以数字图像载体为例，令载体和隐写后载体分别为 $\boldsymbol{X}=(x_1, \cdots, x_n)$，$\boldsymbol{Y}=(y_1, \cdots, y_n)\in\{0, 1\}^n$，$n$ 为载体元素的个数，则嵌入过程所带来的失真可表示为

$$D(\boldsymbol{X}, \boldsymbol{Y}) = \|\boldsymbol{X}-\boldsymbol{Y}\|_{\rho} = \sum_{i=1}^{n}\rho_i|x_i - y_i| \tag{3-1}$$

其中，$0\leqslant\rho_i\leqslant\infty(i\in[1, n])$为将像素 x_i 修改为 y_i 所引起的失真，当 $\rho_i=\infty$表示此像素不允许改变，即所谓的湿像素[2]。对于式(3-1)中的加性失真函数，本章参考文献[3]有下列分离定理：

令 $\boldsymbol{\rho}=(\rho_i)_{i=1}^{n}$，$0\leqslant\rho_i\leqslant\infty$为式(3-1)中的失真测度，若利用二进制嵌入操作在 n 个像素中嵌入 m 个秘密信息，则期望的最小失真具有下列形式：

$$\boldsymbol{D}_{\min} = (m, n, \boldsymbol{\rho}) = \sum_{i=1}^{n}p_i \quad \rho_i,\ p_i = \frac{e^{-\lambda\rho_i}}{1+e^{-\lambda\rho_i}} \tag{3-2}$$

其中，p_i 为修改第 i 个像素的概率，该分布为 Gibbs 分布的形式[4]，参数 λ 通过解下列嵌入容量方程获得：

$$-\sum_{i=1}^{n}(p_i\log_2 p_i + (1-p_i)\log_2(1-p_i)) = m \tag{3-3}$$

上述分离定理的重要意义在于：在实际的隐写算法中，失真测度 $\boldsymbol{\rho}$ 和编码算法无关，只与图像内容和测度方法有关；更重要的是，该分离定理给出了在已知失真测度的前提下，失真 D

达到最小的条件是修改第 i 个像素的概率 p_i 为具有 Gibbs 分布的形式，即仿真最优编码。

通过上述分析可知，在当前图像隐写算法设计中，一个高安全隐写算法的设计可以从两个方面努力：一方面是失真值的构建；另一方面则是设计实际的嵌入操作方法，使其尽可能接近最小化失真嵌入。目前，以 STC 编码方式为代表的实际秘密信息嵌入方法获得了较大的成功。下一节将介绍接近最优编码的 STC 编码方法。

3.2 STC 编码

上节中的仿真最优编码是假定像素的修改概率服从式(3-2)的前提下来实施的，而在实际中这是很难做到的。2010 年，Filler、Judas 和 Fridrich 等提出了接近仿真最优编码的网格码 STC[1-3]，进而在此基础上构建实际的最小嵌入失真隐写算法。

3.2.1 从卷积码到网格码

随着香农在 1959 年提出的保失真度准则下的信源编码[5]以及维特比算法的出现[6, 7]，卷积码成了第一个可以实现最小嵌入失真的编码，但是由于卷积码在实现时以线性反馈移位寄存器的方式进行，当嵌入容量 $\alpha=1/k$ 较小时，将需要 k 个寄存器，而维特比算法的复杂度与 k 成指数增长。Sidorenko 等[8]指出最佳卷积码译码可以通过二进制的复杂度更低的网格码来实现，因此 Filler 等选择了网格码作为最小嵌入失真的编码算法，而网格码在本质上是一种卷积码。

3.2.2 网格码结构

对秘密信息 $\boldsymbol{m}$、原始载体 $\boldsymbol{x}$ 和隐写后的载体 $\boldsymbol{y}$，嵌入过程可以表示为

$$\boldsymbol{y}=\mathrm{Emb}(\boldsymbol{x}, \boldsymbol{m})=\arg\min_{\boldsymbol{Hy}=\boldsymbol{m}} \boldsymbol{D}(\boldsymbol{x}, \boldsymbol{y}) \tag{3-4}$$

即在嵌入给定秘密信息的条件下失真 $\boldsymbol{D}(\boldsymbol{x}, \boldsymbol{y})$ 达到最小。则提取秘密信息可以看做解下列方程的过程：

$$\boldsymbol{m}=\mathrm{Ext}(\boldsymbol{y})=\boldsymbol{Hy} \tag{3-5}$$

其中，$\boldsymbol{H}$ 为校验矩阵，对于普通的矩阵，上述问题为 NP 困难问题，因此需要寻找具有特殊结构的 $\boldsymbol{H}$。

在二进制域中，长度为 n 的网格码可以表示成式(3-5)的形式，解这个公式的过程称为维特比算法。一致校验矩阵 $\boldsymbol{H}$ 是通过将子矩阵 $\hat{\boldsymbol{H}}\in\{0, 1\}^{h\times\omega}$ 按照一定的规则排列得到的，其中 h 是设计参数，决定了维特比算法的速度和效率(通常 $6\leqslant h\leqslant 15$)；宽度 ω 由嵌入容量 α 决定，$\dfrac{1}{\omega+1}\leqslant\alpha\leqslant\dfrac{1}{\omega}$。$\boldsymbol{H}$ 与 $\hat{\boldsymbol{H}}_{h\times\omega}$ 的关系如图 3-1 所示。

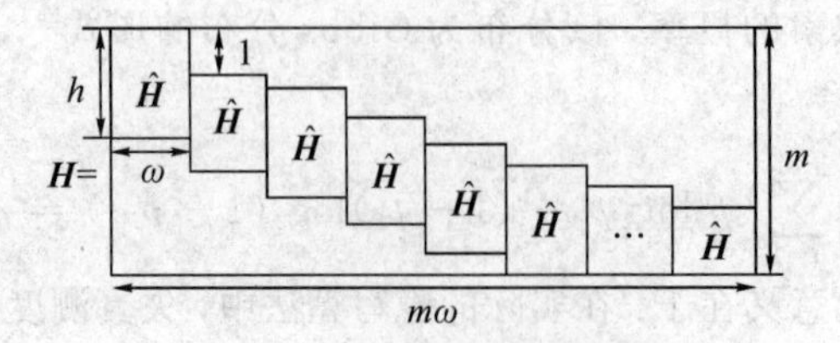

图 3-1 $\boldsymbol{H}$ 和 $\hat{\boldsymbol{H}}_{h\times\omega}$ 的结构

3.2.3　STC 编码算法

与卷积码一样，每一个网格码的码字 $\boldsymbol{C}=\{\boldsymbol{z}\in\{0,1\}^n \mid \boldsymbol{Hz}=0\}$ 可以用网格图中的一个单独路径来表示，由于网格码与嵌入信息量 $\boldsymbol{m}$ 相关，因此网格码也可以表示为 $\boldsymbol{C}(\boldsymbol{m})=\{\boldsymbol{z}\in\{0,1\}^n \mid \boldsymbol{Hz}=\boldsymbol{m}\}$。图 3-2 为网格码的一个例子，图(a)为所采用的子矩阵 $\hat{\boldsymbol{H}}_{2\times 2}$ 和校验矩阵 $\boldsymbol{H}$；图(b)为网格图，网格图中共包含 b 个小块(b 为 $\hat{\boldsymbol{H}}$ 的个数)，每一个小块与子矩阵 $\hat{\boldsymbol{H}}$ 相对应，且有 $2^h\times(\omega+1)$ 个节点。相邻列的两个节点形成双向的图，所有节点只与相邻列的节点相连，每个节点称为一个状态。

$$\hat{\boldsymbol{H}}=\begin{pmatrix}1&0\\1&1\end{pmatrix}\quad \boldsymbol{H}=\begin{pmatrix}1&0&&&&&&\\1&1&1&0&&&&\\&&1&1&1&0&&\\&&&&1&1&1&0\end{pmatrix}$$

(a) 校验矩阵

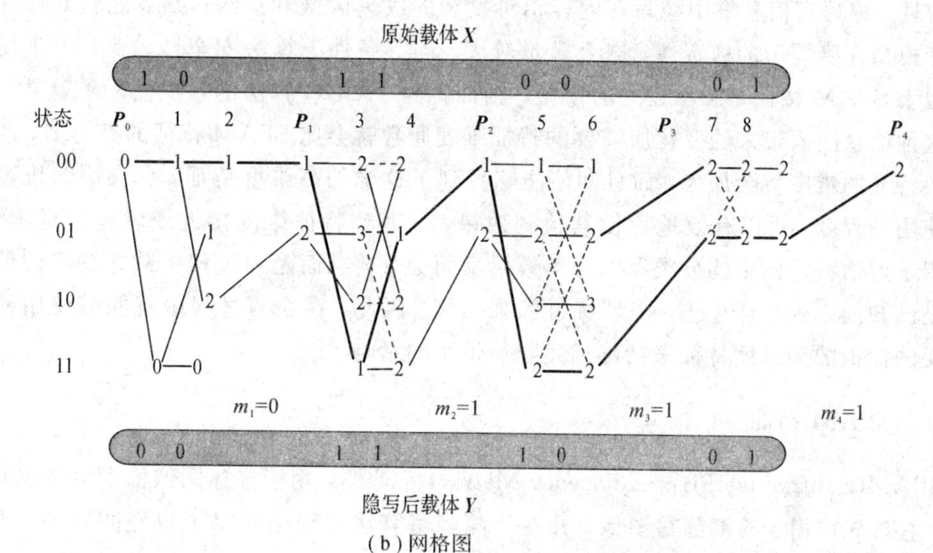

(b) 网格图

图 3-2　网络码示例

每个满足 $\boldsymbol{Hz}=\boldsymbol{m}$ 的 $\boldsymbol{z}\in\{0,1\}^n$ 是网格图中的一条路径，从最左边的全 0 状态开始延伸到最右边，每个小块可以嵌入 1 比特信息。例如，图 3-2(b)中最左边的两条边，从 $\boldsymbol{P}_0$ 列连接到下一列的状态 11 和 00，分别代表将 $\boldsymbol{H}$ 的第 1 列加或不加到码字中，在第一个小块的最后，终止那些状态的最后一个比特不与秘密信息 $m_1=0$ 相符的路径，从而得到新的列 $\boldsymbol{P}_1$ 作为下一小块的起始列。这个过程在矩阵 $\boldsymbol{H}$ 中一直进行下去，直到秘密信息嵌入完成为止，最后得到一条完整的路径。

网格图中的每一条边代表了状态转移给载体 $\boldsymbol{X}$ 带来的失真，即修改该载体比特位带来的代价。网格图中的每一列设定一个依赖于载体 $\boldsymbol{X}$ 的标签 l，$l\in\{1,\cdots,n\}$，n 为载体数量。当 $x_l=0$ 时，水平边(不加 $\boldsymbol{H}$ 的第 l 列)的失真值为 0，而斜边(加 $\boldsymbol{H}$ 的第 l 列)的失真值为 1；当 $x_l=1$ 时情况相反。整个网格码的译码过程即为维特比算法，该算法的时间和空间

复杂度为 $O(2^h n)$，因此具有实际的应用意义。上述算法可分为两步：第一步，从左至右寻找最短路径。图 3-2(b)中粗黑线路径即为在载体 $\boldsymbol{X}$ 为 10110001 和秘密信息 $\boldsymbol{m}$ 为 0111 的情况下的最短路径，其最小失真为 2；第二步，根据最短路径得出载体 $\boldsymbol{Y}$。第一步中隐写后的载体为 00111001。

3.3 HUGO 算法

2010 年，Tomáš Pevný 等在本章参考文献[9]中提出的 HUGO(Highly Undetectable steGO)算法被认为是基于最小化嵌入失真原理的图像自适应隐写术的研究开端。该算法基于前述最小化嵌入失真原理，提出了将图像的模型设计和具体编码相分离的思路。并且利用像素与周围像素的邻域像素差分矩阵(Subtractive Pixel Adjacency Matrix，SPAM)[10]特征差值作为像素嵌入信息前后的失真，提出了高度不可检测隐写算法 HUGO。

HUGO 算法创新性地将 STC 自适应隐写编码应用到图像自适应隐写中，根据图像的内容特性，将秘密信息集中隐写在内容相对复杂的纹理区域和边缘区域，能较好地保持图像统计模型在隐写后的稳定性，嵌入容量较大，同等条件下算法安全性较高。由于使用的是类似于 SPAM 特征对图像建立的模型，因而针对 HUGO 算法的检测隐写算法中，有效检测这种信息嵌入带来的变化所需要的特征维度通常就会比 SPAM 特征的高得多，所以找到有效特征的难度就会加大，而且即使能够找到了这样的高维度特征，也会因为维度高而增加使用的程度，难以有效地评估其检测效果，尤其当特征维度接近或者超过样本数时，一般用于评估特征效果的分类器的分类效果反而会下降。而隐写过程中载体图像的信息本身就是已知的，不需要通过一个训练过程来估算。因此，在隐写过程中就能够使用检测过程中无法比拟的高维度特征来精确描述隐写带来的影响。

3.3.1 SPAM 特征

SPAM(Subtractive Pixel Adjacency Matrix)特征[10]，用于描述图像像素值在空间上的联系。它首先被用于检测隐写图像，并在检测隐写算法过程中获得了很好的效果。该特征的计算方式如下：首先计算输入图像上、下、左、右以及 4 个对角方向(共计 8 个方向 $\{\leftarrow, \rightarrow, \uparrow, \downarrow, \nearrow, \swarrow, \searrow, \nwarrow\}$)上的差分值，产生 8 个差分矩阵，并用 $\boldsymbol{D}$ 表示。对于一幅 $m\times n$ 大小的图像，以从左向右方向差分为例，有

$$D_{i,j}^{\rightarrow} = I_{i,j} - I_{i,j+1} \tag{3-6}$$

式中，$i\in\{1, \cdots, m\}$，$j\in\{1, \cdots, n-1\}$，$I_{i,j}$表示输入图像第 i 行、第 j 列的像素值。然后在每张差分图像上面，计算马尔可夫特征，即统计一个或多个条件概率转移矩阵，对于水平方向的一阶与二阶特征分别为

$$M_{d_1,d_2}^{\rightarrow} = P(D_{i,j+1}^{\rightarrow} = d_1 \mid D_{i,j}^{\rightarrow} = d_2) \tag{3-7}$$

$$M_{d_1,d_2,d_3}^{\rightarrow} = P(D_{i,j+2}^{\rightarrow} = d_1 \mid D_{i,j+1}^{\rightarrow} = d_2, D_{i,j}^{\rightarrow} = d_3) \tag{3-8}$$

其中，$-T\leqslant d_1, d_2, d_3\leqslant T$，$T$ 为特征提取过程中设置的阈值。如果差分结果中的数值大于阈值 T，则把它视作为 T；反之，如果其小于 $-T$，它被视为 $-T$。为了降低特征的维度，考虑到自然图像的对称性，分别计算直线 4 个方向与斜线 4 个方向上的平均值，组合后转

化为一维向量，作为单张图像的特征：

$$F_{1,\cdots,k}=\frac{1}{4}[M_{\cdot}^{\rightarrow}+M_{\cdot}^{\leftarrow}+M_{\cdot}^{\downarrow}+M_{\cdot}^{\uparrow}] \tag{3-9}$$

$$F_{k+1,\cdots,2k}=\frac{1}{4}[M_{\cdot}^{\searrow}+M_{\cdot}^{\nwarrow}+M_{\cdot}^{\swarrow}+M_{\cdot}^{\nearrow}] \tag{3-10}$$

式中，对于一阶特征，$k=(2T+1)^2$；对于二阶特征，$k=(2T+1)^3$。在利用 SPAM 特征进行隐写分析时，对于一阶特征取 $T=4$，共有 $2\times(2\times4+1)^2=162$ 维；而对于二阶特征，取 $T=3$，共有 $2\times(2\times3+1)^3=686$ 维，两者合计共产生了一组 848 维的特征。为了降低特征的维度，HUGO 算法中并没有完全使用 SPAM 中的马尔可夫特征，考虑到二阶马尔科夫特征可以从共生矩阵上获得，而且提取的 8 个方向由于两两对称，存在冗余性，因而只需要计算 4 个方向{→，↑，↖，↘}上的两组共生矩阵即可，仍以水平方向为例，有

$$C_{d_1,d_2}^{\rightarrow}=P(D_{i,j}^{\rightarrow}=d_1,D_{i,j+1}^{\rightarrow}=d_2) \tag{3-11}$$

$$C_{d_1,d_2,d_3}^{\rightarrow}=P(D_{i,j}^{\rightarrow}=d_1,D_{i,j+1}^{\rightarrow}=d_2,D_{i,j+2}^{\rightarrow}=d_3) \tag{3-12}$$

在 HUGO 算法中将根据下式计算和修改载体元素带来的失真：

$$D(X,Y)=\sum_{d_1,d_2,d_3=-T}^{T}\left[w(d_1,d_2,d_3)\left|\sum_{k\in\{\rightarrow,\leftarrow,\uparrow,\downarrow,\searrow,\nwarrow,\swarrow,\nearrow\}}C_{d_1,d_2,d_3}^{X,k}-C_{d_1,d_2,d_3}^{Y,k}\right|\right] \tag{3-13}$$

其中，X 与 Y 分别表示隐写前、后的图像，而

$$w(d_1,d_2,d_3)=\frac{1}{(\sqrt{d_1^2+d_2^2+d_3^2}+\sigma)^{\gamma}} \tag{3-14}$$

其中，σ 与 γ 为可调整参数，该参数的值通过实验数据获得。为了应对未知的检测算法，HUGO 算法中使用的 T 值较原始的 SPAM 特征中大得多，从而使得总特征维度非常巨大，远远高于当时隐写检测算法所使用的特征维度，因此能够充分地估计每一位上的隐写给图像带来的变化。

3.3.2　HUGO 嵌入过程

图 3-3 所示为 HUGO 算法的总体结构图。在隐写过程中，首先需要计算修改图像所带来的影响失真 D，然后通过编码方法进行嵌入。为了进一步减小失真 D，该算法还会对每一个嵌入的像素，评估其+1(加 1)或者−1(减 1)操作中哪一种对载体模型的影响更小，并采取对载体模型影响更小的嵌入操作，从而最终得到隐密图像。在此过程中，嵌入失真的计算和模型校准过程中都需要用到以上介绍的高维特征模型。

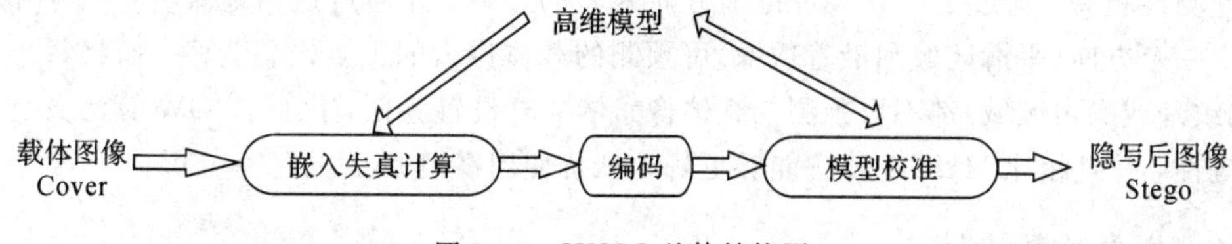

图 3-3　HUGO 总体结构图

图 3-4 采用伪代码的形式显示了 HUGO 的详细过程。

```
1  for(i, j) in PIXELS{//函数 D 来源于式(3-13)，对每个载体分别计算＋1 和－1 所带来的失真
2    Yp = X; Yp(i, j)++; rho_p(i, j)=D(X, Yp);
3    Ym = X; Yp(i, j)--; rho_m(i, j)=D(X, Ym);
4  }
5  rho_min=min(rho_p, rho_m);//以下为最小化嵌入失真方法嵌入，确定修改位置
6  PIXELS_TO_CHANGE = minimize_emb_impact (LSB(X), rho_min, message);
7  Y=X;
8  for (i , j) in PIXELS_TO_CHANGE{//模型校准，以一定的方式重新计算失真，边计算边嵌入
9    if(model_correction_step_enabled){
10       Yp=Y; Yp(i, j)++;dp = D(X, Yp); Ym = Y; Ym(i, j)--; dm = D(X, Ym);
11   if(dp<dm) { Y(i, j)++;}   else {Y(i, j)--}
12    }else{
13         if(rho_p(i, j)<rho_m(i, j)) {Y(i, j)++; } else {Y(i, j)--;}
14      }
15   }
```

图 3-4　HUGO 流程伪代码

在图 3-4 中，第 1～5 行代码逐载体元素地计算失真值，在实际计算过程中，用下式来计算和修改第(i, j)个载体带来的失真：

$$\rho_{i,j} = D(X, Y^{i,j}) \tag{3-15}$$

其中，$Y^{i,j}$为将原始载体 X 修改第(i, j)个元素后的载密图像。第 6 行代码采用最小嵌入失真编码方法(实际嵌入时采用 STC 编码)确定载体 X 中需要修改的位置。需要注意的是，根据 3.1 节以及式(3-13)，理论上得到的失真是非加性的，但是由于实际计算中采用的是式(3-15)这种加性的形式，因此需要对模型进行校准。第 8～15 行代码为所采取的校准方式，即以一定的顺序对需要修改的载体位置重新计算一遍＋1 和－1 之后造成的失真值大小，最终确定到底是采用＋1 还是－1 的嵌入方式。

3.4　使用方向滤波器设计隐写失真函数的 WOW 算法

在 WOW(Wavelet Obtained Weights)[11]算法中，使用不同的策略来处理在空域中构建失真函数的任务。HUGO 算法的最终效果是将嵌入集中在那些隐写分析者不易建模的纹理区域和边缘区域，但是 WOW 的设计者认为边缘区域不一定是适合嵌入的，因此 WOW 的主要思想是将嵌入集中在纹理和噪声区域。与一些隐写模型中使用加权范数来计算失真代价不同，WOW 采用一组定向高通滤波器来获得方向残差，它与载体像素在特定方向上的可预测性相关。通过测量嵌入对每个方向残差的影响，并通过适当地聚合这些影响，将在至少一个方向(平滑区域和沿着边缘)可预测的载体像素的失真设置为高，而将每个方向(例如纹理或噪声区域)都不可预测的载体像素的失真设置为低，因此 WOW 算法具有内容自适应性，并且相比 HUGO 算法能够更好地抵抗使用富模型[12]的隐写分析。

3.4.1　失真函数设计

WOW 为了简化系统的设计，将失真限制为以下加性的形式：

$$D(X, Y) = \sum_{i=1}^{n_1}\sum_{j=1}^{n_2}\rho_{ij}(X, Y_{ij})\,|X_{ij} - Y_{ij}| \tag{3-16}$$

其中，X 和 Y 分别为原始载体和隐写后载体；n_1 和 n_2 为图像大小；ρ_{ij} 是将像素 X_{ij} 改变为 Y_{ij} 对整个载体模型带来的失真。以上加性形式意味着不考虑单个嵌入变化对彼此的影响。

3.4.2　方向滤波器

HUGO 失真函数的嵌入变化主要集中于纹理和边缘。然而，沿着边缘的内容通常可以使用局部多项式模型良好建模，这将降低 HUGO 的安全性，容易被富模型等高维特征成功攻击。因此，WOW 认为嵌入算法应该嵌入到在任何方向都不容易建模的纹理或噪声区域中。

为此，WOW 使用滤波器组 $B_n=\{\boldsymbol{K}^{(1)}, \cdots, \boldsymbol{K}^{(n)}\}$ 来计算图像的残差，用以评估多个方向上的平滑度，B_n 包含 n 个多方向的高通滤波器，且每一个高通滤波器的 L_2 范数 $\|\boldsymbol{K}^{(k)}\|_2$ 都相同。图像的第 k 个残差 $R^{(k)}$ 的计算方法为

$$R^{(k)} = K^{(k)} * X \tag{3-17}$$

其中，“$*$”是镜像填充的卷积，使得 $R^{(k)}$ 再次具有 $n_1 \times n_2$ 个元素。对于第 (i, j) 个元素，如果残余值 $R_{ij}^{(k)}$ 对于所有的 K 来说都相对较大，则意味着像素 X_{ij} 周边的局部内容在任何方向上都不是平滑的，即所谓的纹理区域。

由于要检测所有方向的边缘，因此对滤波器组使用已建立的边缘检测器是很自然的，图 3-5 列出了几种常用的滤波器。其中非方向性的“KB”滤波器[13]常用于隐写分析，而 Sobel算子是公共边缘检测器。基于小波的定向滤波器组“WDFB-H”和“WDFB-D”分别使用 Haar 和 Daubechies 的 8 阶小波获得。事实上，残差的计算与一级小波分解的计算是一致的，因此利用小波分解来计算残差是合理的。小波变换的滤波器由三个滤波器 $\boldsymbol{K}^{(1)}$、$\boldsymbol{K}^{(2)}$、$\boldsymbol{K}^{(3)}$ 组成，可以通过给定小波的 $1-D$ 低通分解滤波器 h 和高通分解滤波器 g，根据图 3-5 中的方式获得。

KB：$\boldsymbol{K}^{(1)} = \begin{pmatrix} -1 & 2 & -1 \\ 2 & -4 & 2 \\ -1 & 2 & -1 \end{pmatrix}$

Sobel：$\boldsymbol{K}^{(1)} = \begin{pmatrix} 1 & 2 & 1 \\ 0 & 0 & 0 \\ -1 & -2 & -1 \end{pmatrix}$，$\boldsymbol{K}^{(2)} = (\boldsymbol{K}^{(1)})^{\mathrm{T}}$

WDFB-H：**h**=Haar wavelet decomp. low-pass
g=Haar wavelet decomp. high-pass

WDFB-D：**h**=Daubechies 8 wavelet decomp. low-pass

0.5
0
−0.5

g=Daubechies 8 wavelet decomp. high-pass

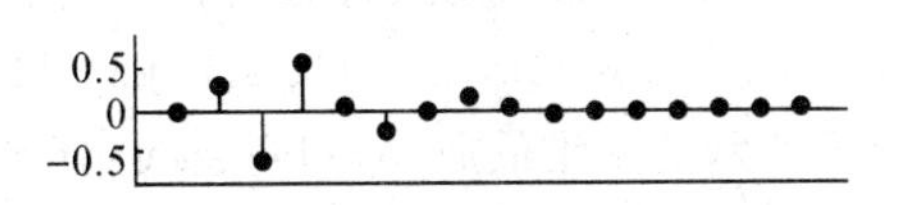

对于小波分解：$\boldsymbol{K}^{(1)}=\boldsymbol{h}\cdot\boldsymbol{g}^{\mathrm{T}}$，$\boldsymbol{K}^{(2)}=\boldsymbol{g}\cdot\boldsymbol{h}^{\mathrm{T}}$，$\boldsymbol{K}^{(3)}=\boldsymbol{g}\cdot\boldsymbol{g}^{\mathrm{T}}$

图 3-5　滤波器组

3.4.3 聚集嵌入适应性

根据修改位置集中在纹理区域的原则，WOW 根据下面方式计算原始残差 $R^{(k)}$ 和仅修改一个像素(i, j)之后的残差(表示为 $R^{(k)}[i, j]$)之间的加权差异：

$$\xi_{ij}^{(k)} = |R^{(k)}| * |R^{(k)} - R_{[ij]}^{(k)}|^{\sim} \stackrel{(a)}{=} |R^{(k)}| * |K^{(k)}| \tag{3-18}$$

其中，$X^{\sim}$ 是 X 的 180°旋转；值 $\xi_{ij}^{(k)}$ 称为嵌入“适合度”，形式上是载体残差的绝对值与残差变化的绝对值之间的相关性。接下来，通过聚合所有适合度 $\xi_{ij}^{(k)}(k=1, \cdots, n)$来计算嵌入成本 ρ_{ij}。由于希望将嵌入变化限制到每个方向上具有复杂内容的那些像素，因此聚合规则：$\rho_{ij}=\rho(\xi_{ij}^{(1)}, \cdots, \xi_{ij}^{(n)})$需要具有以下基本要求：

(1) $|\xi_{ij}^{(k)}|$的值越大，ρ_{ij} 越小。

(2) 如果存在 $k\in\{1, \cdots, n\}$，使得 $\xi_{ij}^{(k)}=0$，则 $\rho_{ij}=+\infty$。

满足这两个要求的简单函数是 $p<0$ 的如下形式：

$$\rho_{ij}^{(p)} = \left(\sum_{k=1}^{n} |\xi_{ij}^{(k)}|^{p}\right)^{-\frac{1}{p}} \tag{3-19}$$

WOW 将嵌入变化限制为±1，即$|X_{ij}-Y_{ij}|=1$，通过上式得到失真值后，就可以根据 STC 编码进行秘密信息的嵌入。

WOW 方案证明了其嵌入区域选择的合理性：通过限制嵌入改变集中在纹理区域，同时避免嵌入到“干净”边缘区域，能极大提高隐写安全性。这种高水平的适应性是首先使用定向滤波器组来检测每个像素的局部邻域中的边缘；然后，根据特定的规则对由嵌入引起的残差中的变化进行加权和聚合，该特殊规则被设计为仅当局部内容在任何方向上均不平滑时，输出低嵌入代价。WOW 算法在性能方面优于 HUGO 算法，特别是在大容量嵌入的情况下。

3.5 通用失真数字图像隐写方案 UNIWARD

在 WOW 算法基础上，Holub 等人[14]提出了各个域通用的失真值计算方法 UNIWARD (UNIversal WAvelet Relative Distortion)。UNIWARD 最大的特点在于该方法能同时适用于空域、JPEG 域以及带边信息的 JPEG 域隐写算法失真函数的计算，所以称之为通用失真函数。该方法与 WOW 一样使用 Daubechies 小波滤波器组获得的方向残差来评估改变图像元素带来的失真代价，将嵌入变化仅限于难以在多个方向建模的载体的那些部分，同时避免平滑区域和干净边缘。

3.5.1 滤波器的形式

对于在空域中表示的图像 X，使用 Daubechies 8 小波滤波器组(WDFB - D) $B=\{\boldsymbol{K}^{(1)}, \boldsymbol{K}^{(2)}, \boldsymbol{K}^{(3)}\}$，由 LH、HL 和 HH 定向高通滤波器(内核 K)组成。这三个滤波器由图 3 - 6 所示的一维低通($\boldsymbol{h}$)和高通($\boldsymbol{g}$)分解滤波器构成。

WDFB-D:　　$\boldsymbol{h}$=Daubechies 8 wavelet decomp. low-pass

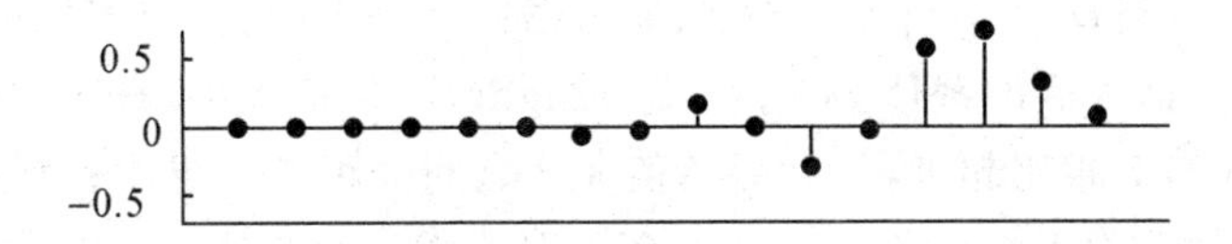

$\boldsymbol{g}$=Daubechies 8 wavelet decomp. high-pass

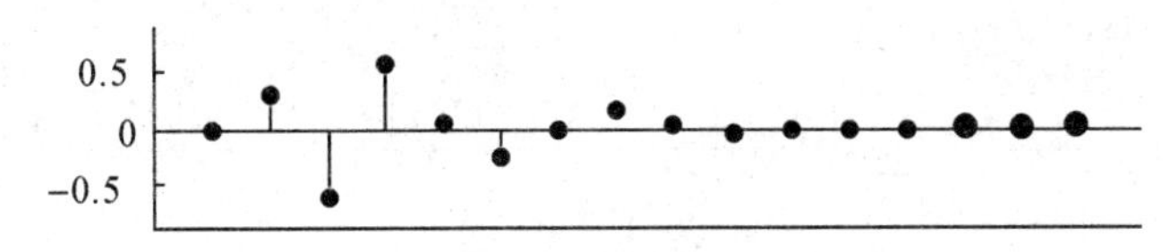

方向滤波器计算方法：$\boldsymbol{K}^{(1)}=\boldsymbol{h}\ \boldsymbol{g}^{\mathrm{T}}$，$\boldsymbol{K}^{(2)}=\boldsymbol{g}\cdot\boldsymbol{h}^{\mathrm{T}}$，$\boldsymbol{K}^{(3)}=\boldsymbol{g}\cdot\boldsymbol{g}^{\mathrm{T}}$

图 3-6　UNIWARD 所用滤波器

从图 3-6 可以看出，每个一维滤波器的数量为 16，因此内核的大小为 16×16。将第 k 个方向残差定义为 $R^{(k)}=K^{(k)}*X$，$k=1, 2, 3$，其中“$*$”是镜像填充的卷积。

3.5.2　空域和 JPEG 域的 UNIWARD 计算方法

给定一对载体和隐写图像 X 和 Y，用 $W_{uv}^{(k)}(X)$和 $W_{uv}^{(k)}(Y)$表示使用上述滤波器组获得的第 k 个分解中的第 uv 个小波系数。如果 X 和 Y 是 JPEG 图像，则首先将它们解压缩到空域，然后运用小波变换。两个图像之间的失真是小波系数对应于载体图像的相对变化总和：

$$D(X, Y) \triangleq \sum_{k=1}^{3}\sum_{u,v}\frac{\left|W_{uv}^{(k)}(X)-W_{uv}^{(k)}(Y)\right|}{\varepsilon+\left|W_{uv}^{(k)}(X)\right|} \tag{3-20}$$

其中，在 uv 上的求和是遍历所有 $n_1\times n_2$ 个子带系数，$\varepsilon>0$ 是避免除零的常数。

3.5.3　边信息 JPEG 域嵌入的 UNIWARD 计算方法

依赖边信息进行嵌入的隐写算法，隐写者通常需要获得 JPEG 压缩前的图像数据，或者具有较高质量版本的可用载体(即所谓“前载体”)。隐写者可以通过这些额外的信息来更好地选择嵌入位置，这种方式相对于隐写分析者来说具有优势。使用前载体进行嵌入的第一种方法是嵌入式抖动算法[15]，该算法使用真彩色图像作为原始载体进行嵌入，在将图像转换为 256 色调色板 GIF 图像的过程中嵌入秘密信息。

在 JPEG 域中，隐写者可以由原始载体图像 P 得到未量化的 DCT 系数 D_{ij}。在这种情况下，当将前载体 P 压缩到载体图像 X 时，第 ij 个 DCT 系数的舍入误差为

$$e_{ij}=\left|D_{ij}-X_{ij}\right|,\ e_{ij}\in[0, 0.5] \tag{3-21}$$

隐写者可以选择的嵌入方式有 +1 和 −1，但会优先选一种离原始值 D_{ij} 较近的方式，因此隐写者得到的 Y_{ij} 为

$$Y_{ij}=X_{ij}+\mathrm{sign}(D_{ij}-X_{ij}) \tag{3-22}$$

其中，sign(x)为符号函数，x 大于 0 时其值为 1，否则为 −1。上述嵌入过程如果相对于原始的 D_{ij} 来说相当于 $1-e_{ij}$ 的“舍入误差”，因此，每个嵌入变化带来的失真可以认为是由两个舍入误差之间的差值来决定：

$$\left|D_{ij}-Y_{ij}\right|-\left|D_{ij}-X_{ij}\right|=1-2e_{ij} \tag{3-23}$$

举例说明上述过程：假设未量化的 DCT 系数 D_{ij} 为 3.8，量化后的 DCT 系数 X_{ij} 为 4，则舍入误差 $e_{ij}=|D_{ij}-X_{ij}|=0.2$；假如秘密信息为 1，则需要将原始载体 4 加 1 或减 1；根据式(3-22)，嵌入后的载体为 $Y_{ij}=X_{ij}+\mathrm{sign}(D_{ij}-X_{ij})=4+(-1)=3$，这个结果是很合理的，因为 3 与 5 相比起来，3 和原始值 3.8 之间的距离要更小；因此总的失真为 $3.8-3=0.8$，而嵌入带来的失真为总的失真与舍入误差之间的差值 $1-2e_{ij}=0.6$。

基于上述分析，UNIWARD 将边信息 JPEG 域嵌入的失真定义为下面形式是合理的：

$$\begin{aligned} D^{(\mathrm{SI})}(X, Y) &= D(P, Y) - D(P, X) \\ &= \sum_{k=1}^{3}\sum_{u, v}\frac{|W_{uv}^{(k)}(P)-W_{uv}^{(k)}(Y)|-|W_{uv}^{(k)}(P)-W_{uv}^{(k)}(X)|}{\varepsilon+|W_{uv}^{(k)}(P)|} \end{aligned} \tag{3-24}$$

3.5.4 UNIWARD 的加性形式

式(3-20)和式(3-24)中所设计的失真值计算方式都是非加性的，因为在空域中改变像素 X_{ij} 将影响小波系数 16×16 邻域(Daubechies 8 小波的支持基大小)。而对于 JPEG 域中的图像，改变 JPEG 系数 X_{ij} 将影响 8×8 像素的分块，进而影响 23×23 小波系数。因此，当改变相邻像素(或 DCT 系数)时，嵌入方式会产生重叠效应，从而导致总失真 $\boldsymbol{D}$ 的非加性。事实上，存在使用非加性失真函数进行嵌入的方法(Gibbs 构造[6])，但是总体结构较复杂，而且不具有普遍适用性。主流的方法则是用加性来代替非加性，这样实现嵌入更容易，效率更高。UNIWARD 使用下式来替代原失真，令所有的未嵌入载体像素保持不变，而将 X_{ij} 改变为 Y_{ij} 所带来的失真代价 ρ_{ij} 为

$$\rho_{ij}(X, Y_{ij}) \triangleq D(X, X_{\sim ij}Y_{ij}) \tag{3-25}$$

其中，$X_{\sim ij}Y_{ij}$ 表示载体图像 X 中仅第 ij 个元素改变后的图像 $X_{ij}\to Y_{ij}$。注意，当 $X=Y$ 时，$\rho_{ij}=0$。用下标“A”表示对式(3-20)和式(3-24)的加性近似。例如，对 $D(X, Y)$，有

$$D_{\mathrm{A}}(X, Y) = \sum_{i=1}^{n_1}\sum_{j=1}^{n_2}\rho_{ij}(X, Y_{ij})[X_{ij}\neq Y_{ij}] \tag{3-26}$$

其中，$[x]$ 为 Iverson Bracket，当 x 为真时其结果为 1，否则为 0。值得注意的是，在 UNIWARD设计中，载体元素+1 与−1 的失真值是一样的，即

$$\rho_{ij}(X, X_{ij}+1) = \rho_{ij}(X, X_{ij}-1), \ \forall i, j, X_{ij} \tag{3-27}$$

根据以上分析设计出的失真函数，UNWIARD 算法可以直接使用 STC 算法进行秘密信息嵌入。在空域和 JPEG 域中的算法简称为 S-UNIWARD 和 J-UNIWARD 算法，而在边信息 JPEG 域中简称为 SI-UNIWARD 算法。这几种算法在提出时，其安全性都比同类算法的高，更为重要的是 UNIWARD 算法适用于多种图像域。

UNIWARD 算法和 3.4 节介绍的 WOW 算法的设计思路代表了一类算法的基本思想，就是利用滤波器对原始载体进行滤波，计算残差，再以一定的方式统计隐写前后的残差变化，以此来衡量修改某一载体带来的失真，总的原则都是将嵌入区域集中在各个方向都不易建模的纹理区域，以抵抗高维特征的攻击。此类算法较典型的还有 HILL(High-pass Low-pass Low-pass)[16]，该算法发现在利用 WOW 和 S-UNIWARD 算法定义像素嵌入失真时，可能会出现纹理区域中的像素也会被赋予较高的失真值的问题。为了解决这个问题，HILL 算法对 WOW 算法中的滤波器进行了改进，利用一个高通滤波器和两个低通滤波器对失真函数进行设计，取得了较好的效果。

3.6　基于模型的失真函数设计方法

以上介绍的几种算法都是以一个既定的或经验的方式来设计函数，本节将介绍基于模型的失真函数设计方法。Fridrich 和 Sedighi 等基于载体模型的方式提出了多变量高斯模型(Multivariate Gaussian，MG)算法[17] 和广义多变量高斯模型(Multivariate Generalized Gaussian，MVGG)算法[18]。该类算法的基本思想是将载体以特定的模型进行建模，然后在选定模型中最小化一个特定指标来衡量嵌入改变的概率，最后将修改概率转换为嵌入失真。基于模型的失真函数设计方法为失真函数的设计提供了一种新的思路。

3.6.1　MG 算法

MG 算法首先用一系列独立但具有不同分布的高斯变量进行建模，这种模型具有非平稳性，能够捕捉到图像中各种各样的内容，利用该模型进行建模也便于分析与处理；然后利用 LSBM 算法进行嵌入操作(因为这种操作可以方便地获得隐写的 Fisher Information[19]，即费舍尔信息)；最后根据载体模型和嵌入容量，利用拉格朗日乘数法计算像素的嵌入改变概率(Cover 和 Stego 均计算)，并据该值计算 Cover 和 Stego 之间的 KL 散度距离(KL 散度距离又称相对熵，是衡量两个概率分布差异的方法)，通过使两者之间的 KL 散度距离最小来达到最小化嵌入失真的目的。

1. 载体建模

载体用 n 个相互独立的随机变量序列进行建模，$X=(X_1, \cdots, X_n)$，其中每个随机变量都是经过量化后的均值为 0 的高斯变量 $Q_\Delta(N(0, v_i))$，$i\in\{1, \cdots, n\}$，Δ 为量化步长，$M=\{j\Delta | j\in Z\}$ 为数值范围。像素的概率分布 $p^{(i)}=(p_j^{(i)})$，$j\in M$。同理，$Y=(Y_1, \cdots, Y_n)$，$q^{(i)}=(q_j^{(i)})$。像素的嵌入修改概率为 β_i。则 Cover 和 Stego 之间的 KL 散度表示为

$$\sum_{i=1}^{n} D_{\mathrm{KL}}(p^{(i)} \parallel q^{(i)}(\beta_i)) \approx \sum_{i=1}^{n} \frac{1}{2}\beta_i^2 I_i(0) \tag{3-28}$$

其中，$I_i(0)$为隐写的费舍尔信息(FI)：

$$I_i(0)=\sum_j \frac{1}{p_j^{(i)}}\left(\frac{\mathrm{d}q_j^{(i)}(\beta_i)}{\mathrm{d}\beta_i}\Big|_{\beta_i=0}\right)^2 \tag{3-29}$$

2. 嵌入操作

MG 算法用自适应的 LSBM 进行嵌入操作。LSBM 隐写对像素进行±1(加/减 1)操作，且假定加/减 1 操作对图像造成的影响相等。在这样的假设之下，Stego 的像素概率分布 $q_j(\beta)$和其导数有如下表达式：

$$q_j(\beta)=(1-2\beta)p_j+\beta(p_{j-1}+p_{j+1}) \tag{3-30}$$

$$\frac{\partial q_j}{\partial \beta}\Big|_{\beta=0}=-2p_j+p_{j+1}+p_{j-1} \tag{3-31}$$

则 FI 的计算如下：

$$F_\Delta(x) \triangleq \int_{x-\Delta/2}^{x+\Delta/2} f_v(t)\,\mathrm{d}t \tag{3-32}$$

其中，f_v 表示高斯概率密度函数，其均值为 0、方差为 v。根据中值定理，载体像素量化后的高斯概率分布为

$$p_j = F_\Delta(j\Delta) = \Delta f_v(j'\Delta) \tag{3-33}$$

其中，$j' \in (j-1/2, j+1/2)$，根据泰勒级数展开式，$p_{j\pm1}$ 的计算公式如下：

$$p_{j\pm1} = F_\Delta((j\pm1)\Delta) = \sum_{l=0}^{\infty} F_\Delta^{(l)}(j\Delta)\frac{(\pm\Delta)^l}{l!} \tag{3-34}$$

其中，$F_\Delta^{(l)}$ 是 F_Δ 的 l 阶导数，将式(3-33)和式(3-34)代入式(3-31)，根据微分中值定理，对于每一个 $l\geqslant1$ 和 x，有

$$F_\Delta^{(l)}(x) = f_v^{(l-1)}\left(x+\frac{\Delta}{2}\right) - f_v^{(l-1)}\left(x-\frac{\Delta}{2}\right) = \Delta f_\Delta^{(l)}(\varphi_l) \tag{3-35}$$

其中，$\varphi_l \in \left(x-\frac{\Delta}{2}, x+\frac{\Delta}{2}\right)$，且

$$\frac{\partial q_j}{\partial\beta}\Big|_{\beta=0} = \Delta^3 f''_v(j\Delta) + O(\Delta^4) \tag{3-36}$$

最后，费舍尔信息的计算如下：

$$\begin{aligned} I(0) &= \sum_j \frac{1}{p_j}\left(\frac{\partial q_j}{\partial\beta}\Big|_{\beta=0}\right)^2 \approx \sum_j \frac{\Delta^6 (f''_v(j\Delta))^2}{\Delta f_v(j'\Delta)} \\ &\approx \Delta^4 \int_R \frac{(f''_v(x))^2}{f_v(x)}\mathrm{d}x = \frac{\Delta^4}{v^2} \end{aligned} \tag{3-37}$$

3. 最小化 KL 散度

根据信息论相关知识，总的可嵌入容量 αn 和嵌入概率 β_i 有如下关系：

$$\alpha n = \sum_{i=1}^{n} h(\beta_i) \tag{3-38}$$

其中，$h(x) = -2x\ln x - (1-2x)\ln(1-2x)$。能够使 KL 散度最小的像素嵌入概率 β_i 可以通过拉格朗日乘数法获得，目标函数为

$$\frac{\partial}{\partial\beta_i}\left(\sum_{k=1}^{n}\frac{1}{2}\beta_k^2 I_k(0) - \frac{1}{\lambda}\left[\sum_{k=1}^{n} h(\beta_k) - \alpha n\right]\right) = 0 \tag{3-39}$$

$$\beta_i I_i(0) - \frac{2}{\lambda}\ln\frac{1-2\beta_i}{\beta_i} = 0 \tag{3-40}$$

最后得到像素的嵌入失真定义如下：

$$\rho_i = \ln\left(\frac{1}{\beta_i} - 1\right) \tag{3-41}$$

3.6.2 MVGG 算法

MVGG 算法是在 MG 算法的基础上衍生出来的，其基本原理大致相同，都是先计算得到像素的嵌入修改的概率，然后利用嵌入概率来得到像素的嵌入失真。MVGG 算法通过对载体图像进行建模，得到像素的嵌入改变概率，并以此为依据对像素的嵌入失真进行定义，通过最小化一种最优统计检验权重的方法实现最小化嵌入失真。该算法可以将嵌入区域集中在图像中纹理高度复杂的区域，并且嵌入容量较高。

MVGG 算法的嵌入过程分三步：首先，发送者利用一系列相互独立但具有不同分布的

广义高斯随机变量对像素进行建模，并对载体的模型参数、像素的方差值进行估计；然后通过计算一组非线性代数方程得到像素的嵌入概率，并以此为依据得到像素的嵌入失真；最后，利用 STC 隐写编码对秘密信息进行嵌入。

广义高斯分布的方差较大，反映到图形中为具有“粗尾巴”的特征，因此允许对像素进行±1(加/减 1)或±2(加/减 2)的操作，即五元嵌入，且通过分析和实验可以证明，五元嵌入能够提高图像隐写的安全性。

1. 载体建模

将载体像素建模为一些经过量化的高斯随机变量$(Z_1, \cdots, Z_n)$，$Z_n \sim (\mu_n, \omega_n^2)$，像素的估计值为 $\hat{Z}_n$，令建模误差 $x_n = \mu_n - \hat{\mu}_n$，该误差符合高斯分布，且均值为 0，则

$$X_n \sim f(x; b_n, \nu) = \frac{v}{2b_n\Gamma(1/\nu)}\mathrm{e}^{\left(-\left|\frac{x}{b_n}\right|^\nu\right)} \tag{3-42}$$

其中，形状参数 ν 和 b 与方差 σ_n^2 的关系为

$$\sigma_n^2 = \frac{b_n^2\Gamma(3/\nu)}{\Gamma(1/\nu)} \tag{3-43}$$

将上述概率分布进行量化，量化器的中心为 $k\Delta$。为了简化，可令 $\Delta=1$。假设 Δ 的极限远远小于 σ_n，则像素的概率质量函数为

$$p_0(k; \sigma_n, \nu) = P(x_n = k) \propto \frac{\nu}{2b_n\Gamma(1/\nu)}\mathrm{e}^{\left(-\frac{|k|^\nu}{b_n^\nu}\right)} \tag{3-44}$$

2. 五元嵌入隐写

五元嵌入对像素的操作为±1、±2 或不变，总共有 5 种方式。设±1 操作的概率为 β_n，±2 操作的概率为 θ_n，即

$$\begin{cases} P(y_n = x_n + 1) = \beta_n \\ P(y_n = x_n + 2) = \theta_n \\ P(y_n = x_n) = 1 - 2\beta_n - 2\theta_n \\ P(y_n = x_n - 1) = \beta_n \\ P(y_n = x_n - 2) = \theta_n \end{cases} \tag{3-45}$$

则载密图像的概率分布 $P(y_n = k) = p_{(\beta_n, \theta_n)}(k; \sigma_n, \nu)$为

$$\begin{aligned} p_{(\beta_n, \theta_n)}(k; \sigma_n, \nu) = &(1 - 2\beta_n - 2\theta_n)p_0(k; \sigma_n, \nu) + \beta_n p_0(k+1; \sigma_n, \nu) \\ &+ \beta_n p_0(k-1; \sigma_n, \nu) + \theta_n p_0(k+2; \sigma_n, \nu) + \theta_n p_0(k-2; \sigma_n, \nu) \end{aligned} \tag{3-46}$$

根据信息论相关知识，最大嵌入容量和嵌入概率的关系为

$$R(\beta, \theta) = \sum_{n=1}^{N} H(\beta_n, \theta_n) \tag{3-47}$$

其中，$H(x, y) = -2x\log x - 2y\log y - (1-2x-2y)\log(1-2x-2y)$，则图像总体的嵌入失真为

$$D(x, y) = 2\sum_{n=1}^{N}(\rho_n^{(1)}[x_n = y_n \pm 1] + \rho_n^{(2)}[x_n = y_n \pm 2]) \tag{3-48}$$

其中，$[P]=1$ 当 P 事件为真；反之，$[P]=0$。

像素的嵌入概率和嵌入失真之间的关系为

$$\beta_n = \frac{e^{-\lambda\rho_n^{(1)}}}{1 + 2e^{-\lambda\rho_n^{(1)}} + 2e^{-\lambda\rho_n^{(2)}}},\ \theta_n = \frac{e^{-\lambda\rho_n^{(2)}}}{1 + 2e^{-\lambda\rho_n^{(1)}} + 2e^{-\lambda\rho_n^{(2)}}} \tag{3-49}$$

其中，λ 为常数，其值大小可根据实验确定。

3. 最优检测

有以下两个假设：

$$\begin{aligned} H_0: x_n &\sim P_0,\ \forall n \\ H_1: x_n &\sim P_{(\beta_n,\ \theta_n)},\ \forall n \end{aligned} \tag{3-50}$$

其中，H_0 代表没有嵌入信息，即服从原始分布；H_1 表示有秘密信息的嵌入。$\alpha_0 = P(\delta(x) = H_1 \mid H_0)$表示误警率，即检测错误的概率；$\pi = P(\delta(x) = H_1 \mid H_1)$表示正确检测的概率。对于攻击者来说，其目的在于尽可能提高 π，而尽可能降低 α_0；而对于发送者和接收者来说则相反。

使用似然比检验(Likelihood Ratio Test，LRT)的方式来定量表示上述假设，有

$$\Lambda(X,\ \sigma,\ v) = \sum_{n=1}^{N} \Lambda_n(X,\ \sigma,\ v) = \sum_{n=1}^{N} \log\left(\frac{p(\beta_n;\ \theta_n)(x_n;\ \sigma_n,\ v)}{p_0(x_n;\ \sigma_n,\ v)}\right) \underset{H_0}{\overset{H_1}{\gtrless}} \tau \tag{3-51}$$

其中，τ 为界定阈值，即当大于或等于 τ 时，认为嵌入信息；小于 τ 时，认为没有嵌入信息。

当图像中的像素数量较多，且嵌入率较小时，根据中心极限定理，上述 LRT 表达式(3-51)的极限分布为高斯分布，则

$$\Lambda(X,\ \sigma,\ v) = \frac{\sum_{n=1}^{N} \Lambda_n - E_{H_0}[\Lambda_n]}{\sqrt{\sum_{n=1}^{N} \mathrm{Var}_{H_0}[\Lambda_n]}} \to \begin{cases} N(0,\ 1): H_0 \\ N(\rho,\ 1): H_1 \end{cases} \tag{3-52}$$

其中，“→”表示收敛。ρ^2 为偏移系数：

$$\rho^2 = \sum_{n=1}^{N} (\beta_n,\ \theta_n) \begin{bmatrix} I_n^{(11)} & I_n^{(12)} \\ I_n^{(21)} & I_n^{(22)} \end{bmatrix} \begin{bmatrix} \beta_n \\ \theta_n \end{bmatrix} \tag{3-53}$$

其中，I_n 为费舍尔信息(Fisher Information，FI)：

$$I_n^{(11)} = -4 + \frac{v}{2b_n\Gamma(1/v)}\int_R e^{(|x/b_n|^v)} (e^{-|(x-1)/b_n|^v} + e^{-|(x+1)/b_n|^v})^2 dx \tag{3-54}$$

$$I_n^{(22)} = -4 + \frac{v}{2b_n\Gamma(1/v)}\int_R e^{(|x/b_n|)^v} (e^{(-|x-2/b_n|^v)} + e^{-|x+2/b_n|^v})^2 dx \tag{3-55}$$

$$\begin{aligned} I_n^{(12)} = I_n^{(21)} = -4 + \frac{v}{2b_n\Gamma(1/v)}\int_R & e^{(|x/b_n|^v)} (e^{-|(x-1)/b_n|^v} + e^{-|x+1/b_n|^v}) \\ & \times (e^{-|(x-2)/b_n|^v} + e^{-|(x+2)/b_n|^v}) dx \end{aligned} \tag{3-56}$$

4. 像素嵌入失真的获得

根据以上分析，可以计算得到偏差系数 ρ^2，并利用 MVGG 模型使用五元嵌入对秘密信息进行嵌入。像素的嵌入修改概率 β_n、θ_n 可以由以下表达式求得：

$$\frac{\partial}{\partial \beta_n}\left(\frac{1}{2}\sum_{i=1}^{N} I_n^{(11)}\beta_i^2 + 2I_n^{(12)}\beta_i\theta_i + I_n^{(22)}\theta_i^2 - \frac{1}{\lambda}\left[\sum_{i=1}^{N} H(\beta_i,\ \theta_i) - \alpha N\right]\right) = 0 \quad (3-57)$$

$$\frac{\partial}{\partial \theta_n}\left(\frac{1}{2}\sum_{i=1}^{N} I_n^{(11)}\beta_i^2 + 2I_n^{(12)}\beta_i\theta_i + I_n^{(22)}\theta_i^2 - \frac{1}{\lambda}\left[\sum_{i=1}^{N} H(\beta_i,\ \theta_i) - \alpha N\right]\right) = 0 \quad (3-58)$$

进一步地，可由以下计算得到参数 λ：

$$I_n^{(11)}\beta_n + I_n^{(12)}\theta_n = \frac{1}{\lambda}\log\frac{1-2\beta_n-2\theta_n}{\beta_n},\ n=1,\ \cdots,\ N \quad (3-59)$$

$$I_n^{(12)}\beta_n + I_n^{(22)}\theta_n = \frac{1}{\lambda}\log\frac{1-2\beta_n-2\theta_n}{\theta_n},\ n=1,\ \cdots,\ N \quad (3-60)$$

$$R(\beta,\ \theta) = \sum_{n=1}^{N} H(\beta_n,\ \theta_n) \quad (3-61)$$

在得到参数 λ 和像素的嵌入修改概率 β_n、θ_n 后，通过以下计算，即可得到像素的嵌入失真 ρ：

$$\beta_n = \frac{e^{-\lambda\rho_n^{(1)}}}{1+2e^{-\lambda\rho_n^{(1)}}+2e^{-\lambda\rho_n^{(2)}}},\ \theta_n = \frac{e^{-\lambda\rho_n^{(2)}}}{1+2e^{-\lambda\rho_n^{(1)}}+2e^{-\lambda\rho_n^{(2)}}} \quad (3-62)$$

在得到像素的嵌入失真之后，即可利用 STC 编码对秘密信息进行嵌入。

本章小结

本章主要介绍了基于最小化嵌入失真原理的隐写框架。该类隐写算法通过计算原始载体的经验统计特性，为每一个载体单元(包括像素、DCT 系数、小波系数等)设定一个失真值，再用特定编码来达到最小嵌入失真的目的。由于用于实现最小化嵌入的编码方法(STC 编码)通过实践证明效果较好，因此研究的主要内容集中在如何更合理地为每个载体元素分配一个失真值。可以预见在未来一段时间，该类隐写框架仍然具有较高的统计安全性。

习　题　3

3.1　查阅相关资料，阅读有关矩阵编码、湿纸编码的相关文献，简述 STC 编码的来龙去脉。

3.2　根据本章参考文献[1]～[3]，参考 STC 编码相关源代码，阐述 STC 编码的基本原理。

3.3　为什么说 HUGO 算法是从隐写分析到隐写的设计理念？

3.4　简述 WOW 算法与 UNIWARD 算法的区别与联系。

3.5　为什么目前大部分隐写算法都采用加性失真来模拟非加性失真？

3.6　阐述基于模型的失真函数设计方法的基本原理。

3.7　MG 算法与 MVGG 算法的主要设计思想是什么？两者有什么区别和联系？

本章参考文献

[1]　Filler T，Judas J，Fridrich J. Minimizing Additive Distortion in Steganography using

Syndrome-Trellis Codes [J]. IEEE Transactions on Information Forensics and Security, 2011, 6(3): 920 - 935.
[2] Fridrich J, Goljan M, Soukal D. Writing on Wet Paper [J]. IEEE Transactions on Signal Processing, 2005, 53(10): 3923 - 3935.
[3] Fridrich J, Filler T. Practical Methods for Minimizing Embedding Impact in Steganography [EB/OL]. 2012 - 02 - 29. http: // ws2. binghamton. edu /fridrich /publications . html #Steganography.
[4] Filler T, Fridrich J. Gibbs Construction in Steganography [J]. IEEE Transactions on Information Forensics and Security, 2010, 5(4): 705 - 720.
[5] Shannon C E. Coding Theorems for a Discrete Source with a Fidelity Criterion [J]. IRE Nat. Conv. Rec, 1959, 4: 142 - 163.
[6] Viterbi A, Omura J. Trellis Encoding of Memory Less Discrete-Time Sources with Afidelity Criterion [J]. IEEE Transactions on Information Theory, 1974, 20: 325 - 332.
[7] Hen I, Merhav N. On the Error Exponent of Trellis Source Coding [J]. IEEE Transactions on Information Theory, 2005, 51: 3734 - 3741.
[8] Sidorenko V, Zyablov V. Decoding of Convolutional Codes Using Asyndrome Trellis [J]. IEEE Transactions on Information Theory, 1994, 40(5): 1663 - 1666.
[9] Pevný T, Filler T, Bas P. Using High-Dimensional Image Models to Perform Highly Undetectable Steganography[C]//Proceedings of the 12th International Workshop on Information Hiding. Calgary, AB: Springer Verlag, 2010, 6387: 161 - 177.
[10] Pevný T, Bas P, Fridrich J. Steganalysis by Subtractive Pixel Adjacency Matrix [J]. IEEE T ransactions on Information Forensics and Security, 2010, 5(2): 215 - 224.
[11] Holub V, Fridrich J. Designing Steganographic Distortion Using Directional Filters. In: Proceedings of IEEE workshop on information forensic and security, 2012: 234 - 239.
[12] Fridrich J, Kodovsky J. Rich Models for Steganalysis of Digital Images. IEEE Trans Inf Forensic Secur, 2012, 7(3): 868 - 882.
[13] Böhme R. Improved Statistical Steganalysis Using Models of Heterogeneous Cover Signals. PhD thesis, Faculty of Comp. Sci. , TU Dresden, Germany, 2008.
[14] Holub V, Fridrich J, Denemark T. Universal Distortion Function for Steganography in an Arbitrary Domain. Eurasip Journal on Information Security DOI, 2014, 10(417X): 1186 - 1187.
[15] Fridrich J, Du R. Secure Steganographic Methods for Palette Images. In A. Pfitzmann, editor, Information Hiding, 3rd International Workshop, Lecture Notes in Computer Science, Dresden, Germany. Springer-Verlag, New York, 1999, 1768: 47 - 60.
[16] Li B, Wang M, Huang J, et al. A Nnew Cost Function for Spatial Image Steganography. In Proc. IEEE Int. Conf. Image Process, Paris, France, 2014:

4206 - 4210.

[17] Fridrich J，Kodovsk'y J. Multivariate Gaussian Model for Designing Additive Distortion for Steganography. Proc. of IEEE ICASSP，Vancou-ver，BC，2013.

[18] Sedighi V，Fridrich J，Cogranne R. Content-Adaptive Pentary Steganography Using the Multivariate Generalized Gaussian Cover Model. Proc. of SPIE，Electronic Imaging，Media Watermarking，Security，and Forensics 2015，San Francisco，CA，2015，9409.

[19] Filler T，Fridrich J. Fisher Information Determines Capacity of Secure Steganography. in Information Hiding，11th International Conference，S. Katzenbeisser and A. -R. Sadeghi，Eds，Darmstadt，Germany，Lecture Notes in Computer Science，Springer-Verlag，New York，2009，5806：31 - 47.

第4章　可逆信息隐藏

可逆信息隐藏是信息隐藏领域近年来的研究热点之一，在图像完整性认证、云环境隐私保护等方面得到了广泛应用。可逆信息隐藏技术在一定程度上可以归结为特殊的隐写技术，但是因其特殊的“可逆性”，与传统隐写技术相比，在实现原理、评价指标、应用场景等方面有很大差异。本章将介绍可逆信息隐藏的基础知识，以及几种影响较为深远的经典算法。

4.1　可逆信息隐藏概述

4.1.1　基本概念

可逆信息隐藏(Reversible Data Hiding，RDH)[1]，也被称为无损信息隐藏(Lossless Data Hiding，LDH)[2]、可逆数字水印(Reversible Watermarking，RW)[3]、无损数字水印(Lossless Watermarking，LW)[4]等，属于信息隐藏领域的重要研究方向之一。“可逆”在这里指的是原始载体在数据嵌入前后的可逆性。实际上，大多数现有的信息隐藏系统都是基于载体修改的，即发送方或者秘密信息嵌入方通过修改特定的载体对象来达到嵌入数据的目的。该过程在嵌入秘密数据的同时，将不可避免地造成原始载体的失真。当接收方或者秘密信息提取方在正确提取秘密数据之后，如果能无失真地恢复出原始载体数据，则该类型的信息隐藏系统被称为“可逆”的；否则，称为“不可逆”的。

作为一种特殊类型的信息隐藏技术，可逆信息隐藏技术与传统的信息隐藏技术相比具有很多不同之处。隐写术[5]、数字水印[6]等传统的信息隐藏技术，往往更关注秘密信息是否能被正确提取，因此在接收方正确提取出嵌入的秘密信息后，常常无法完全恢复出原始载体，因此是“不可逆”的。具体而言，隐写术的目的是确保隐藏“正在通信”这一行为的前提下，隐秘地传输秘密数据，主要考虑秘密数据和通信行为的隐蔽性。其中，载体对象只是诱饵[7]，与秘密信息没有任何关系，因此不用关心原始载体的可逆性；数字水印技术着重于提高嵌入信息的健壮性[8]，即水印在数字文件中的生存能力，而几乎不考虑原始载体的无失真可恢复性。传统的隐写术、数字水印等技术与可逆信息隐藏技术有一些基本的共同点，比如它们都秘密地隐藏数据信息，但它们的应用场景有很多不同。

严格地讲，可逆信息隐藏属于一种脆弱水印，即对于含密图像的任何修改或者攻击都会影响信息的准确提取和恢复[9]。可逆信息隐藏技术具有特殊的应用场合，例如针对医学图像、司法证据图像等特殊媒体内容的完整性保护[10]。该类图像由于适用范围的特殊性，图像在数据嵌入过程中不允许有任何修改，因为修改可能会引起诊断结果的失误或者法律证据的争论。这类特殊媒体的完整性保护可以通过嵌入完整性信息来实现，但是要求信息提取之后仍能无失真地恢复出原始载体。可逆信息隐藏技术正是为解决该类特殊问题应运

而生的一种信息隐藏技术。其他可以适用于可逆信息隐藏的特殊图像包括：卫星遥感图像、军事侦察图像、数字印章图像等。

可逆信息隐藏系统一般由内容拥有者、信息隐藏者和接收者组成[1]。实际应用中，内容拥有者往往同时作为信息隐藏者进行信息嵌入。三者的具体定义如下：

(1) 内容拥有者(Content - Owner)。原始载体或者待嵌入数据的拥有者被称为内容拥有者。数字图像、视频、音频、文本等多媒体数据均可以作为待嵌入的原始载体。

(2) 信息隐藏者(Data - Hider)。将秘密信息或者完整性验证信息等待嵌入信息嵌入到原始载体中的实施方被称为信息隐藏者。在大多数情况下，内容拥有者同时也充当信息隐藏者。

(3) 接收者(Receiver)。接收者是指含密载体在无损信道中传输之后的接收方。

可逆信息隐藏技术的基本模型如图 4－1 所示。

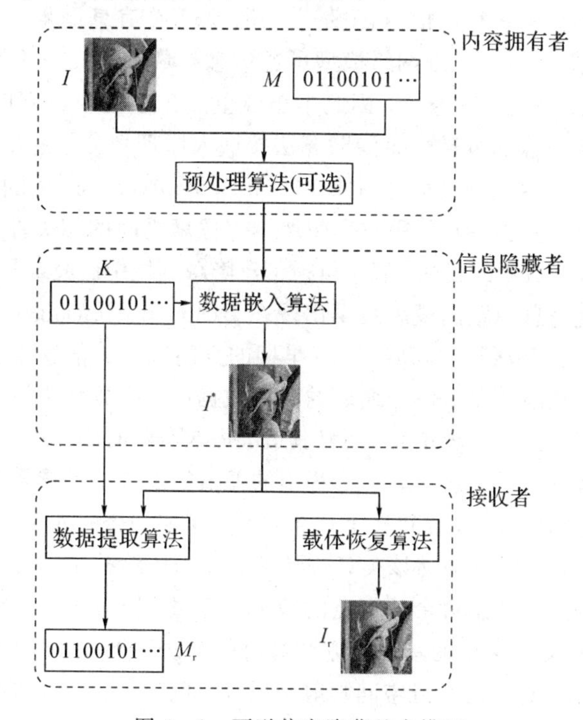

图 4－1　可逆信息隐藏基本模型

内容拥有者将原始载体 I 以及待嵌的秘密信息 M 传输给信息隐藏者。其中的秘密信息 M 即可以是用于完整性验证的哈希值，也可以是具有实际意义的水印图像(水印图像也可以转换为二进制比特)。内容拥有者和信息隐藏者在很多情况下可以由同一主体来充当。此外，在有些情况下，出于增强信息隐藏算法鲁棒性等目的，内容拥有者还会在数据嵌入之前进行必要的预处理(算法)。信息隐藏者在嵌入密钥 K 的作用下，将秘密信息 M 嵌入到原始载体 I 中，形成含密载体 I^*。接收者接收到经过无损信道传输的含密载体后，一方面可以通过数据提取算法提取出额外信息 M_r；另一方面，可以通过载体恢复算法得到恢复载体 I_r。在该模型中，信息隐藏系统分为预处理、数据嵌入、数据提取、载体恢复等四个模块，其中的四类算法分别介绍如下：

(1) 预处理算法：原始载体以及待嵌入信息在数据嵌入之前进行的准备过程。例如，针对原始载体进行像素值防溢出处理，针对待嵌入信息进行加密以增加安全性等操作。

(2) 数据嵌入算法：根据待嵌入信息分布情况，有目的性地修改原始载体，生成含密载体的过程。例如，对数字图像而言，根据操作域的不同，既可以在原始图像像素值基础上修改，也可以在变换域系数上修改。

(3) 数据提取算法：根据含密载体的数据分布情况计算出隐藏数据的过程。一般而言，数据提取算法是数据嵌入算法的逆过程。

(4) 载体恢复算法：根据含密载体的数据分布情况计算出原始载体数据的过程。一般而言，载体恢复算法是数据嵌入算法中载体修改的逆过程。

4.1.2 技术分类

根据划分标准的不同，可逆信息隐藏技术有不同的技术分类方法。按照嵌入载体划分，可逆信息隐藏可以分为图像可逆信息隐藏[11]、视频可逆信息隐藏[12]、音频可逆信息隐藏[13]、文本可逆信息隐藏[14]、三维网络模型可逆信息隐藏[15]等。由于现有的可逆信息隐藏技术研究成果主要是面向数字图像的，因此本小节重点介绍基于数字图像的可逆信息隐藏技术。目前，基于数字图像的可逆信息隐藏算法按嵌入原理划分，主要包括以下几种类型：

(1) 空间域算法[16]。空间域又称为图像空间(Image Space)，是指由图像像素点组成的空间。空间域可逆信息隐藏算法主要利用数字图像相邻像素之间的相关性，直接在图像空间中进行操作，以此达到嵌入数据的目的，属于可逆信息隐藏领域中研究最早，同时也是研究成果最多的一类算法。可逆信息隐藏的概念最早出现在 Barton 和 Honsinger 等申请的专利中，而这两个专利中采用的算法均属于空间域算法。早期的空间域可逆信息隐藏算法主要基于无损压缩技术，将待嵌入信息隐藏在图像压缩后的冗余数据中。这类算法虽然设计与实现较为简单，但是获得的含密图像失真一般较大，而且其最大嵌入容量有限。另一类主流的空间域算法试图基于整数变换来实现可逆隐藏，Tian[17]提出的差值扩展方法是该类算法中最具代表性的算法。该类算法首先将图像分块，使得多个相邻像素点组成一个嵌入单元，然后使用整数变换将秘密信息嵌入到每个单元中。虽然该类算法与基于无损压缩技术的算法相比数据嵌入量有了明显提升，但是因为无法控制每个像素点的最大修改量，所以不能有效控制含密图像的失真程度。近年来，Ni 等人[18]提出的基于直方图修改的方法逐渐成为空间域算法的研究热点。该类算法首先将由像素点组成的高维空间映射到低维空间，然后统计该低维空间的分布情况生成直方图，最后通过修改直方图进行数据嵌入。基于直方图修改的空间域算法由于可以更加有效地利用图像空间冗余信息，因此具有更好的嵌入性能。

(2) 变换域算法。在基于变换域的可逆信息隐藏算法中，信息隐藏者首先利用某种数学变换对载体图像进行一定的变换，然后对变换系数进行适当处理以实现数据嵌入。常见的变换域算法使用的变换方式主要包括离散余弦变换、离散小波变换、离散傅里叶变换等。与空间域算法相比，变换域算法一般具有较高的鲁棒性，即是健壮和强壮的意思，这是由于信息嵌入后的逆变换过程往往可以将秘密信息嵌入带来的影响分散到整幅图像上。这类算法一般可以抵抗诸如旋转、剪切、高斯噪声等常见的处理操作和攻击，而且得到的含密图像具有较高的图像质量。然而，这种类型的算法在设计与构造方面一般较为复杂，而且嵌入容量较小。

(3) 压缩域算法。目前网络上广泛使用的数字图像往往都是压缩格式的，基于压缩域的图像可逆信息隐藏方法更加具有实用性。由于图像的压缩格式多种多样，很难找到通用的可逆方法处理不同压缩格式的数字图像，因此通常需要针对不同类型的压缩图像具体分析。针对常见的 JPEG(Joint Photographic Experts Group)压缩图像，主要的可逆信息隐藏方法包括：基于量化后的 DCT 系数修改的方法、基于量化表修改的方法以及基于霍夫曼编码修改的方法。除此之外，针对其他的压缩格式，研究成果包括针对向量量化压缩图像的算法、基于块截断编码压缩图像的算法、基于 JPEG2000 压缩图像的算法等。目前，基于压缩域的可逆信息隐藏算法较少，虽然具有较高的图像质量，但其嵌入容量一般较低，因此仅适用于图像认证等对嵌入容量要求不高的场合。

(4) 密文域算法。密文域可逆信息隐藏技术首先由国内学者张新鹏首次提出，是一类具有特殊应用前景的可逆信息隐藏算法。该类算法可用于加密数据管理与认证、隐蔽通信或其他安全保护等场合。例如，医学图像在远程诊断的传输或存储过程中，通常经过加密处理来保护患者隐私，但同时需要嵌入患者的身份、病历、诊断结果等信息来实现相关图像的归类与管理。然而，医学图像的任何一处修改都可能成为医疗诊断或事故诉讼中的关键，因此需要在嵌入信息后能够解密还原原始图片；军事图像一般都要采取加密存储与传输，同时为了适应军事场合中数据的分级管理以及访问权限的多级管理，可以在加密图像中嵌入相关备注信息，但是嵌入过程不能损坏原始图像导致重要信息丢失，否则后果难以估计；在云环境下，为了使云服务不泄露数据隐私，用户需要对数据进行加密，而云端为了能直接在密文域完成数据的检索、聚类或认证等管理，需要嵌入额外的备注信息。现有的密文域信息隐藏算法分为三类：第一类是基于加密前腾空间的方法，即在数据加密前预留数据嵌入所需要的冗余空间，加密后进行实际数据嵌入；第二类是基于加密后腾空间的方法，即在数据加密后利用信息冗余，腾出信息隐藏所需要的冗余空间；第三类是基于加密过程冗余信息的方法，即通过对冗余信息的有效控制与再编码等技术来实现信息嵌入。

4.1.3　评价指标

在可逆信息隐藏技术中，如何评价一个可逆信息隐藏算法的性能是一个十分重要的问题。由于可逆信息隐藏具有特殊的应用场景，在衡量其算法优劣的评价指标方面与传统信息隐藏技术有一些差异。衡量可逆信息隐藏算法的评价指标包括：可逆性、含密图像的图像质量、嵌入容量、鲁棒性、算法复杂度等。其中，含密图像的图像质量和嵌入容量是最重要的两个指标。基本的评价指标具体介绍如下：

1. 可逆性

可逆信息隐藏的基本性能要求是可逆性，即原始图像经过可逆的数学变换得到含密图像，经安全通信传输后，接收者根据已有信息在正确提取秘密信息的基础上，能无失真地恢复出原始图像的能力。

2. 含密图像的图像质量

针对基于图像的可逆信息隐藏算法，可以参考数字图像处理领域中的相关内容进行评价。现阶段针对可逆信息隐藏中含密图像的图像质量评价方法主要分为主观评价方法和客观评价方法两大类。主观评价方法是让观察者按照事先规定好的一些评价标准或自身的经验来对测试图像的视觉质量进行判断，并且给出质量分数；然后对所有观察者给出的质量分数进行加权平均即可得到图像主观评价的结果。这种评价方法虽然能够比较准确地评价出含密图像的视觉质量，但是由于每个观察者给出的质量分数都难免要受到个体因素的影响，导致这种评价方法实施起来较为困难，不能满足对于图像质量评价的要求。在实际应用中，通常采取以含密图像的失真程度量化为代表的客观评价方法。含密图像的失真程度越小，代表该算法得到的含密图像的图像质量越好。目前使用比较多的失真度量标准是均方误差(Mean Square Error，MSE)和峰值信噪比(Peak Signal to Noise Ratio，PSNR)。

假设原始图像 I 的大小为 $M\times N$，嵌入数据后得到的含密图像为 I^*，MSE 为原始图像与含密图像之间的均方误差，则 MSE 的计算公式为

$$\text{MSE}=\frac{1}{M\times N}\sum_{i=0}^{M-1}\sum_{j=0}^{N-1}\left[I(i,j)-I^*(i,j)\right]^2 \tag{4-1}$$

其中，$I(i,j)$和 $I^*(i,j)$分别代表原始图像 I 以及含密图像 I^* 在位置(i,j)的像素值。峰值信噪比 PSNR 可以直接由 MSE 计算得到，它在衡量算法性能中的应用更加普遍。其计算公式为

$$\text{PSNR}=10\lg\frac{\text{MAX}^2}{\text{MSE}}\quad(\text{dB}) \tag{4-2}$$

其中，MAX 是图像像素所能表示的最大值，例如 8 位灰度图像的 MAX 值为 255。峰值信噪比 PSNR 的单位为分贝(dB)。PSNR 的值越大，说明原始图像与含密图像之间的差异越小，即含密图像的失真程度越低，图像质量越高。一般情况下，当 PSNR 的值较大时，人眼就很难察觉到两幅图像之间的差异了。

3. 嵌入容量

可逆信息隐藏算法的嵌入容量通常是指算法在嵌入到原始图像后能够正确提取得到的嵌入数据量的大小，是衡量可逆信息隐藏算法的重要指标之一。实际应用中，最常使用的衡量方式是有效负载(Payload)，即图像最大嵌入的秘密信息比特数，单位为 bit。另一种常用的计算方式是嵌入数据的比特数除以原始载体的像素数，单位为比特数每像素(bit per pixel，bpp)。有些情况下，习惯用嵌入容量和失真程度的比率来衡量算法优劣。对于可逆信息隐藏算法而言，峰值信噪比和嵌入容量都是越大越好，因此可以用峰值信噪比与有效负载的比值来更加科学地衡量可逆信息隐藏算法的性能(率失真性能)。例如，图 4-2 为两个可逆信息隐藏算法的嵌入容量-图像失真曲线，算法 1 的率失真性能明显好于算法 2 的。

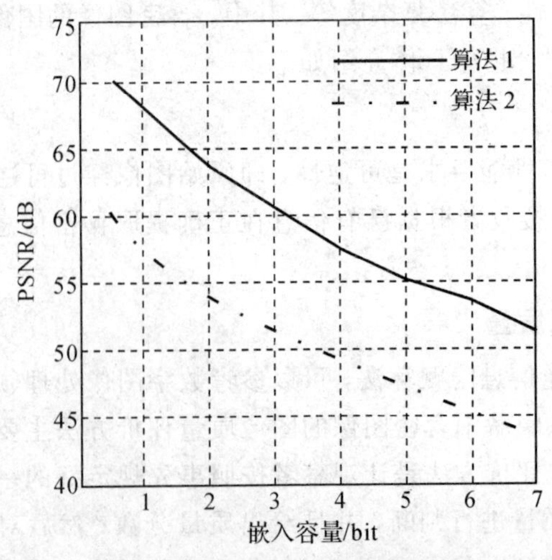

图 4-2　嵌入容量-图像失真曲线

4. 鲁棒性

近年来，可逆信息隐藏技术也出现了针对鲁棒性的研究，只是这里的鲁棒性要求比鲁棒水印领域的要求有所降低。实际应用中，往往只考虑含密图像在经过旋转、剪切、滤波、噪声、打印扫描、JPEG 压缩等常规的图像操作或者攻击后，依然能检测出秘密信息的能力。目前该类研究成果相对较少，还处于初级阶段，主要停留在含密载体经过 JPEG 压缩后能尽可能提取出秘密信息上。

5. 算法复杂度

可逆信息隐藏算法的算法复杂度主要包括两个方面：时间复杂度和空间复杂度。前者是指秘密信息在嵌入和提取恢复过程中所需要的时间长度；而后者是指秘密信息在嵌入和提取恢复过程中所需占用的额外存储空间。因此，可逆信息隐藏算法的设计应当遵循简单、有效的原则，尽可能降低计算开销和空间开销，以提高算法的实用性。

4.2　经典算法介绍

经过近二十年的不断发展，图像可逆信息隐藏技术领域出现了许多优秀的研究成果。其中，后续研究改进最多、对该领域影响最为深远的是空间域的三类主流方法：基于无损压缩的方法、基于整数变换的方法、基于直方图平移的方法。这三类方法不仅为空间域算法的持续研究提供了基础，其基本思想也逐渐被应用在变换域、压缩域、密文域等其他类型的可逆信息隐藏研究中。下面介绍无损压缩法、整数变换法和直方图平移法。

4.2.1　无损压缩法

早期的可逆信息隐藏算法主要基于无损压缩(Lossless Compression，LC)方法。其基本原理是首先将原始载体的部分数据进行无损压缩，然后将无损压缩后腾出来的冗余空间用于数据嵌入。图 4-3 所示为该类算法的基本原理示意图，算法的最终性能取决于使用的无损压缩算法以及所选择的图像特征。其信息嵌入的容量上限为图像无损压缩前、后的数据量之差。基于无损压缩方法的可逆信息隐藏算法的共同优点是计算简单、容易实现；缺点是嵌入容量受到压缩效率的制约，嵌入容量一般较小。

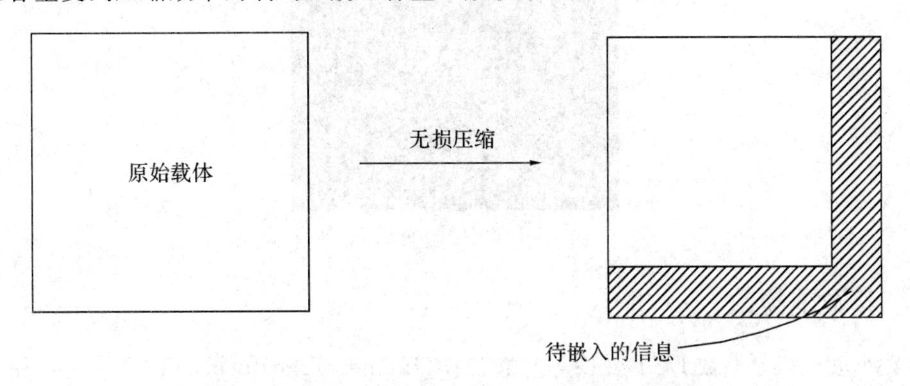

图 4-3　基于无损压缩的可逆信息隐藏算法示意图

Fridrich 等人提出的基于图像位平面无损压缩的方法是该类算法的典型代表。该算法在图像压缩时选择二值图像压缩编码标准算法(Joint Bit - level Image Experts Group, JBIG)。假设原始图像为8位灰度图像，待隐藏的秘密信息的数据量是C(该算法主要用于图像的完整性认证，因此待嵌入信息一般是长度为128 bit的Hash(哈希)认证消息，即$C=128$)，经过位平面压缩后原始像素个数与压缩后数据比特数的差值为R。首先从最低位平面(称为LSB位平面)开始计算，若使用最低位平面压缩后R不小于C，则最低位平面确定为“关键位平面”(Key Bitplane)；反之，压缩图像的最低两个位平面，若满足要求，则最低两个位平面即为“关键位平面”。重复上述步骤，直至确定出“关键位平面”以用于下一步的图像压缩和数据嵌入。该算法在数据嵌入过程中的具体步骤如下：

(1) 对于8位灰度图像I，确定出所有的“关键位平面”。

(2) 利用JBIG二进制压缩算法，将“关键位平面”中的位平面数据进行无损压缩。压缩后的二进制数据记为B。

(3) 对原始图像进行哈希函数计算，得到的哈希值为$H(I)$。

(4) 将二进制数据B加密成二进制密文数据$E_K(B)$，其中E是加密算法，K是加密密钥。

(5) 将原始图像I的“关键位平面”数据替换为二进制密文数据$E_K(B)$以及哈希值$H(I)$。

上述算法中，加密操作的目的是增加图像认证过程中的安全性，加密算法可以选择较为成熟的IDEA算法或者DES算法。“关键位平面”的确定方法是由最低位平面开始，重复操作，确定出满足嵌入要求的最低位平面组合，这样可以尽可能地减少含密图像的图像失真程度。算法中的哈希函数一般选择MD5算法，待嵌入数据长度一般为128 bit。该算法更适用于分布较为平滑的图像。例如，对于图4-4所示的图像“Moon”，最低位平面中分布着大量的灰度值0。该图像确定的“关键位平面”仅仅为最低位平面，而且经过数据嵌入后的含密载体峰值信噪比可以达到51.2 dB。实验表明，针对大多数质量较高的图像，若该算法确定的“关键位平面”中位平面个数在三个以内，则含密图像失真相对较小。然而，对于质量较低的图像，若“关键位平面”中包含第四个或者第五个位平面，则造成含密图像失真较大。

图4-4　测试图像“Moon”

4.2.2 整数变换法

整数小波变换、整数DCT变换等整数变换(Integer Transform, IT)方法可以用来设计可逆信息隐藏算法。该类型算法中最具有代表性的是Tian等人[17]提出的差值扩展(Difference Expansion, DE)算法。在该算法中，算法的可逆性来源于Haar(哈尔)整数小波变换，由于充分利用了自然图像中相邻像素之间的相关性较大的特点，较之前的算法其在嵌入性能上有了很大的提升。该算法将原始图像的像素分为两个一组的像素对，之后通过扩展像素对差值的方法进行数据嵌入，每一个像素对最多可以嵌入 1 比特的秘密信息，因此它具有较高的嵌入容量。数据嵌入算法的具体步骤如下：

假设原始图像为 8 位灰度图像，首先将原始图像按照两个像素一组，分为不同的像素对，对于任意一个像素对 $p=(x, y)$，进行如下的 Haar 整数小波变换（也被称为 S 变换）后，得到该像素对的均值（低频成分）和差值（高频成分），分别为

$$l=\left\lfloor \frac{x+y}{2} \right\rfloor \tag{4-3}$$

$$h=x-y \tag{4-4}$$

值得注意的是，该变换属于可逆变换，即均值 l 和差值 h 可以通过 Haar 整数小波变换的逆变换恢复出原始像素值 x 和 y，分别为

$$x=l+\left\lfloor \frac{h+1}{2} \right\rfloor \tag{4-5}$$

$$y=l-\left\lfloor \frac{h}{2} \right\rfloor \tag{4-6}$$

把式(4-4)得到的差值 h 左移一个比特，并把待嵌入比特嵌入到空出来的最不重要位 LSB 上，这个过程就叫做差值扩展。具体操作过程如下：

$$h^* = 2\times h+m \tag{4-7}$$

其中，h^* 为嵌入后的新差值；m 为待嵌入信息比特，$m\in\{0, 1\}$。根据得到的新差值和式(4-5)、式(4-6)的逆变换过程，可以得到新的图像像素对，形成嵌入信息后的含密图像。

为避免式(4-7)的操作使得原始图像部分像素“溢出”，即得到的像素值超出[0, 255]的范围，需要保证以下约束条件：

$$0\leqslant\left\lfloor \frac{(h+1)}{2} \right\rfloor\leqslant 255 \tag{4-8}$$

$$0\leqslant l-\left\lfloor \frac{h}{2} \right\rfloor\leqslant 255 \tag{4-9}$$

式(4-8)和式(4-9)的约束条件可以转化为

$$\begin{cases} |h|\leqslant 2(255-l), & 128\leqslant l\leqslant 255 \\ |h|\leqslant 2l+1, & 0\leqslant l\leqslant 127 \end{cases} \tag{4-10}$$

根据式(4-10)和式(4-7)得到像素点对满足可逆性的约束条件为

$$\lfloor 2\times h+m \rfloor\leqslant \min(2(255-l), 2l+1) \tag{4-11}$$

在 Tian 的算法中，给出了关于差值 h 的两个定义：

(1) 可扩展(Expandable)差值。针对差值 h，不管待嵌入信息比特 m 等于 0 还是 1，经过式(4-7)的操作后，若得到的 h^* 满足式(4-11)，则称差值 h 是可扩展的。

(2) 可改变(Changeable)差值。针对差值 h，不管待嵌入信息比特 m 等于 0 还是 1，经过以下操作后，

$$h^* = 2\times\left\lfloor \frac{h}{2} \right\rfloor+m \tag{4-12}$$

若得到的 h^* 满足式(4-11)，则称差值 h 是可改变的；若不满足式(4-11)，则称差值 h 是

不可改变的。

根据上述定义，可以得到以下推论：

(1) 可扩展差值一定属于可改变差值，可改变差值不一定是可扩展差值。

(2) 可扩展差值 h 经过误差扩展后得到的新差值 h^*，属于可改变差值。

(3) 可改变差值 h 经过 LSB 替换后得到的新差值 h^*，仍属于可改变差值。

(4) 当 $h=0$ 或者 $h=-1$ 时，若差值 h 属于可改变差值，则必定也属于可扩展差值。

为了能使接收者无失真地恢复原始图像，需要借助"位置图"来记载可扩展像素对的位置。首先需要按照水平方向或者垂直方向进行扫描，把两个相邻像素值组成一个像素对。可根据差值将图像的像素对划分为四个集合 EZ、EN、CN 和 NC：

(1) EZ 集合包含所有符合 $h=0$ 或者 $h=-1$ 的可扩展差值。

(2) EN 集合包含所有符合 $h\notin EZ$ 的可扩展差值。

(3) CN 集合包含所有符合 $h\notin (EZ\cup EN)$ 的可改变差值。

(4) NC 集合包含所有不可改变差值。

对于像素对 $p=(x, y)$，若 $h\in (EZ\cup EN)$，则在其对应位置的位置图中标记为"1"；否则，标记为"0"。该位置图可以利用算术编码进行压缩，而后作为待嵌入信息的一部分，在后续的嵌入环节时嵌入到原始图像中。针对集合 CN 中的所有差值，嵌入过程中用待嵌入信息直接代替其最低有效位(LSB)，被代替的最低有效位也需要嵌入到原始图像中。为了控制算法失真，一般可定义一个阈值 T_h，将集合 EN 分为两个集合 $EN_1=\{h\in EN: |h|\leqslant T_h\}$ 和 $EN_2=\{h\in EN: |h|>T_h\}$，同时位置图也要做一些修改。具体的差值分类与数据嵌入状态如表 4-1 所示。

表 4-1 差值分类及数据嵌入情况

类别	原始集合	原始差值	位置图	新差值
可改变差值	$EZ\cup EN$(或 $EZ\cup EN_1$)	h	1	$2\times h+m$
	CN(或 $EN_2\cup CN$)	h	0	$2\times\lfloor h/2\rfloor+m$
不可改变差值	NC	h	0	h

在嵌入容量方面，当 $h\in\{EZ\cup EN_1\cup EN_2\cup CN\}$ 时，均可以嵌入 1 比特数据，因此最大嵌入容量为 $|EZ|+|EN_1|+|EN_2|+|CN|$，其中符号 $|\cdot|$ 的含义是集合的大小。在含密图像的图像质量方面，选择更小的差值 h 进行数据嵌入，将使得均方误差更小，含密图像的图像质量越好。此外，阈值 T_h 的选择也是影响算法性能的关键因素之一，T_h 的值越小，差值扩展操作对图像的影响越小，含密图像的图像质量就越好，但 $|EN_1|$ 的值也减小，位置图的压缩效率降低。若图像大小为 $M\times N$，则 $|EZ|+|EN_1|+N\leqslant 0.5(M\times N)$，即该算法有效载荷的最大上界为 0.5 比特每像素(即 0.5 bpp)。

4.2.3 直方图平移法

基于直方图平移(Histogram Shifting，HS)的可逆信息隐藏方法利用图像自身的统计特性来进行数据嵌入。最简单的直方图是图像的灰度直方图，相当于统计出各个灰度值在图像像素中出现的频率。最早的基于直方图平移的可逆信息隐藏算法是由 Ni 等人[18] 在

2006 年中提的，现在已经成为可逆信息隐藏技术的主要研究方向。该算法利用图像的灰色直方图作为可逆嵌入的特征，统计每个灰度值的频率，利用灰度直方图分布中的“峰值点”和“最小值点”进行数据嵌入。“峰值点”和“最小值点”分别代表图像像素中出现频率最高和最低的灰度值。例如，图 4－5(a)为标准测试图像“Lena”；图 4－5(b)为该图对应的灰度直方图，其“峰值点”和“最小值点”如图中所示。由于自然图像灰度直方图分布的特殊性，大多数图像灰度直方图的“最小值点”对应的图像像素出现频率为 0，也被称为“零值点”。

(a) 原始图像

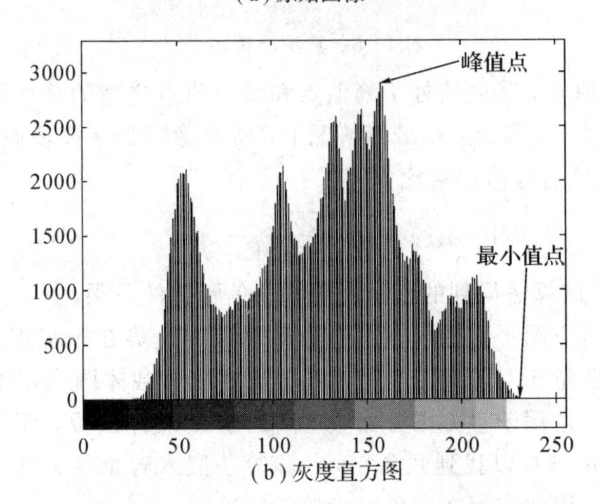

(b) 灰度直方图

图 4－5　测试图像“Lena”及对应的灰度直方图

假设载体图像为 8 位灰度图像，图像大小为 $M\times N$，像素灰度值 $x\in[0, 255]$，本章参考文献[18]中算法的数据嵌入步骤如下：

(1) 生成该图的灰度直方图 $H(x)$。其中，像素值为 x 的像素在图像中出现的频率记为 $h(x)$。

(2) 分别找出灰度直方图 $H(x)$中的峰值点和最小值点，即 $h(a)$和 $h(b)$。其中，a，$b\in[0, 255]$。

(3) 若最小值点 $h(b)>0$，将最小值点对应的像素点的位置(i, j)以及其灰度值 b 记录为边信息；然后，设置 $h(b)=0$。

(4) 不失一般性，假设 $a<b$，将直方图 $H(x)$中满足 $x\in(a, b)$的部分向右移动一个单

位。具体而言，将满足 $x\in(a, b)$ 的像素进行像素值加 1 的操作。

(5) 扫描整幅图像，当像素的灰度值为 a 时，进行数据嵌入：若待嵌入比特为 1，则将当前像素的灰度值改为 $a+1$；若待嵌入比特为 0，则保持当前像素的灰度值 a 不变。

该算法在嵌入过程中的主要步骤归纳为：首先确定图像灰度直方图的峰值点和最小值点；然后对介于峰值点和最小值点的直方图进行整体搬移，从而为直方图峰值点处的数据嵌入预留出空间；最后结合待嵌入信息比特进行数据嵌入。该算法数据嵌入阶段的基本原理如图 4-6 所示。接收者在数据提取时，根据每个像素的值进行相应的逆操作就可以恢复出原始像素值，并从峰值像素中提取出秘密信息。若含密图像某像素的灰度值为 a，则提取出数据“0”；若含密图像某像素的灰度值为 $a+1$，则提取出数据“1”。

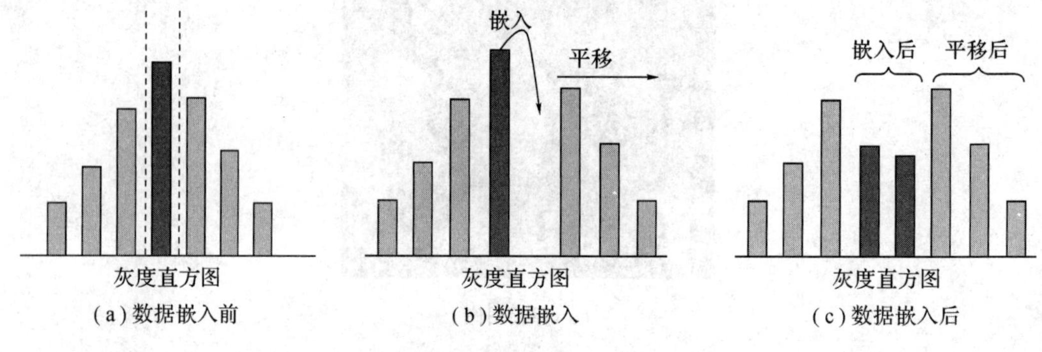

图 4-6 算法原理图[18]

根据算法的嵌入原理，灰度值处于峰值点和最小值点之间的载体图像像素在数据嵌入时最大灰度值改变量为 1。因此，在最坏情况下，所有像素的灰度值改变为 1，此时的均方误差 MSE 接近 1。这使得峰值信噪比为

$$\text{PSNR} = 10\times\lg\left(\frac{255\times 255}{\text{MSE}}\right) = 48.13\ \text{dB} \tag{4-13}$$

式(4-13)给出了该算法得到的含密图像峰值信噪比的下限。

综上所述，基于直方图平移的可逆信息隐藏算法的优势在于实现简单，计算复杂度较低，含密图像的图像质量相对较高。但是，由于该算法对载体图像灰度直方图分布特性有较高的依赖性，因此仅适用于直方图分布较为“陡峭”的载体图像，而对于灰度直方图分布较为“平缓”的载体图像则难以找到冗余空间。该算法嵌入容量最大值等于灰度直方图中峰值点对应的像素个数，因此它存在嵌入容量较低的缺陷。

基于直方图平移的可逆信息隐藏算法，与基于无损压缩以及基于整数变换方法的算法相比，可以更好地利用图像冗余，有效控制嵌入失真，因此成为了近年来的主要研究热点。针对本章参考文献[18]的算法嵌入容量较低的缺陷，研究者提出的改进方案包括：① 直方图的生成方式。除了灰度直方图外，统计相邻像素之间的差值得到的差值直方图和利用预测算法得到的预测误差直方图等方案均得取得了较好的效果。② 直方图修改方式。在早期使用直方图峰值进行数据嵌入的基础上，优化直方图峰值点选择方式以及自适应选择频数均可以有效提高算法的嵌入性能。例如，在图 4-7 所示为基于预测误差以及双峰值点平移的算法原理图中，由于预测算法具有较高的预测精度，因此图(a)所示的预测误差值集中在 0 值附近；选择频数最高的两个峰值点“0”和“1”，分别向两侧平移，而后在两个峰值点同时进行数据嵌入，如图(b)所示，这样做可以有效提高算法的嵌入性能；最终结果如图(c)

所示。

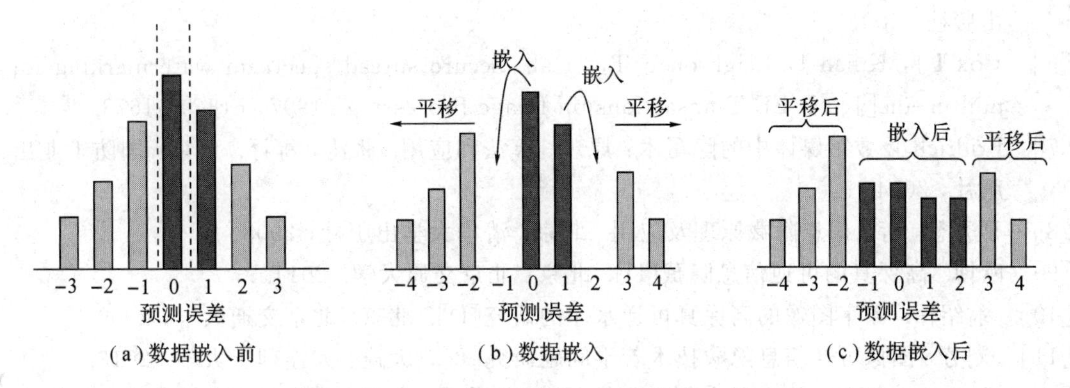

图 4-7 基于预测误差直方图平移的算法原理图

本章小结

本章对可逆信息隐藏的基本知识及相关算法进行了介绍。首先介绍了可逆信息隐藏技术的基本知识，对可逆信息隐藏技术的定义、基本模型和构成模块进行了说明，并对可逆信息隐藏的基本分类和评价指标进行了介绍；其次介绍了三种主流的传统可逆信息隐藏算法：基于无损压缩的方法、基于整数的方法和基于直方图平移的方法。

习 题 4

4.1 请简述可逆信息隐藏技术的定义，并说出该技术与数字水印等其他信息隐藏技术之间的关系。

4.2 可逆信息隐藏系统一般有哪些组成部分？其基本模型和基本框架是怎样的？

4.3 面向数字图像的可逆信息隐藏算法按嵌入原理划分，主要包括哪几种类型？

4.4 可逆信息隐藏算法的评价指标具体有哪些？

4.5 经典的可逆信息隐藏算法主要有哪三种？请分别简要描述三种算法的基本原理。

本章参考文献

[1] Shi Y Q, Li X, Zhang X, et al. Reversible Data Hiding: Advances in the Past Two Decades[J]. IEEE Access, 2016, 4: 3210-3237.

[2] Lin C C, Hsueh N L. A Lossless Data Hiding Scheme Based on Three-Pixel Block Differences[J]. Pattern Recognition, 2008, 41(4): 1415-1425.

[3] Khan A, Siddiqa A, Munib S, et al. A Recent Survey of Reversible Watermarking Techniques[J]. Information Sciences, 2014, 279: 251-272.

[4] Celik M U, Sharma G, Tekalp A M. Lossless Watermarking for Image Authentication: a New Framework and an Implementation[J]. IEEE Transactions on Image Processing, 2006, 15(4): 1042-1049.

[5] Katzenbeisser S. 信息隐藏技术：隐写术与数字水印. 吴秋新，等译. 北京：人民邮电出版社，2001.

[6] Cox I J，Kilian J，Leighton F T，et al. Secure spread spectrum watermarking for multimedia[J]. IEEE Transactions on Image Processing，1997，6(12)：1673.

[7] Fridrich J. 数字媒体中的隐写术：原理、算法和应用. 张涛，等译. 北京：国防工业出版社，2014.

[8] 葛秀慧，等. 信息隐藏原理及应用. 北京：清华大学出版社，2008.

[9] 欧博. 高保真的可逆信息隐藏[D]. 北京：北京交通大学. 2014.

[10] 翁绍伟. 数字图像的高保真可逆水印的研究[D]. 北京：北京交通大学，2009.

[11] 刘芳. 图像可逆信息隐藏技术若干问题研究[D]. 大连：大连理工大学，2013.

[12] 姚远志. 数字视频信息隐藏理论与方法研究[D]. 合肥：中国科学技术大学，2017.

[13] 霍永津. 基于边信息预测和直方图平移的数字音频可逆水印算法研究[M]. 广州：暨南大学，2015.

[14] 费文斌. 可逆文本水印算法研究[M]. 杭州：杭州电子科技大学，2013.

[15] 蒋瑞祺. 三维网络模型可逆信息隐藏理论与方法研究[D]. 合肥：中国科学技术大学，2017.

[16] 李妍. 基于空间域的可逆数据隐藏算法研究[M]. 合肥：合肥工业大学，2006.

[17] Tian J. Reversible Data Embedding Using a Difference Expansion[J]. IEEE Transactions on Circuits & Systems for Video Technology，2003，13(8)：890 - 896.

[18] Ni Z，Shi Y Q，Ansari N，et al. Reversible data hiding[J]. IEEE Transactions on Circuits & Systems for Video Technology，2006，16(3)：354 - 362.

第 5 章　密文域可逆信息隐藏

传统的信息隐藏通常是非可逆信息隐藏，嵌入过程会给原始载体带来永久性失真，这在一些对数据认证要求高，同时需要无失真恢复出原始载体的应用场合是不可接受的，如云环境下加密数据标注、远程医学诊断、司法取证等，为了兼顾信息隐藏与原始载体的无失真恢复，可逆信息隐藏技术被提了出来，要求在嵌入隐藏信息后可以无差错恢复出原始载体[1]。可逆信息隐藏根据载体是否加密可分为密文域与非密文域两类，其中密文域可逆信息隐藏用于嵌入的载体是经过加密的，嵌入信息后仍然可以无差错解密并恢复出原始载体[2]，密文域可逆信息隐藏技术与信息隐藏技术的分类关系如图 5-1 所示。

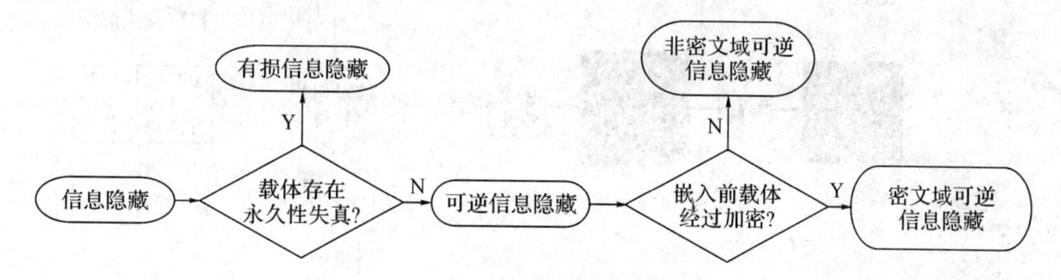

图 5-1　信息隐藏技术的分类

本章参考文献[3]根据可逆信息隐藏的不同应用领域将当前所用的算法分为六类：① 空域算法；② 压缩域算法；③ 图像半脆弱认证领域算法；④ 图像对比增强算法；⑤ 图像密文域算法；⑥ 其他数字载体类(如视频、音频等)算法。其中，第①～④类算法属于非密文域可逆信息隐藏算法，第⑤类算法属于密文域可逆信息隐藏算法。与该文献的研究方向不同，本章综述的重点是针对密文域算法(包括图像加密、对称及公钥加密密文域)，对当前各类密文域可逆嵌入技术的具体框架进行归纳说明，对相关技术进行系统地分类，并对各类中的代表算法进行重点分析。

加密技术通常用于实现信息存储与传输过程中的隐私保护，密文域可逆信息隐藏可主要用于加密数据管理与认证、隐蔽通信[2,4]或其他安全保护。图 5-2 所示为密文域可逆信息隐藏技术在云环境中通过用户身份认证实现上传下载权限管理的应用示意图，其中用户 B 代表申请下载的用户，B 也可以是上传者本人(用户 A)。在密文传输过程中，以可逆方式嵌入校验码或哈希值可以实现不解密情况下数据的完整性与正确性检验；同时密文域可逆隐写可以有效实现隐蔽通信，传统的以明文多媒体数据为载体的隐写算法难以做到可证明性安全，而传统的阈下信道技术以网络通信协议为掩护传输信息，具有可证明安全性，但是其信息传输率很低[5]，密文域隐写技术在上述两者的基础上发展起来，逐渐成为隐写术新的研究热点。综上所述，密文域可逆信息隐藏对于加密环境下的诸多领域有着较大的应用需求，对于数据处理过程中的信息安全可以起到双重保险的作用，尤其随着云服务的推广，密文域可逆信息隐藏作为密文信号处理技术与信息隐藏技术的结合，是当前云环境下隐私数据保护的研究重点之一[6]。

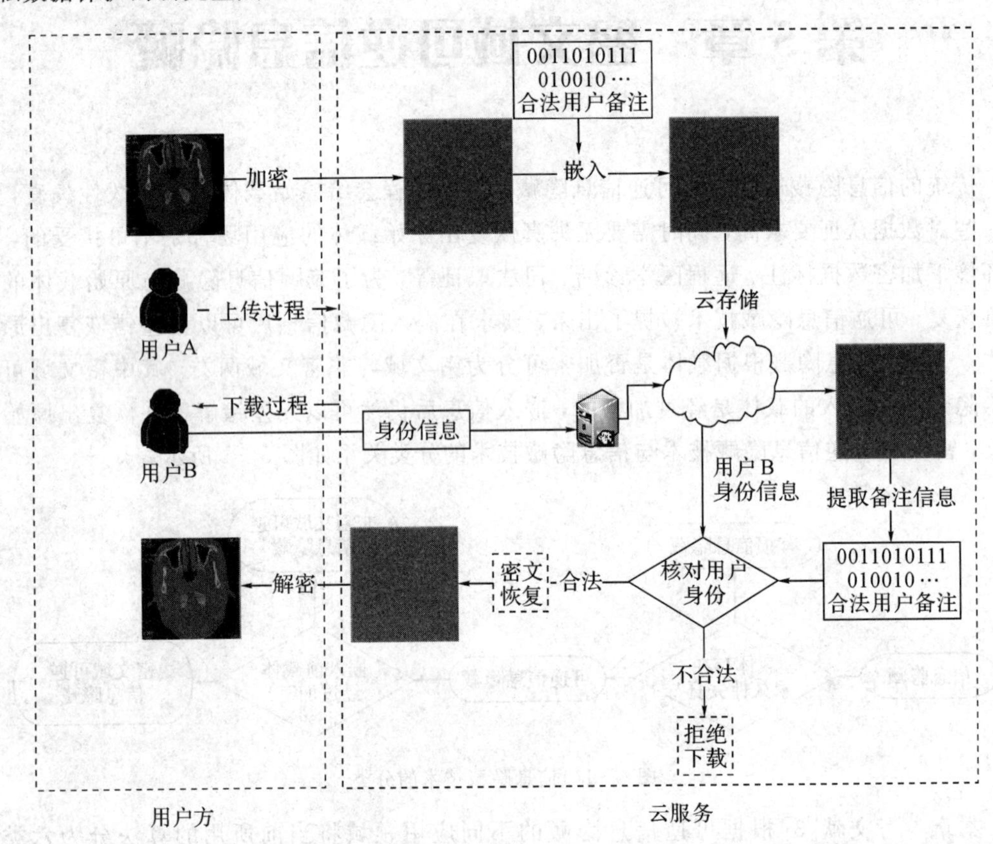

图 5-2　云环境下身份认证应用示意图

5.1　系统框架与技术难点

密文域可逆信息隐藏技术中秘密信息的实际载体为密文，对于携密密文既要求能够有效提取秘密信息，又要求能够正确解密，并最终恢复原始载体，其中信息嵌入和提取是信息隐藏技术的要求，携密密文的正确解密与明文载体的无损恢复是实现可逆的关键技术环节。结合密文域可逆信息隐藏的技术要求与应用背景，相关算法在设计与实现过程中主要包含两大模块：载体的加/解密模块与秘密信息的嵌入/提取模块。如果对携密密文载体的直接解密结果存在失真，那么算法中需要引入可逆恢复过程对解密失真载体进一步恢复。

密文域可逆信息隐藏系统各模块的关系如图 5-3 所示。明文载体经过加密与信息嵌入后得到携密密文，根据加密与嵌入算法不同，加密与嵌入过程的先后顺序不固定；对携密密文的操作，根据算法的适用场景主要可分为四种操作流程，分别对应图 5-3 中的Ⅰ、Ⅱ、Ⅲ、Ⅳ。

操作Ⅰ是直接对携密密文进行解密，得到的解密载体通常含有失真；然后进行信息提

取与载体恢复，载体的恢复过程通常是基于直接解密载体的特征，例如图像像素间相关性或嵌入信息中含有用于载体恢复的信息。操作Ⅱ是先提取信息，然后根据已知的嵌入信息来进行数据解密与进一步的可逆恢复。操作Ⅰ、Ⅱ一般以图像作为明文载体，使用流密码

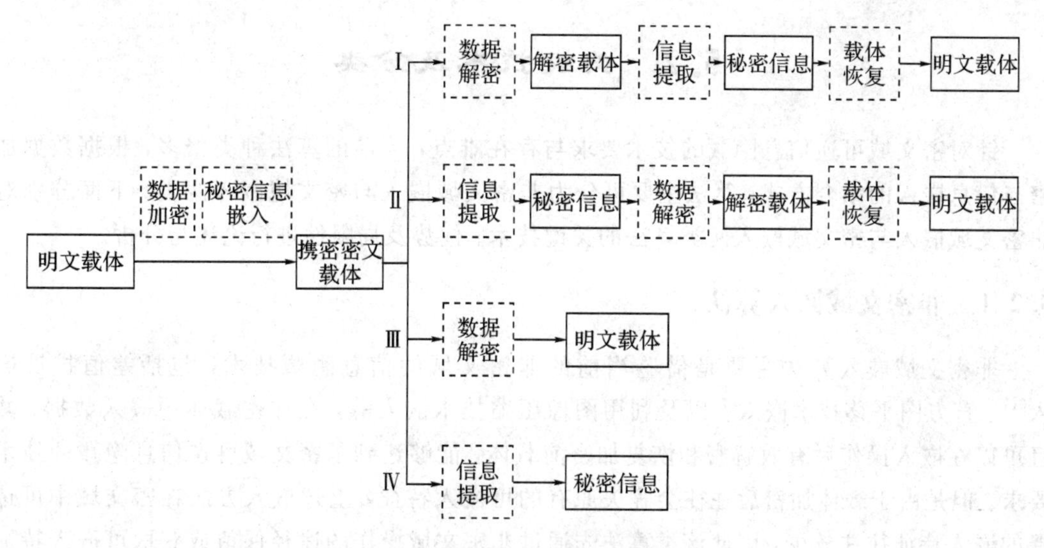

图 5-3　密文域可逆信息隐藏系统模块

进行逐位异或加密，实现可逆性的关键在于携密密文解密过程的正确性与载体恢复过程的可逆性。满足操作Ⅰ(或Ⅱ)的算法适用于接收方可以提取秘密信息并要求恢复出明文载体的应用场景。操作Ⅲ是使用解密密钥直接解密携密密文，即可无失真得到原始明文，因此不需要引入可逆恢复的过程，算法一般在公钥加密算法的加密冗余中嵌入额外信息，实现可逆性的关键在于对加密冗余的有效利用，以及充分保证直接解密携密密文的正确性。对应操作Ⅲ的信息提取方式通常是操作Ⅳ，使用隐藏密钥可以直接在携密密文中提取信息。同时满足操作Ⅲ、Ⅳ(或Ⅰ、Ⅳ，或Ⅱ、Ⅳ)的算法适用于针对不同用户，要求分配解密或信息提取不同权限的应用场景。由此，第 5.2 节将基于不同的嵌入、提取特点及可逆实现技术对当前算法进行分类，并详细对各类算法的实现框架进行说明与分析。

由上述分析可知，明文经过数据加密与信息嵌入后得到携密密文，数据解密与信息提取的操作对象是携密密文。加/解密过程与信息嵌入/提取过程在密文域可逆算法中交叉存在并且互相制约，造成密文域可逆信息隐藏存在诸多技术难点，主要表现为以下四点：一是实现信息嵌入后密文的无失真解密及载体恢复的完全可逆；二是密文数据中的大容量嵌入；三是信息提取与解密过程可分离；四是保证信息嵌入过程的安全性或信息的不可检测性等。分析上述难点产生的主要原因：一方面，当前的信息隐藏技术极大地依赖载体的编码方式、所属的媒体类型，或者变换域的属性，而信息嵌入的过程必然要对载体数据特征进行重新量化与修改，但是加密会使明文内容呈现出最大的无规律性和不确定性，原有特征难以被提取和利用。从信息论的角度来说，在原载体中隐藏信息会导致其信息量增大，在文件大小不变的情况下，信息熵必然会增大。但是加密已经使密文信息熵趋于最大值，从理论上来说在密文数据中隐藏信息是比较困难的。另一方面，现代加密算法要求明文的

极小改变也将扩散到整个密文空间，而可逆算法的嵌入过程往往独立于加密过程，使得该嵌入过程中修改的加密数据越多，解密结果失真会越大，因此要在保证解密没有失真的情况下进行信息嵌入或提升嵌入容量，具体操作的难度较大。

5.2 关键技术及分类

针对密文域可逆信息隐藏的技术要求与存在难点，当前的算法种类繁多，根据数据加密与信息嵌入的结合方式，算法主要可分为非密文域嵌入与密文域嵌入两类。下面分别对非密文域嵌入与密文域嵌入两类算法的关键技术、优势及局限性进行论述与分析。

5.2.1 非密文域嵌入算法

非密文域嵌入算法主要是借鉴当前的非密文域的信息隐藏技术，包括差值扩展嵌入[1]、直方图平移技术嵌入[7]以及利用图像压缩技术嵌入等，在加密载体中嵌入数据，并且可以在嵌入操作后有效解密和恢复加密前载体，能够达到了密文域可逆信息隐藏的技术要求。但是由于载体加密后往往会丧失原有的可嵌入特征，上述嵌入方法在密文域中可选择的嵌入特征往往较少，因此该类算法先通过非密文域操作的途径保留或获取可嵌入特征来嵌入信息，而后进行加密。在嵌入与加密操作完成后，根据对携密密文载体解密与信息提取两过程的顺序是否固定，将非密文域嵌入算法分为可分离与不可分离两类。下面分别对这两类非密文域嵌入算法进行说明。

1. 不可分离的非密文域嵌入算法

不可分离的非密文域嵌入算法获取可嵌入的特征的方法，主要通过保留部分加密前载体的特征用于嵌入，而将其他部分用于加密，所用特征通常为载体压缩过程中的属性特征或变换域系数等。

本章参考文献[8]的密文域嵌入技术并不是针对可逆信息隐藏提出的，但是嵌入过程可有效说明不可分离的非密文域嵌入算法的特点，携密密文的解密结果具有对原始图像恢复的可逆性，在后来的研究与文献中被多次引用。该文献进行嵌入与加密的特征来自基于哈尔(Haar)小波基的 n 级小波分解，产生选择可分离的滤波器组，对输入图像进行哈尔变换，产生 LH、HL、HH 三种高频带系数和一个 LL 低频带系数(3 级分解时如图 5 - 4 所示)。其中，低频带是由哈尔变换分解级数决定的最大尺度、最小分辨率下对原始图像的最佳逼近。

以 3 级分解为例说明本章参考文献[8]加密与嵌入的过程如图 5 - 5 所示，在得到 3 级 Haar 变换图像后，进行位平面分离，得到若干层位图(图 5 - 5 中为 8 层)。其中，最低有效位(Last Significant Bit，LSB)层用 Haar 变换后各系数的符号构成的矩阵来替换。选择前若干最高有效位层进行加密(图 5 - 5 中为前 3 层)，剩余位层用于嵌入秘密信息。最后将加密或携密位层进行位平面合成并进行 Haar 逆变换，提取到携密密文图像。而在方案设计中，由于信息提取需要根据明文像素信息，因此需要先解密前若干最高有效位层，根据携密明文图像提取嵌入信息，算法的可逆恢复依赖于明文像素相关性与已知的嵌入信息，根据携密明文图像与提取的秘密信息可进一步恢复原始图像，因此方案信息提取与载体恢复的顺序固定。

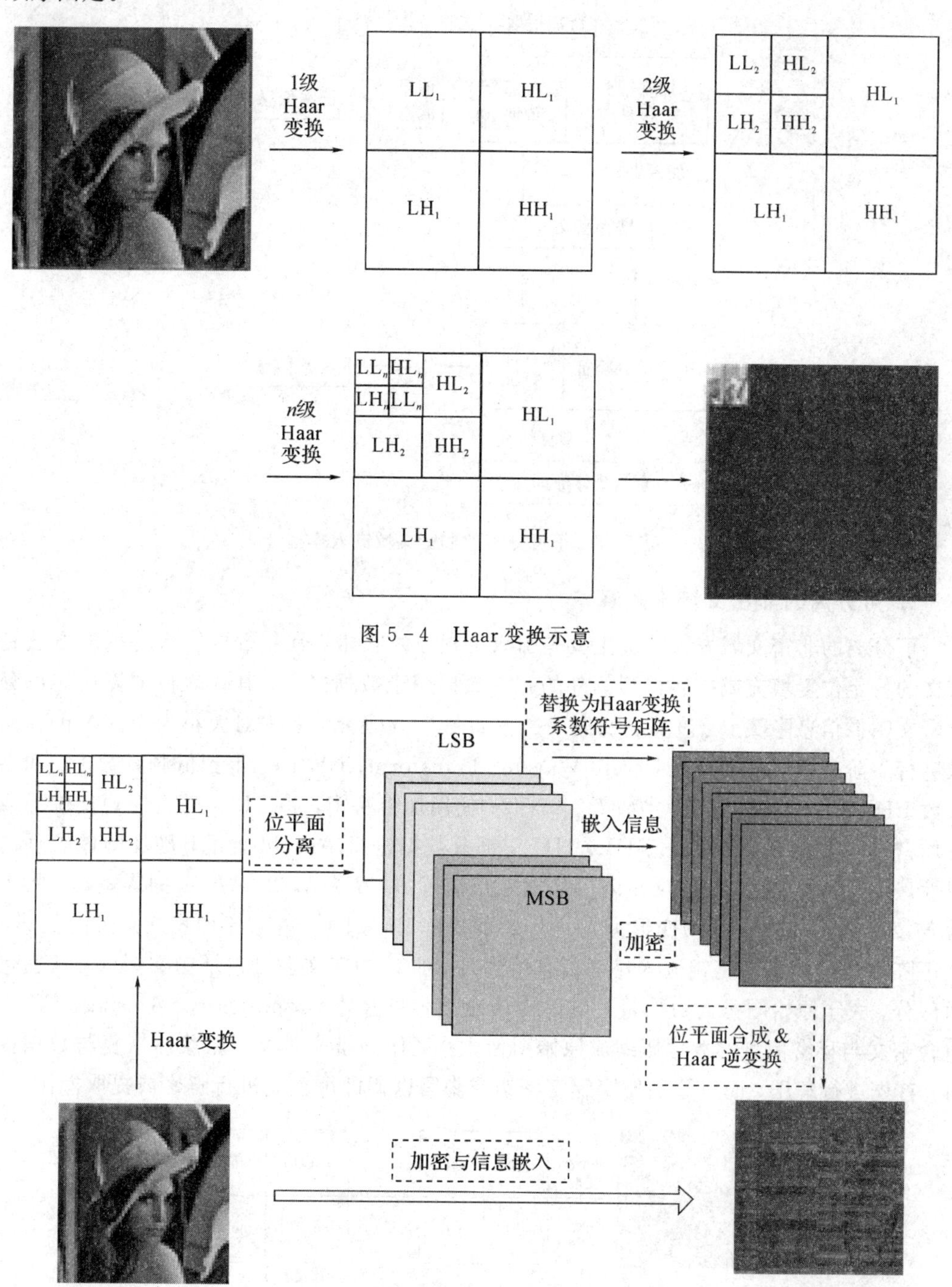

图 5-4　Haar 变换示意

图 5-5　嵌入过程[8]

图 5-6 所示为不可分离的非密文域算法的嵌入模型，可见算法在恢复载体前通常需要先将嵌入位置的信息提取，并恢复负载秘密信息的特征或系数，否则难以实现载体的可逆恢复，因此信息解密与提取过程不可分离。

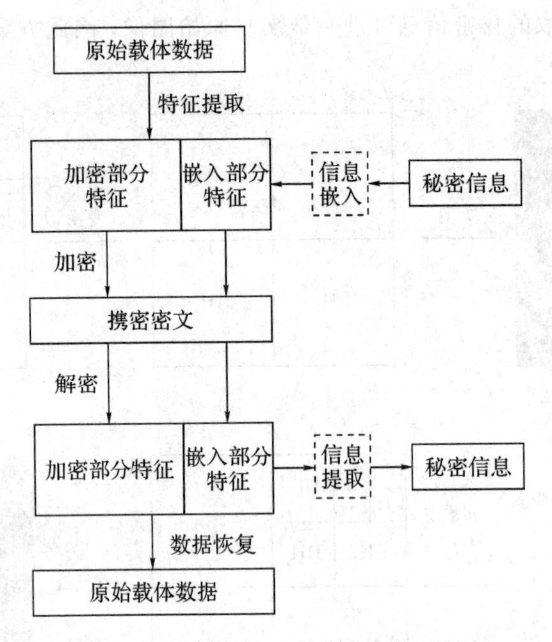

图 5-6　不可分离的非密文域嵌入模型

2. 可分离的非密文域嵌入算法

可分离的非密文域嵌入算法主要是引入无损压缩技术，其获取可嵌入特征的方法是在密文的特定位置填充或扩展得到额外的冗余数据用于数据嵌入，其代表性的算法如可分离的密文图像信息隐藏[9]，该算法的嵌入过程如图 5-7 所示。首先对大小为 $M\times N$ 的原始图像进行 1 阶离散小波变换(Discrete Wavelet Transform，DWT)，得到低频系数 LL 和高频系数 LH、HL、HH，大小均为 $M/2\times N/2$；使用加密密钥，将 LL 与随机序列逐位异或进行加密得到 En(LL)，将 LH、HL、HH 三部分数据进行 Arnold 置乱，破坏图像纹理的可视性，完成图像加密；在密文矩阵中添加冗余矩阵 $\boldsymbol{B}$，$\boldsymbol{B}$ 为 $M/2/\times N/2$ 的零矩阵，将大小为 $M/2/\times N/2$ 的 En(LL)变形为 $M/4\times N$ 的矩阵 En(LL)′，并置于原密文矩阵的顶部，冗余矩阵 $\boldsymbol{B}$ 可使用隐写密钥嵌入秘密信息得到 B'；此时的密文数据包括密文图像与秘密信息两部分，大于原始图像的数据量，最后使用压缩传感技术(Compressive Sensing，CS)，将包含密文与秘密信息的数据压缩成原始图像大小，作为携密密文。而载体恢复与数据提取时，首先进行解压，而后分别使用解密密钥或隐写密钥即可独立进行解密或提取操作。

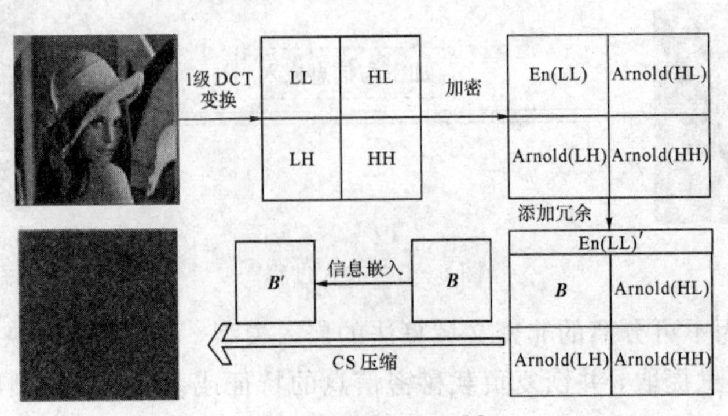

图 5-7　嵌入过程[9]

由图 5-7 可以看出，该算法实现的关键步骤在于 CS 技术将密文与秘密信息压缩成原始载体的大小，而解密与提取过程可分离实现的前提在于压缩过程的可逆性，具体的嵌入方法可采用传统的隐藏技术或简单的秘密信息的填充。其过程可概括为图 5-8 的流程示意图。另外，压缩感知技术同时具有数据压缩和隐私保护功能，是当前图像处理领域的热点技术之一，基于压缩传感图像的可逆信息隐藏算法，为当前密文载体环境下的可逆信息隐藏技术发展提供了新的技术思路。

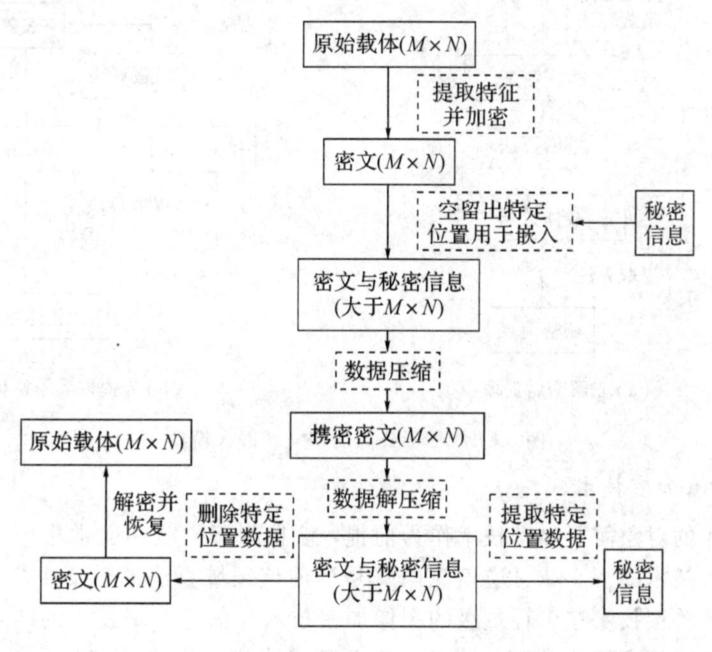

图 5-8　可分离的非密文域嵌入模型

由以上分析可知，非密文域嵌入算法较好地借鉴了传统的嵌入技术，其中可分离算法强调携密密文的解密过程与信息提取过程的可分离，与不可分离算法相比，适用于更多的应用环境。但是这一类算法的可嵌入特征受加密与压缩技术限制较大，嵌入量较小。在安全性方面，不可分离算法中的保留特征会导致密文中含有部分原始信息，如图 5-5 中的携密密文图像的仿真结果带有原始图像的纹理特征，威胁载体内容的保密性；可分离算法中的解压与解密过程会造成秘密信息泄露，影响嵌入信息的安全性。由于大部分非密文域嵌入算法在安全性方面存在一定的不足，因此当前所做的研究更关注于密文域嵌入类的算法。

5.2.2　密文域嵌入算法

密文域嵌入算法中的数据嵌入过程完全在加密域上进行，不会造成原始信息泄露。实现嵌入的关键技术主要有基于图像加密技术、密文域信息处理技术如同态技术与熵编码、密文域压缩等。依据嵌入后携密载体的解密过程与提取过程顺序是否固定，将密文域嵌入算法也分为可分离与不可分离两类，下面分别对这两类算法进行说明。

1. 不可分离的密文域嵌入算法

不可分离的密文域嵌入算法是当前密文域可逆信息隐藏算法的主体，根据算法过程中解密与信息提取的先后顺序，可分为图 5-9 所示的两类模型，不同类型的嵌入方式所基于的技术也不同。

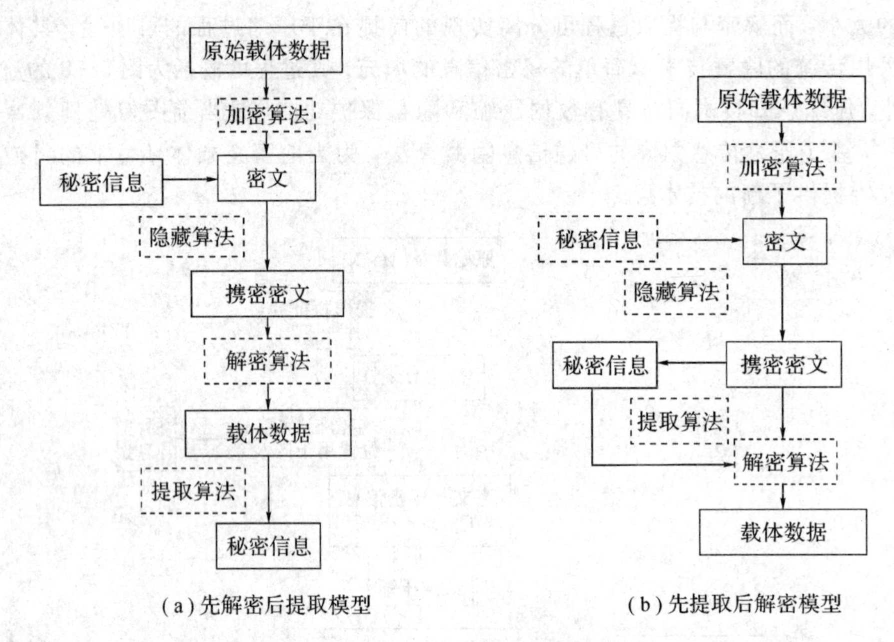

(a) 先解密后提取模型　　(b) 先提取后解密模型

图 5-9　不可分离的密文域嵌入模型

1) 基于图像加密技术

密文域操作的对象需要加密技术作为前提，信息隐藏的载体通常集中于图像载体，因此基于图像加密技术的密文域可逆信息隐藏是当前该领域算法的重要组成。图 5-9(a)所代表类型算法的关键技术在于轻量级的图像加密技术与信息隐藏技术的结合，其中信息的提取与恢复依赖于解密图像的特征分析，因此要求先进行图像的解密，再提取秘密信息。具有代表性的算法有本章参考文献[2]，它首次将图像加密和信息隐藏结合，提出密文图像中的可逆信息隐藏算法，该算法方案过程如图 5-10 所示，它包括 4 个部分：图像加密、数据嵌入、图像解密、秘密信息提取及恢复图像。

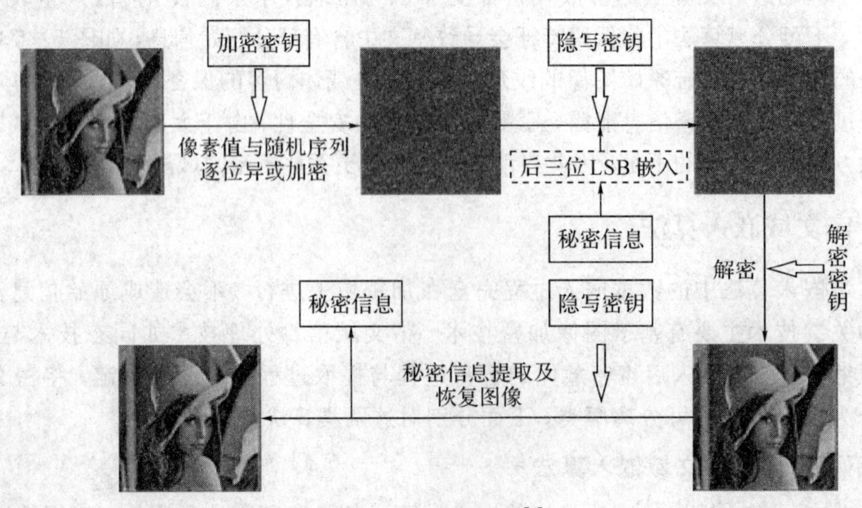

图 5-10　方案过程[2]

下面具体说明并分析图 5-10 所示方案[2]的过程。

在图像加密阶段，原始载体使用无损的 8 位表示的灰度图，其像素值记为 $P_{i,j}$，其中 i、j 表示像素点位置，$p_{i,j}$的取值范围为[0，255]；像素点的位值记为 $b_{i,j,k}$，$k=0$，1，2，…，7($k=0$ 表示像素点的最低有效位)，则 $p_{i,j}$与$b_{i,j,k}$的关系为

$$b_{i,j,k}=\left\lfloor\frac{p_{i,j}}{2^k}\right\rfloor \bmod 2 \tag{5-1}$$

$$p_{i,j}=\sum_{k=0}^{7} b_{i,j,k}\cdot 2^k \tag{5-2}$$

使用加密密钥产生随机二进制序列 R，序列 R 的每一位值记为 $r_{i,j,k}$，将图像像素各位值与随机序列逐位异或进行加密，加密后的位值记为 $B_{i,j,k}$，

$$B_{i,j,k}=b_{i,j,k}\oplus r_{i,j,k} \tag{5-3}$$

在数据嵌入阶段，先将密文图像分成若干大小相同、不重叠的块，块中像素根据隐写密钥随机均分为 S_0 与 S_1 集合，通过翻转块内特定集合中全部像素的后三个 LSB 位来嵌入信息。嵌入后密文图像像素的位值记为 $B'_{i,j,k}$，当嵌入信息为 1 时，有

$$B'_{i,j,k}=\overline{B'_{i,j,k}},\ P_{i,j}\in S_1,\ k=0,1,2 \tag{5-4}$$

当嵌入信息为 0 时，有

$$B'_{i,j,k}=B_{i,j,k},\ P_{i,j}\in S_0,\ k=0,1,2 \tag{5-5}$$

在解密与数据恢复阶段，将解密得到的后三个 LSB 位值记为 $b'_{i,j,k}$，翻转操作在以比特位异或为基础的加密机制上具有同态效应，故在图像解密之后，翻转操作的影响被保留。

$$b'_{i,j,k}=r_{i,j,k}\oplus B'_{i,j,k}=r_{i,j,k}\oplus\overline{B_{i,j,k}}=r_{i,j,k}\oplus\overline{b_{i,j,k}\oplus r_{i,j,k}}=\overline{b_{i,j,k}} \tag{5-6}$$

此时根据自然图像的像素相关性，对解密后的图像通过构造某种失真函数或波动函数来测量这种翻转操作是否存在。如果图像某一块很不平滑，而在翻转了块内的特定集合 S_i 中像素的后三个 LSB 位之后变得平滑，说明块中嵌入了信息 i (0 或 1)，而翻转操作即可完成图像的可逆恢复。

本章参考文献[2]的方法操作简单且满足一定的可逆性要求，但是加密算法采用像素点位值逐位异或，对于当前图像加密技术来说，加密方式比较简单，同时嵌入量受图像恢复质量与分块大小限制，可逆效果与失真函数的精确性有关。根据其不同位产生错误的影响，可以推得其可逆恢复过程的平均错误值 E_A 为

$$E_A=\frac{1}{8}\sum_{u=0}^{7}[u-(7-u)]^2 \tag{5-7}$$

其可逆恢复的峰值信噪比 PSNR 的理论值为

$$\mathrm{PSNR}=10\cdot\lg\frac{255^2}{E_A/2}=37.9\ \mathrm{dB} \tag{5-8}$$

式(5-8)表明恢复数据中存在失真，只是将失真的程度控制在人眼视觉不可分辨的范围内，而且算法中信息提取是基于自然图像的像素相关性，因此信息提取前需要先进行图像解密，两过程不可交换。之后本章参考文献[10]通过改进失真函数提升了这种方案的可逆性能。

2) 基于编码技术

为了能够进一步保证载体恢复的可逆性，有效提高嵌入容量，编码技术被引入可逆算法，基于编码过程的可逆性，该类算法的数据恢复过程失真很小，但是对密文码字编码来

实现嵌入后，为保证译码的可逆性，需要嵌入后码字的译码过程顺序固定，因此在数据解密前必须先进行信息提取，不可分离。该类算法的基本模型如图 5-9(b)所示，编码技术在信息隐藏技术中的应用较为广泛，如湿纸编码、动态运行编码和方向编码等。本章参考文献[11]将低密度奇偶校验码(Low Density Parity Check，LDPC)编码技术引入密文域可逆信息隐藏，将载荷提升到 0.1 bpp；而本章参考文献[12]提出利用熵编码实现密文域可逆嵌入，能够完全保证其可逆性。

本章参考文献[12]基于 GRC's (Golomb - Rice Codewords)熵编码提出了不依赖于加密方式的通用密文域信号的可逆嵌入，载体能够被完全可逆恢复，并且单位比特密文最大可实现嵌入 0.169 比特信息，其具体嵌入过程如图 5-11 所示。

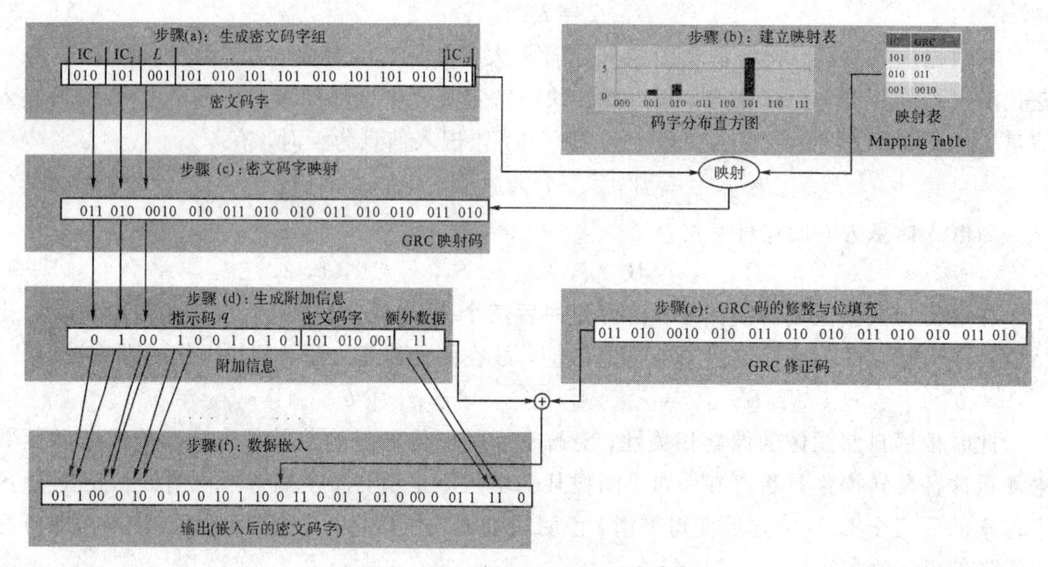

图 5-11 算法嵌入过程示例[12]

在图 5-11 中，编码的对象是加密数据的 01 码字，如步骤(a)中密文图像的码字组 IC，每个码字 IC_i 的长度 L 为 3；然后根据不同图像码字 IC_i 的频率建立映射表 Mapping Table，并将 IC_i 替换为 GRC 映射码如步骤(b)、(c)所示；通过对得到的 GRC 码进行修整与位填充，得到含有编码冗余的 GRC 修整码如步骤(e)所示；最后将附加信息嵌入步骤(e)得到的 GRC 修整码中的特定位置如步骤(f)所示，其中附加信息如步骤(d)所示，主要包括三部分信息：每个 GRC 码的指示码 q 组成的指示码序列、原始密文图像码字和额外信息。附加信息的前两部分都用于后期密文码字的可逆恢复，而额外信息可以负载秘密信息。通过对图 5-11 中按步骤(f)至(a)依次操作，可有效实现嵌入信息的提取并进一步完全恢复原始密文。但是根据上面的说明也可以知道，该类算法的可逆性完全依赖其嵌入过程的编码可逆性，解密之前需要先进行信息提取，其先后顺序要求固定，因此不能实现可分离。

2. 可分离的密文域嵌入算法

1) 基于同态加密技术

同态加密技术对于密文域信号处理技术的发展意义重大，其特点是允许在加密域直接对密文数据进行操作（如加或乘运算），而不需要解密原始数据，操作过程不会泄露任何明文信息。在操作之后，将数据解密，得到的结果等同于直接在明文数据上进行相同操作后的结果。当前加密技术在隐私保护过程中被普遍使用，同态加密技术保证了加密域数据与明文域信息的同态变换，能够直接在密文域实现对密文的管理。同态加密根据其满足同态运算的类型与可执行次数，主要可分为全同态、类同态与单同态加密，其中全同态算法可同态执行任意次数的加/乘运算，类同态算法可同态执行有限次数的加/乘运算，单同态算法只满足加或乘同态运算。当前同态技术的研究重点在于设计全同态与类同态算法，这是因为单同态算法如加同态只能用于构造对称密码，其应用场景较少。可逆信息隐藏算法中的重要一类是利用同态加密技术进行数据嵌入，同态加密技术的引入为信息隐藏技术与加密技术的深度结合提供了重要的技术支持与理论保证。

本章参考文献[4]的算法模型如图 5-12 所示，其中携密密文的生成主要包括嵌入、加

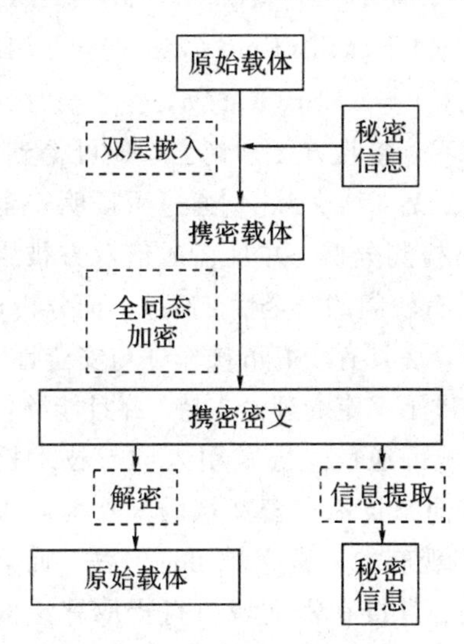

图 5-12　可分离密文域嵌入模型[4]

密两个过程。其中嵌入过程是在明文图像中进行，采用 STC (Syndrome Trellis codes)编码方法在各像素的 LSB 层进行标记湿纸信道；然后使用本章参考文献[13]中的算法，在各像素的次 LSB 层的湿纸信道上完成信息的嵌入。接收方对载密图像的 LSB 序列和次 LSB 序列分别执行 STC 译码算法和湿纸码的译码算法即可提取消息。上述嵌入方法避开了容易受统计检测攻击的载体图像敏感区域。本章参考文献[4]的主要创新点在于，信息嵌入后设计了一种修正的全同态算法对载密数据进行加密，能够有效保证同态性及密文域上的信号处理。

同态加密的主要环节包括以下几部分：

(1) 密钥生成算法 KeyGen(λ)：用于生成加密密钥 p。其中 $p \leftarrow [2^{\lambda-1}, 2^{\lambda})$，且 p 为奇数。

(2) 加密算法 Enc(p, x)：记明文 $X=\{x_i | x_i \in [0, 2^h]\}$，密文 $Y=\{y_i\}$，取 $\omega_i = pq_i + 2^k r_i$，($i=0, 1, \cdots, n$)，$q_i$、$r_i$ 是随机数，$r_i \approx 2^{\sqrt{\lambda}}$，$q_i \approx 2^{\lambda^3}$，公开 q_0、r_0，$q_i = 2^{\tau} \lfloor q_i / 2^{\tau} \rfloor$，($i=0, 1, \cdots, n$)，其中 k 取 8，τ 为安全参数，可取几十到几百比特。则

$$\mathrm{Enc}(p_i, x_i) = (\omega_i + x_i) \bmod \omega_0 = (pq_i + 2^k r_i + x_i) \bmod (pq_0 + 2^k r_0) = y_i$$

(3) 解密算法 Dec(p,Y)：$x_i (y_i \bmod p) \bmod 2^k$。

对模加运算有

$$\mathrm{Enc}(x_i)+\mathrm{Enc}(x_j)=(p(q_i+q_j)+2^k(r_i+r_j)+(x_i+x_j))\bmod(pq_0+2^k r_0)$$

则

$$\mathrm{Dec}(p,\mathrm{Enc}(x_i)+\mathrm{Enc}(x_j))=\mathrm{Dec}(p,\mathrm{Enc}(p,x_i+x_j))$$

对模乘运算有

$$\mathrm{Enc}(x_i)\cdot\mathrm{Enc}(x_j)=(p\cdot f_p(q_i,q_j,r_i,r_j,x_i,x_j)+2^k f_r(q_i,q_j,r_i,r_j,x_i,x_j)+(x_i\cdot x_j))\bmod(pq_0+2^k r_0)$$

则

$$\mathrm{Dec}(p,\mathrm{Enc}(x_i)\cdot\mathrm{Enc}(x_j))=\mathrm{Dec}(p,\mathrm{Enc}(p,x_i\cdot x_j))$$

(4) 密文域信息提取：记 $\mathrm{LSB}(x)=x\&0x00\cdots01$，$2\mathrm{LSB}(x)=x\&0x00\cdots02$，则

$$\mathrm{LSB}(y_i)=\mathrm{LSB}(\mathrm{Enc}(p,x_i))=\mathrm{LSB}(x_i) \tag{5-9}$$

$$2\mathrm{LSB}(y_i)=2\mathrm{LSB}(\mathrm{Enc}(p,x_i))=2\mathrm{LSB}(x_i) \tag{5-10}$$

式(5-9)和式(5-10)表明，接收方无须解密，即可得到密文数据的 LSB 层和次 LSB 层，然后从中提取秘密信息。最后，该文献[4]通过可证明安全理论推导说明了算法在密文域和明文域均能有效抵抗隐写检测分析，并且在通信双方被强制要求解密、加密密钥泄漏和密钥未泄露三种情形下都具有较高的安全性。通过上面分析可知类似[4]使用全同态技术在密文域进行数据嵌入与提取的算法具有较好可操作性与安全性，同态技术的发展也给相关密文域信息隐藏的发展与实现提供了一定的理论支持，并且能够较好地实现了算法的可分离。

本章参考文献[4]为密文域可逆信息隐藏引入同态技术提供了可参考的技术框架，框架流程如图 5-13 所示。由于同态技术在密文域的操作能够保持对明文域的同态操作，因此明文的嵌入算法可直接使用现有的非密文域可逆算法，而后用全同态技术加密。对于携密密文，可分离性具体表现为：直接在密文域执行提取算法的同态操作，可在不解密明文载体的情况下得到秘密信息；对携密密文进行解密得到携密明文，此时在明文域分别进行信息提取或可逆恢复，即可得到秘密信息或原始明文。

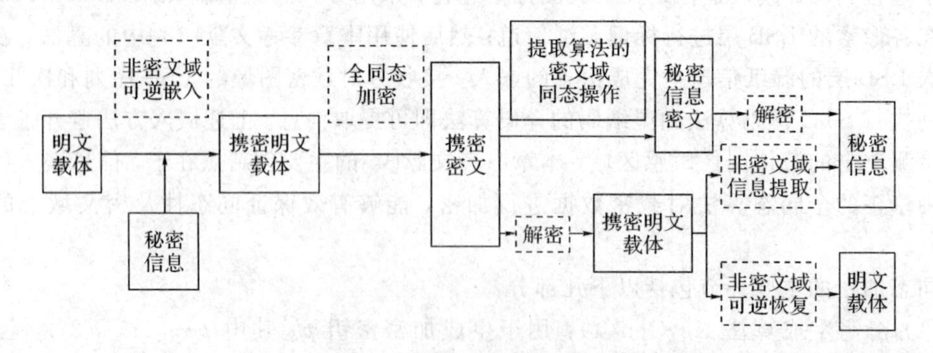

图 5-13　基于(全)同态加密的可分离密文域嵌入

使用同态技术实现的密文域可逆信息隐藏算法还包括本章参考文献[14]和[15]，均具有较大的嵌入容量及较好的图像质量。其中，文献[14]首先将明文像素值分成 LSB 位与余下的整数，加密后分别发送给信息隐藏者，因此传输的数据量为原加密图像的两倍。在嵌入信息过程中，它主要是利用同态特性改变相邻 LSB 的相对大小。由于在密文域同态加密后的数据无法判断对应明文的大小，因此提取信息前必须解密图像。在文献[15]中，首先提出了一种基于同态加密的可逆算法，其过程如图 5-14 所示。先对明文像素值用直方图

平移的方式进行收缩约束；然后在同态加密前后通过两次信息嵌入，确保信息在嵌入后的密文中或直接解密图像中都可以提取，其中湿纸编码[13]嵌入可确保信息可直接在密文域提取，而直方图平移嵌入可确保信息可在解密图像进行提取。该算法的数据量在嵌入前后保持不变，但是在湿纸编码嵌入时，需要求解 k 个变量的线性方程，计算复杂度为 $O(k^3)$，运算成本较大；同时由于 Paillier 同态加密算法[16]加密时引入的随机因子在解密过程中会约去，因此任意替换随机因子不影响解密结果。基于文献[15]还提出一种无损嵌入方法，该方法将加密时的原随机因子调整为携带秘密信息的随机因子而不影响解密正确性。

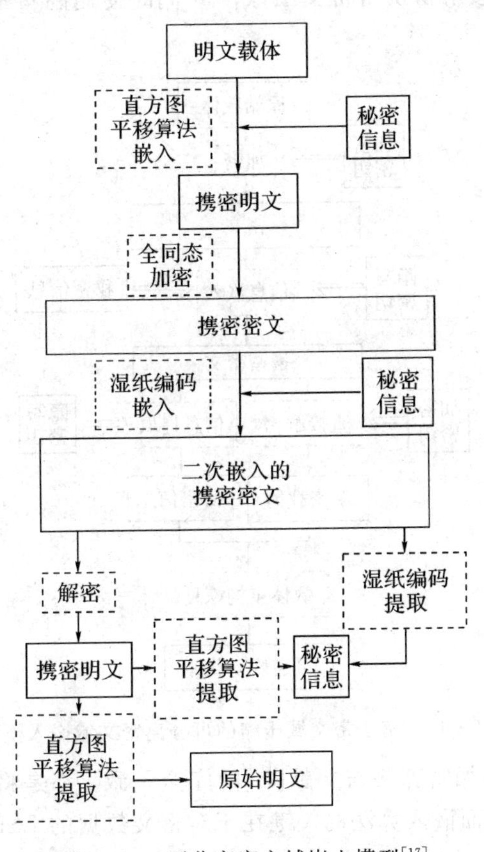

图 5－14　可分离密文域嵌入模型[17]

为了降低本章参考文献[15]中算法的运算成本，提高加密与嵌入效率，文献[17]针对其中的可逆算法进行了改进，首先将目标像素嵌入到载体图像中，加密后利用由额外信息组成的伪像素替换载体中的目标像素实现信息嵌入；提取信息时，可根据嵌入密钥与伪像素值在密文域的映射表求出伪像素的可能值，通过对比来确定嵌入信息。该算法中密文数据量相对较低，计算复杂度为 $O(k)$。

与其他密码体制相比，当前大部分全同态或类密码系统会使加密数据量产生明显扩张以及运算复杂度的急剧增高，因此基于全同态加密的可逆信息隐藏方案的计算复杂度普遍较大而嵌入率较低，这也是未来此类算法需要解决的主要问题。而单同态加密算法的密文扩展较小，基于单同态技术的可逆信息隐藏算法如本章参考文献[18]，主要引入了加性同态加密技术，有效实现了提取、解密过程的可分离，运行效率较高。

2）基于密文域压缩技术

同态算法，尤其是全同态加密技术较大的计算复杂度与密文扩展影响了可分离的密文域嵌入算法的效率，可分离算法可以通过引入密文压缩技术有效提高嵌入效率，本章参考文献[19]是利用密文压缩技术实现可分离的代表算法。

该文献[19]的算法模型如图 5 - 15 所示，提出用矩阵运算的方法把加密的图像的 LSB 进行压缩来腾出空间隐藏信息，在接收方分三种情况：① 使用隐写密钥可以提取数据；② 使用解密密钥可以直接解密携密密文图像；③ 同时使用隐写密钥与解密密钥可基本实现载体的完全恢复。

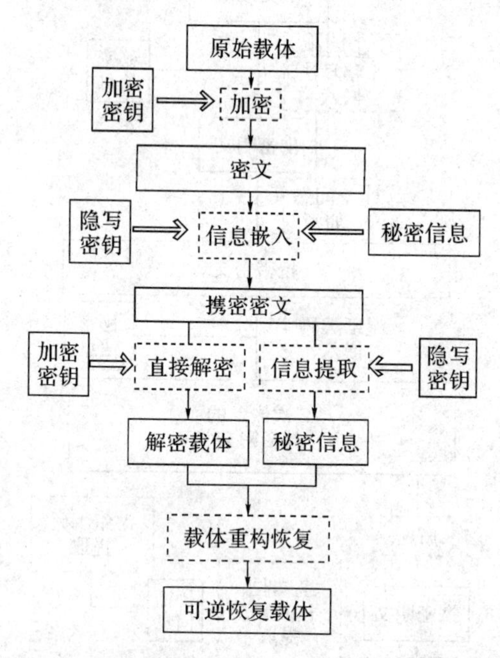

图 5 - 15　基于密文域压缩的可分离密文域嵌入模型

本章参考文献[19]的加密算法与文献[2]的完全一致，都是将像素值各比特位与随机二值序列进行逐位异或。而嵌入算法的关键在于对密文数据的 LSB 进行矩阵运算压缩，压缩过程概括说明如下：

在预处理阶段，保留 N_P 个原始图片的像素点并在之后的操作中保持其位置不变，将这 N_P 个像素点的位置作为隐写密钥，而将其余像素点加密。

对于密文图像，选择最低有效位 LSB 进行矩阵运算：首先将加密后的像素的 LSB 分为 $M\times L$ 大小的块，每个块都是 01 二值矩阵。构造变换矩阵 $\boldsymbol{G}$ 为

$$\boldsymbol{G}=\{\boldsymbol{I}_{M\times L-S}\boldsymbol{Q}\} \tag{5-11}$$

其中，$\boldsymbol{G}$ 可分为两个矩阵，左边部分 $\boldsymbol{I}_{M\times L-S}$ 是大小为 $(M\times L-S)\times(M\times L-S)$ 的单位矩阵；右边部分 $\boldsymbol{Q}$ 是大小为 $(M\times L-S)\times S$ 的随机二进制矩阵。S 是正整数，可表示压缩的力度。预留的 N_P 个像素点的 LSB 位此时可携带两部分信息：一是秘密信息，二是 M、L、S 的值。

将每个加密像素的 LSB 块中的数值排成一维向量，向量长度为 $M\times L$，依次记为 $B(k, i)$，$i=1, 2, \cdots, M\times L$，其中 k 用于标记所在的 LSB 块。矩阵运算后的矢量长度为 $M\times L-S$，各元素依次记为 $B'(k, i)$，$i=1, 2, \cdots, M\times L-S$，则

$$\begin{Bmatrix} B'(k,1) \\ B'(k,2) \\ \cdots \\ B'(k,ML-S) \end{Bmatrix} = \boldsymbol{G} \cdot \begin{Bmatrix} B(k,1) \\ B(k,2) \\ \cdots \\ B(k,ML) \end{Bmatrix} \tag{5-12}$$

由式(5-12)可知，矩阵运算后的 LSB 值被压缩，每个原始密文像素的 LSB 块会空留出 S 个位置用于嵌入恢复信息，恢复信息主要是指预留的 N_P 个像素点的修改情况，用于恢复该 N_P 个像素点。

在接收方，如果只知道隐写密钥，可以根据密钥在嵌入后密文图像的对应 N_P 个位置中提取像素的 LSB，即为秘密信息；如果只知道解密密钥，可直接对嵌入后图像进行解密操作，由于嵌入与压缩变换只是修改了像素的 LSB，解密图像的失真一般人眼不能区分；如果同时知道隐写密钥与解密密钥，先进行直接解密，然后将携带秘密信息的 N_P 个像素点利用压缩后保存的信息进行恢复，而由于矩阵运算的不可逆，整个图像的恢复主要基于图像像素间的相关性，通过构造失真函数来实现。

图 5-16 为本章参考文献[19]的实验结果，其直接解密得到的图像(如图(d)所示)与原始图像 Lena(图(a)所示)的峰值信噪比(Peak Signal-Noise Ratio，PSNR)值为 39.0 dB，达到了人眼不可区分的程度。该文献[19]的方案是完全在加密域上执行的，而且是可分离的，目前能满足这两点的方案非常少，但是该方案的图像恢复和信息提取还是完全建立在图像像素相关性这一统计特征上的，所以恢复图像尤其是直接解密得到的图像存在失真。

(a) 原始图像

(b) 加密后图像

(c) 嵌入后图像

(d) 直接解密得到图像

图 5-16　仿真结果[19]

3) 基于格密码算法

基于格密码的算法主要是有效利用了格密码算法的特点，通过对加密过程产生的数据冗余的再编码进行信息隐藏。当前格密码算法基于的困难问题主要以错误学习(Learning with Error，LWE)问题为主。而 LWE 算法具有以下三方面特点，可有效用于实现密文域可逆信息隐藏：一是可靠的理论安全性，已知求解 LWE 问题的算法都运行在指数时间内，能够抵抗量子攻击；二是格空间是一种线性结构，LWE 算法中的运算基本是线性运算，加密速度比目前广泛使用的基于大整数分解难题和离散对数难题的公钥密码高出很多，适用于数据量极大的多媒体环境与云环境下的数据加密；三是 LWE 算法加密后的数据携带大量的信息冗余，这些冗余对于没有私钥的攻击者来说不包含任何有用信息，但是对于拥有私钥的用户来说该部分冗余是可控的。由此，本章参考文献[20]提出了基于 LWE 算法加密过程的可逆信息隐藏，首先是在加密明文序列的过程中，通过对加密冗余的再量化嵌入秘密信息，其加密嵌入过程可概括说明如下：

(1) 密钥生成。

私钥 SK：随机选取均匀分布的矩阵 $\boldsymbol{S}\in\mathbb{Z}_q^{n\times l}$，解密密钥($\boldsymbol{S}$，$\mathbf{ra}_1$)，隐写密钥($\boldsymbol{S}$，$\mathbf{ra}_2$)；

公钥 PK：随机选取均匀分布的矩阵 $\boldsymbol{A}\in\mathbb{Z}_q^{n\times m}$，同时选择波动范围较小的噪声矩阵 $\boldsymbol{E}\in\mathbb{Z}_q^{m\times l}$，公钥为($\boldsymbol{A}$，$\boldsymbol{P}=\boldsymbol{A}^{\mathrm{T}}\boldsymbol{S}+\boldsymbol{E}$)$=\mathbb{Z}_q^{n\times m}\times\mathbb{Z}_q^{m\times l}$。

(2) 加密。随机生成向量 $\boldsymbol{a}\in\{0,1\}^m$，密文为($\boldsymbol{u}=\boldsymbol{A}\boldsymbol{a}$，$\boldsymbol{c}=\boldsymbol{P}^{\mathrm{T}}\boldsymbol{a}+\boldsymbol{m}\lfloor q/2\rfloor$)$\in\mathbb{Z}_q^n\times\mathbb{Z}_q^l$。

(3) 信息嵌入。计算 $\mathbf{ms}=\boldsymbol{c}-\boldsymbol{S}^{\mathrm{T}}\boldsymbol{u}$，设 $\mathbf{ms}=(\mathrm{ms}_1,\mathrm{ms}_2,\cdots,\mathrm{ms}_l)^{\mathrm{T}}$，携密密文为($\boldsymbol{u}$，$\mathbf{cs}$)，$\mathbf{cs}=(\mathrm{cs}_1,\mathrm{cs}_2,\cdots,\mathrm{cs}_l)^{\mathrm{T}}$。

$$\mathbf{cs}_i=c_i+\beta_i\cdot\mathbf{sm}_i\cdot\left\lfloor\frac{q}{8}\right\rfloor \tag{5-13}$$

其中，$\beta_i\in(1,-1)$决定密文修改的正负：

$$\beta_i=\begin{cases}1,\ \mathbf{ms}_i\in\left(0,\dfrac{q}{8}\right)\cup\left(\dfrac{q}{2},\dfrac{3q}{8}\right)\\-1,\ \mathbf{ms}_i\in\left(\dfrac{3q}{8},\dfrac{q}{2}\right)\cup\left(\dfrac{7q}{8},q\right)\end{cases} \tag{5-14}$$

在得到携密密文之后，通过在数据提取与解密的过程中引入不同的量化标准实现了两过程的可分离。具体过程如下：

(1) 解密。使用解密密钥($\boldsymbol{S}$，$\mathbf{ra}_1$)，对于密文($\boldsymbol{u}$，$\mathbf{cs}$)，计算 $\mathbf{ms}'=\mathbf{cs}-\boldsymbol{S}^{\mathrm{T}}\boldsymbol{u}$，设 $\mathbf{ms}'=(\mathrm{ms}_1',\mathrm{ms}_2',\cdots,\mathrm{ms}_l')^{\mathrm{T}}$。解密结果记为 $\boldsymbol{m}'=(m_1',m_2',\cdots,m_l')^{\mathrm{T}}$，则

$$\boldsymbol{m}_i'=\begin{cases}0,\quad \mathrm{ms}_i'\in\left(0,\dfrac{q}{4}\right)\cup\left(\dfrac{3q}{4},q\right)\\1,\quad \mathrm{ms}_i'\in\left(\dfrac{q}{4},\dfrac{3q}{4}\right)\end{cases} \tag{5-15}$$

(2) 信息提取。使用隐写密钥($\boldsymbol{S}$，$\mathbf{ra}_2$)，对于密文($\boldsymbol{u}$，$\mathbf{cs}$)，计算 $\mathbf{ms}'=\mathbf{cs}-\boldsymbol{S}^{\mathrm{T}}\boldsymbol{u}$，提取的秘密信息记为 $\mathbf{sm}'=(\mathrm{sm}_1',\mathrm{sm}_2',\cdots,\mathrm{sm}_l')^{\mathrm{T}}$，则

$$\mathrm{sm}_i'=\begin{cases}0,\quad \mathrm{ms}_i'\in\left(0,\dfrac{q}{8}\right)\cup\left(\dfrac{3q}{8},\dfrac{5q}{8}\right)\cup\left(\dfrac{7q}{8},q\right)\\1,\quad \mathrm{ms}_i'\in\left(\dfrac{q}{8},\dfrac{3q}{8}\right)\cup\left(\dfrac{5q}{8},\dfrac{7q}{8}\right)\end{cases} \tag{5-16}$$

最后，该文献[20]根据理论分析与实验结果说明了载体恢复能够达到完全可逆，其算法仿真结果如图 5-17 所示。实验使用 Lena 为原始图像，加密过程中为直观说明实验结果，采用对原始图像的前 7200 Byte 数据(如图(a)所示)进行加密并嵌入秘密信息。但是该算法加密后会产生密文扩展，尤其当密钥长度较大时，密文扩展较大，嵌入效率较低。

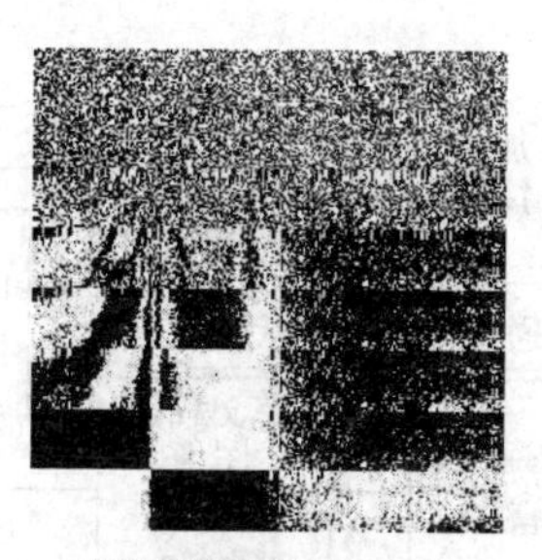

(a) 原始图像的前7200 Byte 像素的位分离图

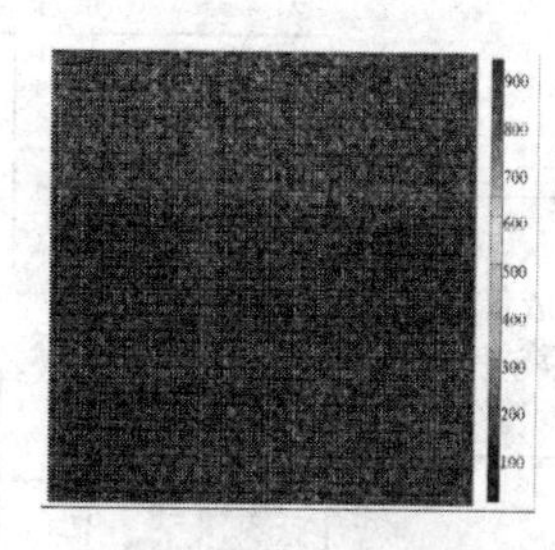

(b) 嵌入前的密文数据

(c) 嵌入后的密文数据

(d) 恢复的载体图像

图 5-17　算法仿真结果[20]

综上所述，密文域嵌入算法能够较好保持加密算法的安全性，与非密文域嵌入算法相比也更有研究价值。但是此类算法中密文嵌入率与载体恢复的可逆性往往相互制约。为了提高嵌入效率，算法设计中较多采用简易的图像加密或序列密码算法[2]，使用传统的 LSB 算法嵌入信息，载体恢复依赖于构造失真函数，但是会造成载体恢复存在一定的失真；为了保证可逆性，其嵌入过程引入无损压缩技术与可逆的编码技术[12]；同态技术[4]与密文压缩技术[19]的应用有效实现了可分离的目标，但是依然存在计算复杂度过大或一定条件下失真过大的问题。另外，本章参考文献[15]、[20]主要是通过对一些特定算法加密过程中冗余的利用，来实现密文域可逆信息隐藏，因此需要对加密算法过程进行详细分析，对加密各环节的参数进行一定的控制来实现密文冗余的可控与额外信息嵌入。由于嵌入过程需要对密文数据进行修改，因此其中的算法[20]对嵌入过程的安全性进行说明。该文献[15]、[20]中的算法对携密密文的解密正确率能够基本达到对原始密文解密的正确性，可逆效果相对较好，但是该算法随着密钥长度增大，密文扩展增长较快，如何有效利用这些冗余扩展值还需要进一步研究。其他实现可分离的方法还包括差值预测技术等，如本章参考文献[21]虽然实现了解密与提取过程的可分离，而且在已知隐写密钥时可达到无损恢复图像载体，但是其加密没有破坏图像的纹理结构，对载体图像隐私保护的效果有待进一步加强。

5.3　三维集成成像密文域可逆信息隐藏技术

根据密文域可逆信息隐藏原理，提出一种基于密文域的三维集成成像信息隐藏系统，其原理示意图如图 5-18 所示。其主要流程类似密文域可逆信息隐藏原理，这里需要注意的是，载体图像和秘密图像是彩色图像时，需要进行 RGB 三通道分离，迭代完成图像加密。嵌入和提取算法，使用离散菲涅尔衍射(DFD，Discrete Fresnel Diffraction)变换来实现。

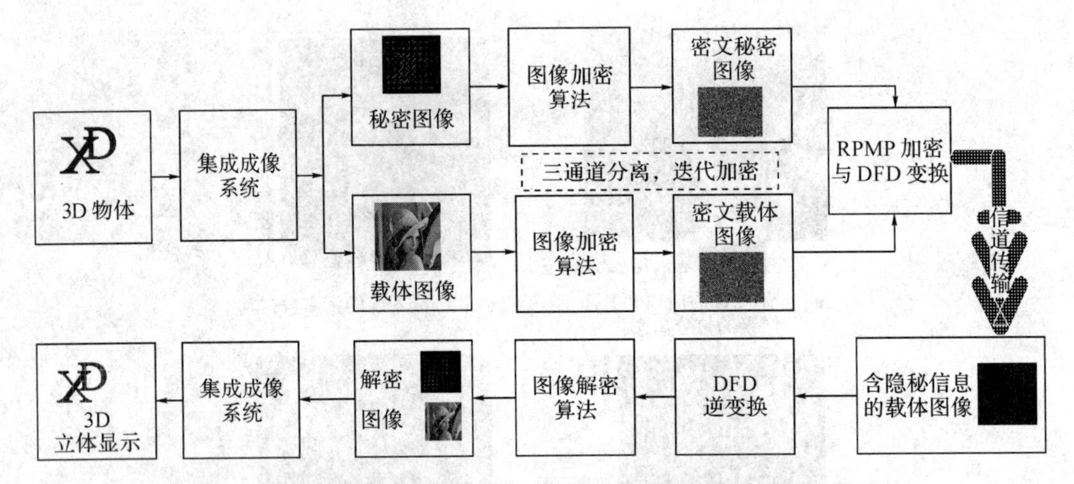

图 5-18　基于密文域的三维集成成像信息隐藏系统的原理示意图

集成成像技术是一种用微透镜阵列来记录和显示全真的三维场景的裸眼立体显示技术。集成成像系统主要包含感知记录和重构显示两个过程。每个微透镜对应的微单元图像在本质上是一个特定方向上的三维场景的缩微投影图和强度信息分布图[22]。

根据傅里叶光学理论和衍射理论可知，描述数字空间的离散菲涅尔衍射过程的表达式为

$$\mathrm{DFD}[A, B, m, n; z_{AB}, \lambda] = \gamma \cdot \exp\left[\mathrm{j}\frac{\pi}{\lambda z_{AB}}(m^2\Delta\xi^2 + n^2\Delta\eta^2)\right] \times \sum_{k=0}^{N-1}\sum_{l=0}^{N-1} U_A(k, l)\exp\left[\mathrm{j}\frac{\pi}{\lambda z_{AB}}(k^2\Delta x_0^2 + l^2\Delta y_0{}^2)\right] \times \exp\left[-\mathrm{j}2\pi\left(\frac{km}{N}+\frac{ln}{N}\right)\right] \tag{5-17}$$

其中，空间传播方向上两个不同位置的平面表示为 A 和 B，两平面间距记为 z_{AB}；$U_A(k, l)$ 表示平面 A 的光场强度；m 和 n 表示两个相邻正交的像素采样数；Δx_0 和 Δy_0 表示空域的采样间隔；λ 表示入射光波长；ξ 和 η 表示菲涅尔变换域的两个变量；$\Delta\xi$ 和 $\Delta\eta$ 表示变换域的采样间隔；γ 是一个复常数，其计算表达式为

$$\gamma = \frac{\exp[\mathrm{j}2\pi z_{AB}/\lambda]}{\mathrm{j}\lambda z_{AB}} \tag{5-18}$$

本书所设计的密文域三维集成成像可逆信息隐藏系统，其原理示意图如图 5-19 所示。它分为两个子系统：发送端的三维成像记录(Pickup)、加密与嵌入子系统和接收端的三维解密、提取与显示子系统。我们知道，密文域可逆信息隐藏的处理要分为两个阶段，上述两个子系统的设计，恰恰吻合了这两个阶段的划分，以及可逆信息隐藏的通信模型。

三维成像记录、加密与嵌入子系统如图 5-19(a)所示，它由微透镜阵列、分光器(Light Splitter)、空间光调制器、成像透镜、特种电荷耦合器件(Charge Coupled Device, CCD)照相机等组成。其中，空间光调制器的功能借助计算机辅助完成，主要进行光学图像加密和随机相位掩模板(Random Phase Mask Plate, RPMP)加密。特种 CCD 照相机是指一种能够记录强度信息和相位信息的照相机。g 表示微透镜阵列到微单元图像平面的距离，D 表示微单元图像的尺寸，ϕ 表示针孔间距。成像透镜 ρ 的焦距为 f，其透过率频谱函数为 $T(s, t; f)$，s 和 t 表示两个相邻正交的像素采样数。根据集成成像系统的工作条件要求，

对三维物体进行记录成像，生成微单元图像阵列(Elemental Image Array，EIA)。

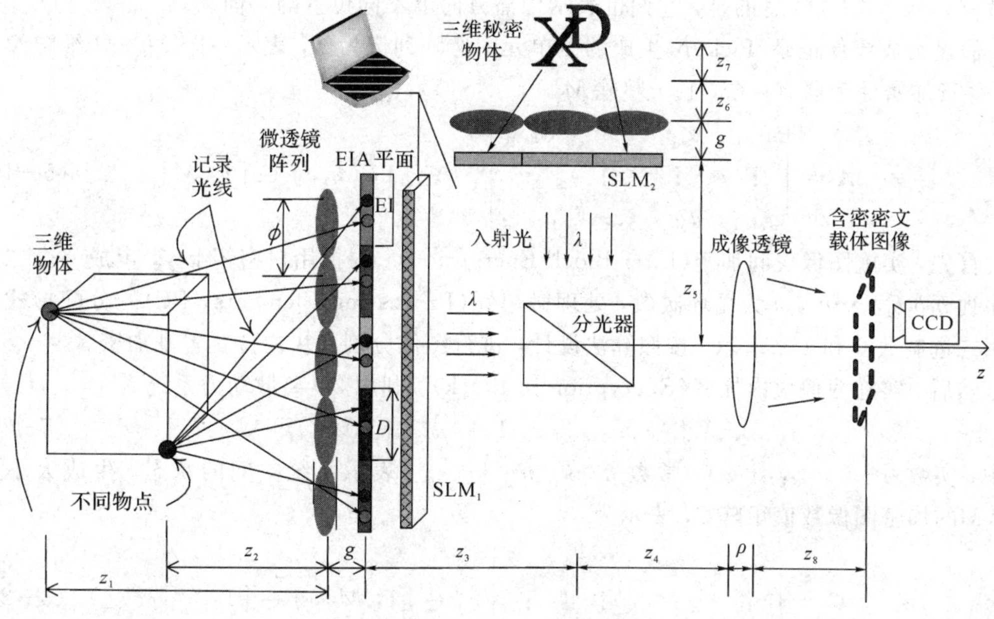

(a) 三维成像记录、加密与嵌入子系统

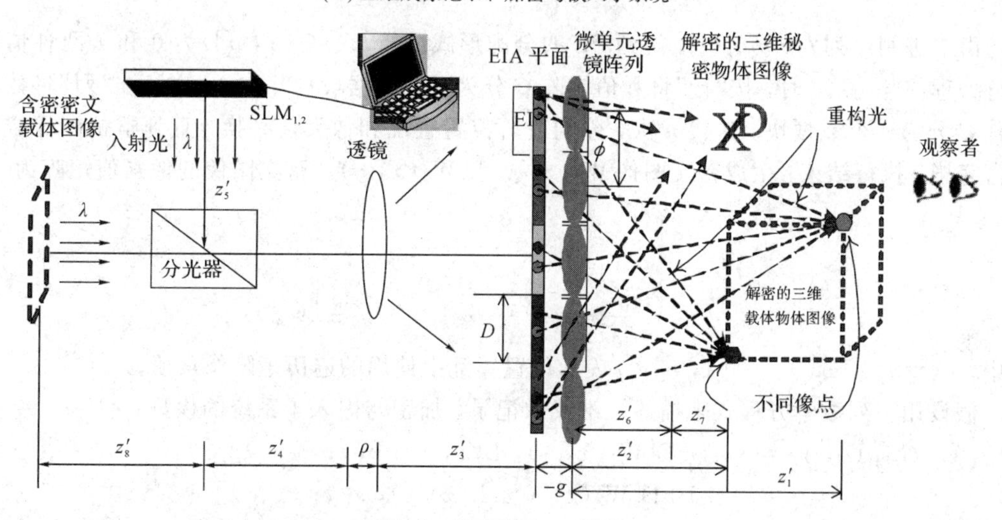

(b) 三维解密、提取与显示子系统

图 5－19　密文域三维集成成像可逆信息隐藏系统的原理示意图

针对采集到的 EIA 图像，进行离散 2D－Logistic 映射的自适应并行加密[23]。因为基于双随机相位的加密系统[24]是基于傅里叶变换的通信保密系统，它没有改变线性这个特性，使得它本质上仍然是一种线性变换系统。Situ 等研究者在菲涅尔域增加了密钥维数，增强了双随机相位加密系统的安全性[25]，但是，攻击者利用多个冲激函数作为选择的明文，破解了空域和频域的密钥，得出了密钥解析表达式，可见，基于菲涅尔域的双随机相位加密系统，在抵抗选择性明文攻击方面还显得比较弱[26]。本书引入了离散 2D－Logistic 映射的自适应并行加密方法，来提高整个系统的安全性。该混沌加密算法具有加/解密速度快的特点，尤其适用于实时通信，这样也会提高系统的算法效率，执行时间不会增加很多。所以，经过离散 2D－Logistic 映射的自适应并行加密方法处理以后得到密文图像，记为 $W_1(x, y)$ 和 $W_2(x, y)$。需要注意的是，它们也表示传播方向上不同位置的平面。

假设集成成像记录(Pickup)生成的微单元图像阵列记为 $\boldsymbol{A}$，表示一个 $M\times M$ 维图像矩阵；并行加密处理器有 r 个，且 r 整除 M。

$$\boldsymbol{A}=\begin{bmatrix} a_{1,1} & a_{1,2} & \cdots & a_{1,M} \\ \vdots & \vdots & \vdots & \vdots \\ a_{M,1} & a_{M,2} & \cdots & a_{M,M} \end{bmatrix}, i\in[1, M], j\in[1, M] \tag{5-19}$$

首先，实施图像块间加密(Inter-Block Encryption)。根据用户密钥 key，生成一个二进制序列 $b_1b_2b_3b_4\cdots b_n$，n 为循环次数，处理微单元(Processing Elements，PE)的分配形式分别用二进制数 0 和 1 来表示。按照算法设计，进行图像分割和块内位置置乱加密。

然后，实施图像块内加密(Encryption in Block)。利用 2D 离散动力系统[27]：

$$x_{m+1,n}+\omega x_{m,n+1}=1-(\mu(1+\omega)x_{m,n})^2 \tag{5-20}$$

其中，实数 $\omega\in(-\infty, +\infty)$，常数 $\mu>0$，m、n、$x_{m,n}$ 表示系统空间的状态。生成大小为 $M\times M$ 的加密图像数值矩阵 $\boldsymbol{C}$，表示为

$$\boldsymbol{C}=\begin{bmatrix} c_{1,1} & c_{1,2} & \cdots & c_{1,M} \\ \vdots & \vdots & \vdots & \vdots \\ c_{M,1} & c_{M,2} & \cdots & c_{M,M} \end{bmatrix}, i\in[1, M], j\in[1, M] \tag{5-21}$$

由二进制序列 $b_1b_2b_3b_4\cdots b_n$ 得到 PE 的分配形式。分 $b_j(j\in[1, n])$ 为 0 和 1 两种情况进行处理，当 $b_n=0$ 时，按"行"将数值矩阵 $\boldsymbol{C}$ 分为 r 个数据块；当 $b_n=1$ 时，按"列"将数值矩阵 $\boldsymbol{C}$ 分为 r 个数据块。迭代 n 次，分别进行位置置乱和像素值替换，直到整幅图像全部加密完毕，执行结束，生成密文图像 $W_1(x, y)$ 和 $W_2(x, y)$。密文图像的像素值矩阵为

$$\boldsymbol{W}_i^0=\begin{bmatrix} w_1 & w_2 & \cdots & w_M \\ \vdots & \vdots & \vdots & \vdots \\ w_{\frac{M^2}{r}-M+1} & w_{\frac{M^2}{r}-M+2} & \cdots & w_{\frac{M^2}{r}} \end{bmatrix}_{\frac{M}{r}\times M} \tag{5-22}$$

其中，$w_j=a_{q_j}\oplus w_{j-1}$，$j\in[1, n]$，$q$ 表示位置置乱中使用的遍历矩阵像素值。

假设用下列数学方程式来描述三维成像记录、加密与嵌入子系统的模型：

$$\begin{aligned} G_{\mathrm{RDH}}(\omega, \gamma)=\{&\alpha_1\mathrm{DFD}[W_1(x, y), L(x, y), s, t; z_{W_1}, \lambda] \\ &+\alpha_2\mathrm{DFD}[W_2(x, y), L(x, y), s, t; z_{W_2}, \lambda] \\ &+\alpha_3\mathrm{DFD}[R_1(x, y), L(x, y), s, t; z_{R_1}, \lambda] \\ &+\alpha_4\mathrm{DFD}[R_2(x, y), L(x, y), s, t; z_{R_2}, \lambda]\}\times T(s, t; f) \end{aligned} \tag{5-23}$$

其中，$W_1(x, y)$、$W_2(x, y)$、$R_1(x, y)$、$R_2(x, y)$、$L(x, y)$ 表示传播方向上不同位置的平面；$z_\tau(\tau=1, 2, \cdots, 8\in Z^+)$ 为不同平面之间距离，$z_{W_1}=z_{R_1}=z_3+z_4$，$z_{W_2}=z_{R_2}=z_4+z_5$；加密强度因子 α_1、α_2、α_3、α_4 满足 $\alpha_1+\alpha_2+\alpha_3+\alpha_4=1$。

含隐秘的密文载体图像(Marked Cipher-Cover Image)将由成像透镜后表面的光场分布 $G_{\mathrm{RDH}}(\omega, \gamma)$ 来确定，最终，包含有三维物体信息的强度图像与相位图像等 CCD 照相机记录和存储的内容。

三维解密、提取与显示子系统如图 5－19(b)所示。合法用户接收到安全通信网络传递过来的含密的密文载体图像，然后对两个随机相位掩模板(RPMPs)在可逆信息隐藏的嵌入

过程中的贡献进行消减(减法)操作，得到 EW′的表达式如下：

$$\mathrm{EW}' = G_{\mathrm{RDH}}(\omega, \gamma) - \mathrm{DFD}\{\alpha_3 \mathrm{DFD}[R_1(x, y), L(x, y), s, t; z_{R_1}, \lambda] \times T(s, t; f)\}$$
$$- \mathrm{DFD}\{\alpha_4 \mathrm{DFD}[R_2(x, y), L(x, y), s, t; z_{R_2}, \lambda] \times T(s, t; f)\} \tag{5-24}$$

根据光学傅里叶变换和菲涅尔衍射逆变换(Inverse Discrete Fresnel Diffraction, IDFD)理论，解密得到密文图像 $W_1(x, y)$和 $W_2(x, y)$。

$$W' = \mathrm{IDFD}[\mathrm{EW}']\big|_{z=z'_{W_{1,2}}} \tag{5-25}$$

其中，衍射距离 $z'_{W_{1,2}}$ 可由下式计算得出：

$$\frac{1}{z_{W_{1,2}}} + \frac{1}{z'_{W_{1,2}}} = \frac{1}{f} \tag{5-26}$$

使用离散 2D-Logistic 映射的自适应并行加密设置的初始值，再次解密还原出载体图像和秘密图像的 EIA 图像。最后，使用集成成像的计算重构算法，显示出各自的三维图像。正确恢复的解密图像如图 5-20 所示。

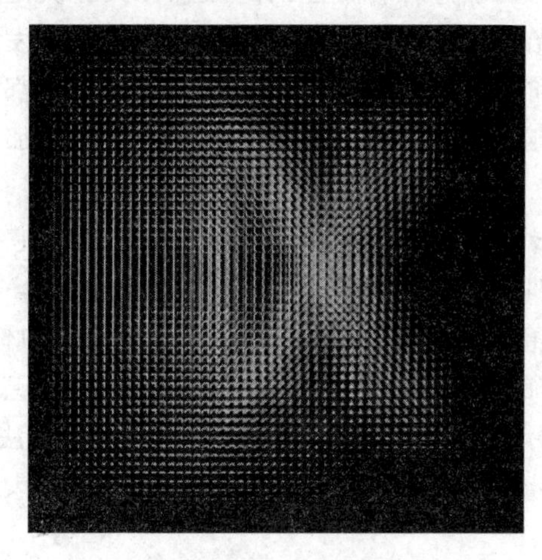
(a) 解密的秘密图像

(b) 解密的载体图像

图 5-20　正确恢复的解密图像

为了更好地显示 3D 图像，实验中选用由 60×60 个焦距为 3.3 mm 的微透镜组成的透镜阵列，微透镜之间的距离也为 3.3 mm。我们选用手机作为计算重构处理设备，像素间距为 0.057 mm。当显示时，一幅微单元图像的像素值为 17×17(pixel)。使用集成成像的计算重构算法，显示出三维物体的立体图像如图 5-21 所示，可以用于认证识别和数据安全管理。

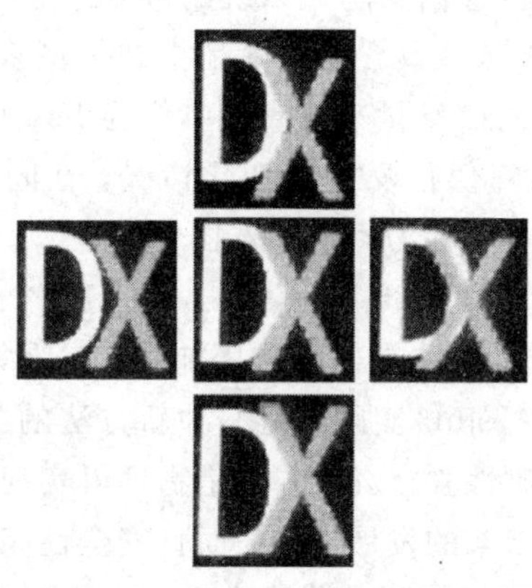

图 5-21　秘密图像的三维显示

由以上分析可以看出：

(1) 所设计的系统增强了安全性和稳健性。离散 2D－Logistic 映射的自适应并行加密方法、DFD 变换和双随机相位掩模板加密，这些组合改变了系统的线性特性，相当于采用了像素位置置乱、像素值替换等图像加密手段，使得原始图像的像素位置与值都发生了改变，达到无法辨认出原始图像的目的，从而增强了系统的整体安全性。离散 2D－Logistic 映射的自适应并行加密是一种基于混沌理论的数字图像加密技术。首先，因为混沌映射的初值敏感性越高，表明置乱后相邻像素之间的相关性越小；而各态遍历性越强，表明置乱的随机性也就越强，所以，在像素置乱的过程中，混沌映射的初值敏感性与各态遍历性等因素将决定着置乱强度。其次，在像素置乱和像素替代过程中，混沌映射的迭代次数越多，使得加密强度越高，那么，系统的穷举难度也就越大，但是同时造成的计算复杂度也随之提高。因此，迭代次数的选取需要衡量安全性以及计算复杂度的具体要求。最后，当把映射参数作为置乱密钥时，参数的敏感性决定了密钥的敏感性，而密钥的敏感性又将决定着整个系统的安全性。随机相位掩模板技术改善了光学加密系统的安全性能，原因是它发挥了随机相位掩模板的统计独立特性，把载体图像和秘密图像的强度信息与相位信息，都有效地变换为广义平稳白噪声，如果非法用户利用相位恢复算法，企图破解秘密图像，那么显然会失效，从而保证了系统的安全性。

(2) 系统的稳健性和抗攻击能力增强了。根据随机相位掩模板编码的性质，即它能够将输入图像随机扩散到输出面。秘密图像被随机扩散到密文载体图像平面上，这时，密文载体图像的每个像素点都包含着秘密图像的信息，起到进一步加密保护图像信息的作用，结合微单元图像具有的类全息特性，由于输出面上每一点都包含输入平面的所有信息，因此在信息提取时，只要获得微单元图像的一部分信息，再运用集成成像计算重构算法，还原并显示出三维物体的图像，有效地抵抗了噪声攻击和几何攻击等非法攻击方式，表明系统的稳健性增强了。

(3) 所设计的算法效率高，可以达到实时性的要求。大量的实验测试表明，在 2D－Logistic 映射的自适应并行加密过程中，当 $n=2$ 时，计算耗时 26.78 s。在权衡安全性与计算复杂度的具体要求下，即使增加其迭代次数，计算耗时没有大幅度增加，也是可控和可接受的。而且，借助光学的并行性优势，DFD 变换处理过程耗时不大于 2 min。因此，所设计的系统能够满足对实时性和执行效率要求较高的应用场景。

以上讨论的算法，提高了可逆信息隐藏系统的嵌入率和 PSNR 值，这两个参数也是衡量这类系统性能优劣的主流指标参数。嵌入率是指载体图像中允许嵌入的秘密信息的数量。嵌入率通常以每像素嵌入的信息量来衡量，单位为 bpp(bit per pixel)。峰值信噪比用来计算解密图像与原始图像的峰值信噪比的变化情况，在同一嵌入率下，PSNR 越大，说明载体质量损失越小。图 5－22 所示为不同样本图像的嵌入率与 PSNR 之间的关系曲线图；嵌入率与 PSNR 之间的对比如图 5－23 所示。

光学技术在可逆研究领域具有非常好的应用前景，三维集成成像可逆信息隐藏是集成成像技术与 RDH 的首次结合(Joint)实践，是一种新方法的尝试。利用光学技术的并行计算特性，可提高计算效率，实时性强。该新方法是物理可实现的，是一种可分离的密文域可逆信息隐藏技术，切合 RDH 未来的发展方向，而且安全性高。与传统 RDH 的介质和技术相比，该新方法选用一种三维新型多媒体作为介质，其既具有类的全息特性，又有多维度

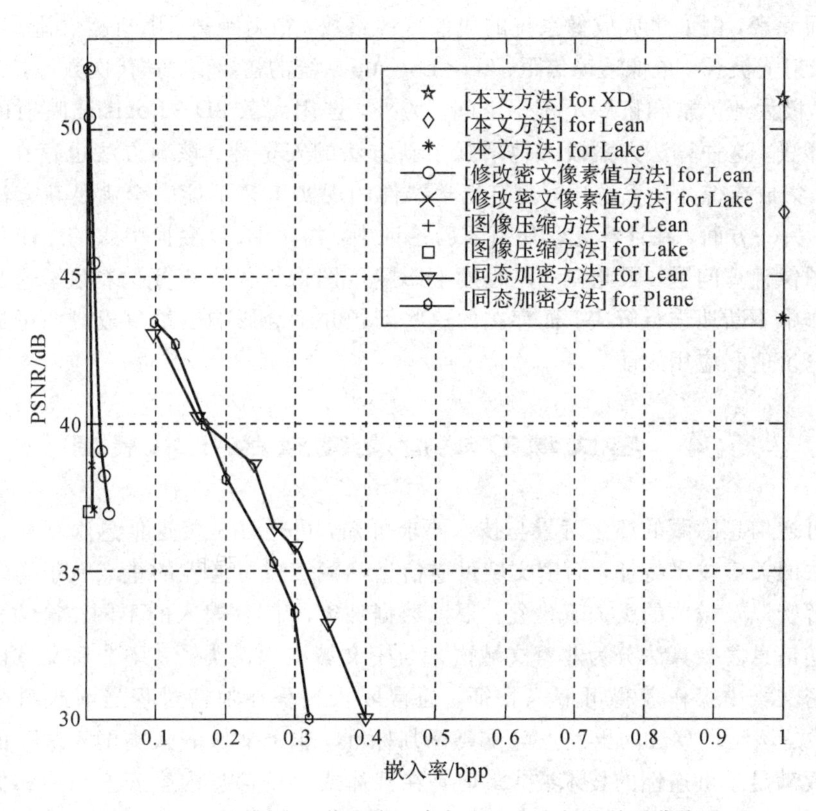

图 5-22　不同样本图像的嵌入率与 PSNR 之间的关系曲线图

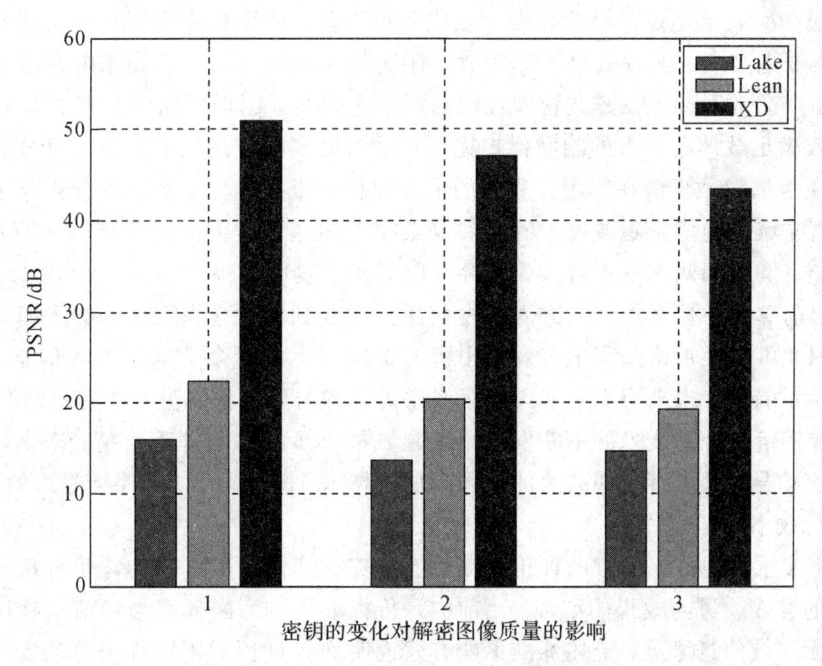

图 5-23　嵌入率与 PSNR 之间的对比曲线图

的密钥空间元素，例如集成成像系统的成像特性参数，衍射距离、随机相位掩模板、加密强度因子，入射光波长、成像透镜焦距、2D-Logistic系统的初始值、迭代次数等，都可以用作密钥参数，极大地丰富和拓展了密钥空间。另外，选用离散 2D-Logistic 映射的自适应并行加解密算法，这种算法方案极大地增强了新方法的安全性。该新方法也存在不足：一方面，在实际集成成像光学系统中，现有光学器件的现实工艺不能完全满足新方法所要求的精密程度；另一方面，在计算光学仿真实验论证中，由于 DFD 变换引入的二维傅里叶变换产生复数图像计算问题，因此在一定程度上影响了图像无失真恢复的精度。这些问题会在未来的工作中不断地进行解决，而存在的这些问题并不会影响三维集成成像可逆信息隐藏方法的理论价值和应用效能。

5.4 密文域可逆信息隐藏的技术展望

根据可逆信息隐藏的产生背景与技术要求可知，可逆性是可逆信息隐藏算法区别于其他隐藏算法的关键技术特征，而密文域可逆信息隐藏实现可逆性的重点在于实现携密密文的无差错解密以及载体的无失真恢复。根据数据加密与信息嵌入的不同结合方式，本章将密文域可逆信息隐藏算法分为非密文域嵌入与密文域嵌入两类。其中非密文域嵌入类算法是通过非密文域中操作获得可嵌入特征，通常嵌入过程在加密过程之前或两过程独立进行。可逆性是该领域算法的出发点与重要评判标准，非密文域嵌入类的算法[8]的解密与恢复过程有效满足了可逆性的技术要求，但是在载体或秘密信息内容安全与隐私保护方面存在一定的不足。密文域嵌入算法引入图像加密技术[2, 10]、密文域处理技术[4, 11, 14, 15, 17, 18]、压缩技术[19]等保证了加密的可靠性，但是在可逆性、嵌入容量、算法执行效率等方面，相关算法在最初引入上述技术时会存在一点或几点不足，后续算法不断针对这些不足进行改进，使各类嵌入技术的实现效果不断完善。在实际应用中，当原始载体内容涉及用户个人隐私时，用户通常不希望在密文管理过程暴露个人信息，因而解密与信息提取过程的可分离能够有效满足载体所有者的隐私保护需要，适用更多的应用场合，因此可分离性是当前密文域可逆信息隐藏算法在实用过程中的重要评价标准。结合 5.2 节的分析与上述总结可知，未来密文域可逆信息隐藏技术的发展重点在于构造可分离的密文域嵌入算法，并不断提高信息嵌入量，因此本书作者认为其存在以下几个发展趋势：

(1) 当前算法中数据加密与嵌入的过程往往相互独立，造成算法的嵌入率与可逆性相互制约，因此可以在加密过程中有效使用密文扩展产生的冗余数据来嵌入信息，考虑到载体数据量大的特点，未来应面向实现轻量级密码方案与可逆信息隐藏的有效结合。

(2) 加密信号处理技术的不断发展给该领域提供了技术与理论支持，未来可有效引入新型的加密信号处理技术，如高效的全同态加密技术、熵编码等，来保证嵌入的可逆性，提高算法执行效率。

(3) 密文域可逆信息隐藏的评价标准也有待完善，合适而有效的评价标准势必会促进相关算法的有效改进与效果的增强。当前的评价标准主要为嵌入率与峰值信噪比(PSNR)，但是对于密文域信息隐藏，上述标准不能有效说明嵌入过程对于原加密算法安全性的影响以及嵌入信息的不可感知性。当前相关的研究较少，如本章参考文献[4]根据密码学的可证明安全性理论对嵌入与加密过程的安全性进行分析；本章参考文献[20]结合现代公钥加密与图像加密技术的安全性指标，提出嵌入过程的安全性在于嵌入操作前后密文的统计特性不变，符合密文空间上的均匀分布。

本章小结

近年来，密文域可逆信息隐藏技术不断吸引着众多研究者，并已经取得了较多的研究成果。随着数据安全性需求的日益增强，密文域可逆信息隐藏技术对于密文域信号处理与信息安全技术的发展及应用有着积极的促进作用，同时其存在的问题有待做更进一步的研究。

习　题　5

5.1　密文域可逆隐写的可分离特性指的是什么？

5.2　当前评价密码文可逆隐写的标准是什么？

5.3　请查阅文献，梳理密码学中的经典加密算法。

5.4　谈谈密文域信息隐藏的应用前景。

本章参考文献

[1] Tian J. Reversible Data Embedding Using a Difference Expansion[J]. IEEE Transactions on Circuits Systems. Video Technology. 2003, 13(8): 890-896.

[2] Zhang X. Reversible Data Hiding in Encrypted Image[J]. IEEE Signal Processing Letters, 2011, 18(4): 255-258.

[3] Shi Y, Li X, Zhang X, et al. Reversible Data Hiding: Advances in the Past Two Decades [J]. IEEE Access, 2016, to appear.

[4] 陈嘉勇，王超，张卫明，等. 安全的密文域图像隐写术[J]. 电子与信息学报，2012, 34(7): 1721-1726.

[5] Sun Y, Zhang X. A Kind of Covert Channel Analysis Method Based on Trusted Pipeline[C]. 2011 International Conference on Electrical and Control Engineering (ICECE), Yichang, China, 2011: 5660-5663.

[6] Barni M, Kalker T, Katzenbeisser S. Inspiring New Research in the Field of Signal Processing in the Encrypted Domain [J]. IEEE Signal Processing Magazine, 2013, 30(2): 16.

[7] Caciula I, Coltuc D. Improved Control for Low Bit-Rate Reversible Watermarking [C], IEEE International Conference on Acoustics Speech and Signal Processing, Florence, Italy, 2014: 7425-7429.

[8] Cancellaro M, Battisti F, Carli M, et al. A Commutative Digital Image Watermarking and Encryption Method in the Tree Structured Haartransform Domain[J]. Signal Processing: Image Communication, 2011, 26(1): 1-12.

[9] Xiao D, Chen S. Separable Data Hiding in Encrypted Image Based on Compressive Sensing[J]. Electronics Letters, 2014, 50(8): 598 - 600.

[10] Hong. W, Chen T, Wu H. An Improved Reversible Data Hiding in Encrypted Images Using Side Match[J]. IEEE Signal Processing Letters, 2012, 19(4): 199 - 202.

[11] Zhang X, Qian Z, Feng G, et al. Efficient Reversible Data Hiding in Encrypted Image[J]. Journal of Visual Communication and Image Representation. 2014(25) 2: 322 - 328.

[12] Karim M S A, Wong K. Universal Data Embedding in Encrypted Domain[J]. Signal Processing, 2014, 94(2): 174 - 182.

[13] Fridrich J, Goljan M, Soukal D. Efficient Wet Paper Codes[C]. Proceedings of 7th International Workshop on Information Hiding, Barcelona, Spain, 2005, LNCS 3727: 204 - 218.

[14] Chen Y C, Shiu C W, Horng G. Encrypted Signal-Based Reversible Data Hiding With Public Key Cryptosystem[J]. Journal of Visual Communication and Image Representation, 2014, 25: 1164 - 1170.

[15] Zhang X P, Loong J, Wang Z, et al. Lossless and Reversible Data Hiding in Encrypted Images with Public Key Cryptography[OL]. IEEE Transactions on Circuits and Systems for Video Technology, DOI 10. 1109/TCSVT, 2015: 2433194.

[16] Paillier P. Public-Key Cryptosystems Based on Composite Degree Residuosity Classed [C]. Advances in cryptology-EUROCRYPT 99, LNCS1592. Berlin: Spring-Verlag, 1991: 223 - 238.

[17] 项世军，罗欣荣. 基于同态公钥加密系统的图像可逆信息隐藏算法[OL]. 软件学报，2016，27(6)：a20. http：//www. jos. org. cn/ 1000 - 9825/5007. htm.

[18] Li M, Xiao D, Zhang Y, et al. Reversible Data Hiding in Encrypted Images Using Cross Division and Additive Homomorphism [J]. Signal Processing: Image Communication 2015, 39: 34 - 248.

[19] Zhang X. Separable Reversible Data Hiding in Encrypted Image [J]. IEEE Transactions on information forensics and security, 2012, 7(2): 826 - 832.

[20] 张敏情，柯彦，苏婷婷. 基于 LWE 的密文域可逆信息隐藏[J]. 电子与信息学报，2016，38(2)：354 - 360.

[21] Yin Z, Luo B, Hong W. Separable and Error-Free Reversible Data Hiding in Encrypted Imgae with High Payload. The Scientific World Journal, 2014: 1 - 8.

[22] 刘铁群. 基于集成成像的三维数据加密及信息隐藏 [D]. 西安：西安电子科技大学，2016.

[23] Wang J, Jiang G. A Self-Adaptive Parallel Encryption Algorithm Based on Discrete 2D - Logistic Map [J]. International Journal of Modern Nonlinear Theory and Application (IJMNTA), 2013, 2(3): 89 - 96.

[24] Refregier P, Javidi B. Optical Image Encryption Based on Input Plane and Fourier Plane Random Encoding [J]. Optics Letters, 1995, 20(7): 3.

[25] Situ G, Zhang J. Double Random-Phase Encoding in the Fresnel Domain [J]. Optics Letters, 2004, 29(14): 1548-1586.

[26] Peng X, Wei H Z, Zheng P. Chosen Plaintext Attack on Double Random-Phase Encoding in the Fresnel Domain [J]. Acta Physica Sinica, 2007, 56(7): 2924-3930.

[27] Sun Y F, Liu T S. Cryptographic Pseudo-Random Sequence From the Spatial Chaotic Map [J]. Chaos Solitons& Fractals, 2009, 41(5): 2216-2219.

第6章 无修改的隐写术

在Fridrich的现代隐写术的奠基性著作[1]中，隐写方案包含五个基本要素：载体源、数据隐写和提取算法、隐写和提取密钥、信息源、数据信道。这五个基本要素之间的关系如图6-1所示。

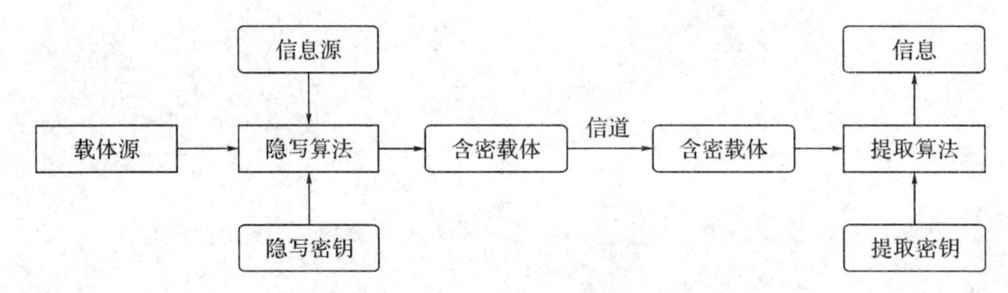

图6-1 隐写系统要素框图

发送方利用载体源、信息源和隐写密钥，通过隐写算法得到含有秘密信息的载体(即含密载体)，含密载体可经过公开信道发送给接收方。接收方利用提取密钥，通过提取算法在含密载体中恢复出秘密信息。

隐写和提取算法是隐写系统中最重要的部分。隐写算法可以采用三种不同的策略[1]，它决定了隐写和提取算法的内部机制。第一种策略被称为基于载体选择的方法，即发送方通过选择已经隐藏了秘密信息的自然图像来完成隐写过程，即通过“选择”来完成隐写。第二种策略是基于载体合成的方法，即发送方通过构造一个足够真实或自然的含密载体完成信息隐藏。第三种策略是目前研究最多的主流方法——基于载体修改的方法。它通过修改一个原始载体，达到将秘密信息嵌入的目的。之前介绍的方法都是基于修改的隐写技术，本章则重点关注基于载体选择和载体合成的隐写技术。该技术在国内有时也被称为“无载体”信息隐藏，而无载体实际上更加关注“无修改”的特性。

6.1 基于载体选择的隐写术

假设Alice有一个固定的图像数据库，可以从中选一个图像来传输需要的信息，传统的基于载体选择的隐写方法[1]只是简单地从数据库中随机抽取图像，直到发现包含需要的秘密信息的图像。该方法用选择替代嵌入过程。其优点是载体100%自然，没有经过任何方式的修改，但是Fridrich认为该方案嵌入率低[1]，同时在隐写信道被多次使用时也存在安全风险。基于载体选择的方法也被称为完全构造式的信息隐藏方法，即在不预先给定载体及不预设载体类型的情况下，以秘密数据为驱动，选取素材或对象直接构造含密载体。云存储和大数据支撑的网络图像库可为完全构造式信息隐藏提供充分的素材源，而且含密载体

不对应任何原始载体，难以实施分类检测。

下面将详细介绍基于图像 BOW(Bag-Of-Words)模型的无载体信息隐藏方法[2]，该方法提取图像 BOW 模型中的视觉(关键)词（Visual Words，VW)来表达待隐藏的文本信息，从而实现文本信息在图像中的隐藏。首先，使用 BOW 模型提取图像集中每幅图像的 Visual Words，并根据需要构建秘密信息分词字典，该字典包含某一领域常用的词汇；然后，构建字典中的词和国标一、二级字库中的字与 Visual Words 的映射关系库，当隐藏文本信息时，只要在图像库中搜索出包含有与待隐藏的文本信息存在映射关系的 Visual Words 的图像，即可将这些图像作为含密图像进行传递。该方法主要由以下几部分组成：

(1) Visual Words 与文本关键词的映射关系库。构建映射关系库的作用是将待隐藏的文本信息转换成对应的 Wisual Words 序列，这样只需双方使用同样的映射关系库，就可以把文本信息和 Visual Words 进行可逆转换。

(2) 多级倒排索引结构。对于给定的秘密信息，如果在建立的大规模图像库中穷尽地搜索出含有此秘密信息的自然图像，那么将是非常耗时的。为了保证进行高效、准确的搜索，建立了包含 Visual Words 序号信息、子图像位置、Visual Words 频数信息的多级倒排索引。

(3) 隐藏和提取算法。在通信之前，通信双方共享了原始位置标签序列，同时约定了在通信时对位置标签进行随机化处理的哈希函数，对于这些信息通信双方应严格保密。在隐藏时，首先对秘密信息进行分词，得到秘密信息片段，即将秘密信息切分成字典中存在的词或者单字；然后通过通信双方事先约定的哈希函数，以接收方的身份 ID 和当前系统时间为参数对共享的位置标签序列进行随机化处理，生成本次通信的位置标签序列；接着根据位置标签和映射关系在图像库中检索出与秘密信息片段存在映射关系的子图像集合；最后仅把含有这些子图像的图像作为含密图像进行传递，而不传递任何其他信息。在提取时，首先对接收到的图像进行方向和尺度的规范化处理；然后采用和发送方同样的方法获得本次通信的位置标签序列；接着用同样的特征提取方法提取出对应子图像位置的 Visual Words 序列；最后根据映射关系获得隐藏在图像中的文本信息。相应的算法框架如图 6-2 所示。

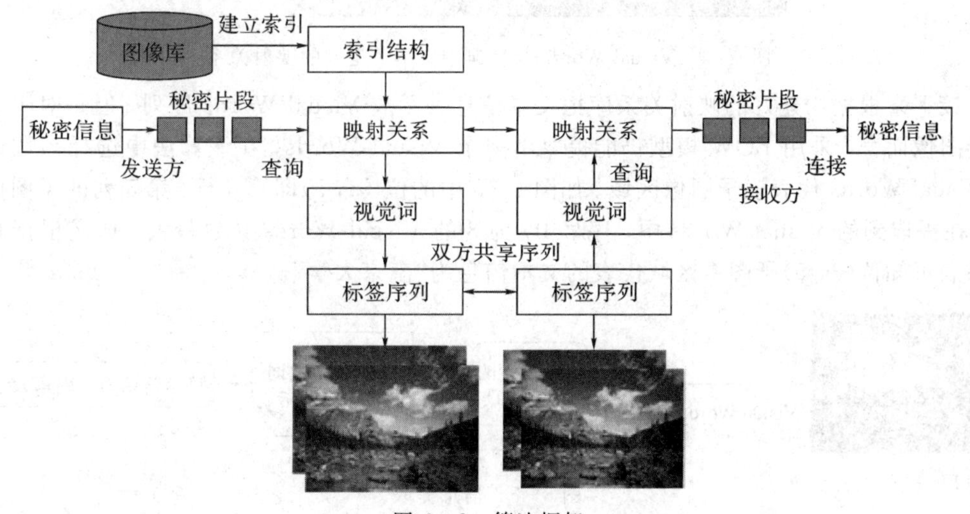

图 6-2　算法框架

1. Visual Words 与文本关键词的映射关系库构建

采用 BOW 模型的码本不仅要根据码本分类后的图像满足隐藏所有常用汉字的要求，而且要考虑到计算的复杂度和实际有效的 Visual Words 数量。首先考虑通过该码本分类后的图片类别必须能够隐藏全部常用的汉字，即国标一级字库中的 3755 个字，在此基础上还需要尽量隐藏国标二级汉字和一些常见词句，以提高隐藏的容量。所做实验选定的 Visual Words 数量为 10 000，即使用 K -均值聚类[15]时，$K=10\ 000$。同时，为了使码本具有较好的鲁棒性，采用的特征是图像的 SIFT 特征[16]。具体码本训练流程如图 6-3 所示。

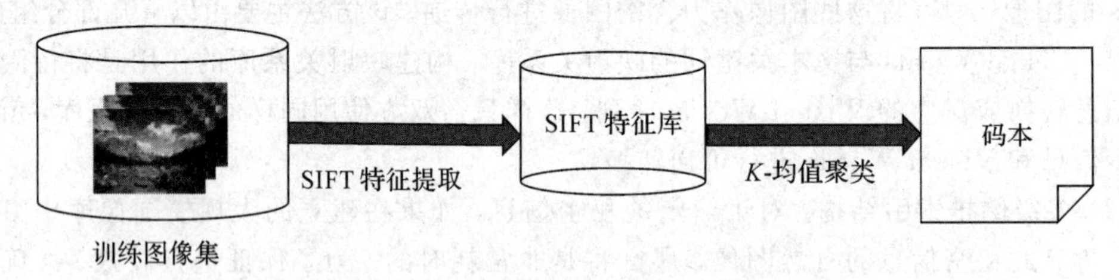

图 6-3　码本训练流程

码本生成之后，首先根据 Visual Words 在字典中的位置进行编号并作为 Visual Words 的序号 ID，然后建立 Visual Words 与字典中文本关键词的映射关系库，如图 6-4 所示。

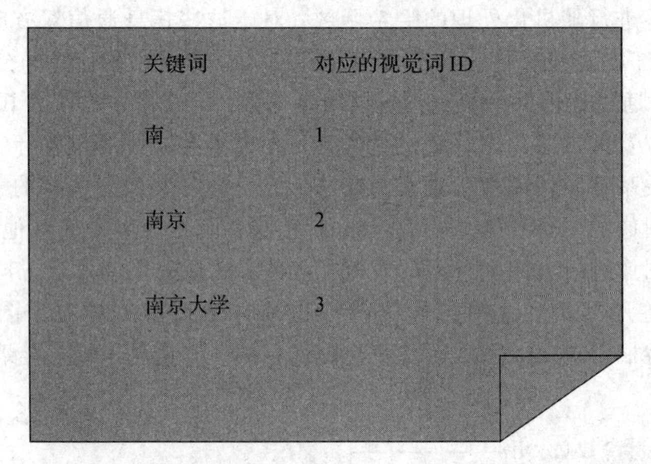

关键词	对应的视觉词ID
南	1
南京	2
南京大学	3

图 6-4　Visual Words 与字典中文本关键词的映射关系

接下来根据构建好的映射关系库把文本信息表示成 Visual Words 序列。但是对于每一块子图像而言，采用 BOW 模型仍能提取出多个 Visual Words，在该算法中选择频数最大的 Visual Words 代表该子图像区域。如图 6-5 中的位 (3，5)即第 3 行、第 5 列的子图像区域，在提取到的 Visual Words 中，序号 ID 为 3 的 Visual Words 频数最大，那么根据映射关系表可知位(3，5)子图像区域代表的文本信息为“南京大学”。

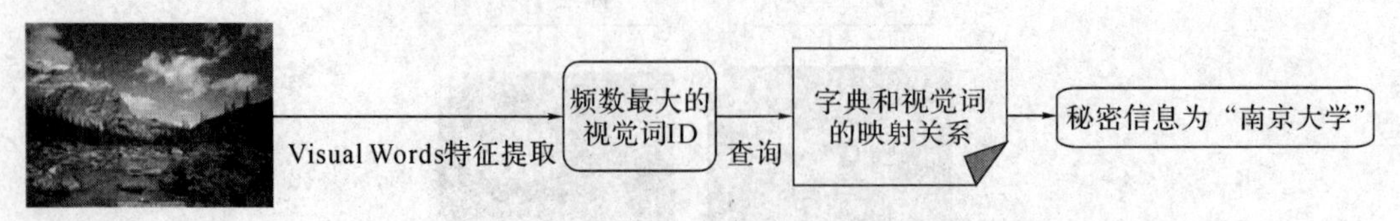

图 6-5　信息提取

2. 多级倒排索引结构设计

多级倒排索引结构设计方法的重点是在大规模数据库中搜索出符合条件的图像并进行秘密信息传递，主要采取"标签＋关键字"的思路。其中，标签是指图像分块后的位置信息，如将一个自然图像分成 $m \times n$ 块，那么标签信息就是分块后子图像的坐标，如图 6-6 中的位(3, 3)，把位置信息记为 p。关键字并不是指实际需要传输的秘密信息，而是指与分词后的秘密信息片段存在映射关系的 Visual Words 序列。对于给定长度的秘密信息，如果在建立的大规模图像库中穷尽地搜索出含有此秘密信息的自然图像，那么将是非常耗时的。为了保证进行高效、准确的搜索，该方法根据需要建立了多级倒排索引结构，如图 6-6 所示。

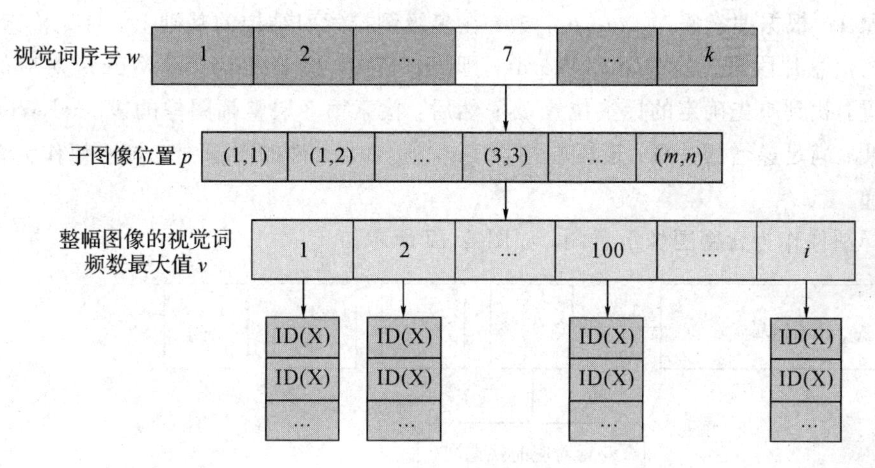

图 6-6　多级倒排索引结构

索引结构的第 1 层为 Visual Words 的序号 w，为便于描述，将 Visual Words 的序号按照码本中的位置依次记为 1，2，3，…，k，即码本第 w 个位置的 Visual Words 序号记为 w。索引结构的第 2 层为子图像的标签，即位置信息 p。索引结构的第 3 层为代表该子图像区域的 Visual Words 的频数信息 v。索引结构的第 4 层为符合前几层要求即满足条件(w, p, v)的图像 ID 列表。例如，某图像分块后代表(3, 3) 位置子图像的 Visual Words 在码本中的位置为 7，且其频数为 100，那么该图像就应该包含在 w 为 7、p 为 (3, 3) 且 v 为 100 的图像 ID 列表中。同时，为了抵抗旋转等攻击，建立索引前应先对库内图像进行方向和尺度的归一化处理。

3. 隐藏算法与提取算法

秘密信息的隐藏和提取是本设计方法的核心和重点，相应的算法介绍如下。

1) 隐藏算法

隐藏算法的具体隐藏步骤如下：

步骤 1　对需要隐藏的秘密信息 S，根据分词字典用字符串匹配的方法进行最大匹配分词，将其分成 n 个秘密信息片段，即 $S=\{s_1, s_2, \cdots, s_n\}$。

步骤 2　获取接收方的身份 ID 信息 I 和系统当前时间 T，并从事先共享的标签序列中选择前 n 个标签，形成原始标签序列 $P_0=\{p_1, p_2, \cdots, p_n\}$。然后，利用事先约定的哈希函数 $\mathrm{Hp}(I, T, P_0)$ 对原始标签序列 P_0 进行随机化处理，得到本次通信时的标签序列

$P_0=\{p_0^1, p_0^2, \cdots, p_0^n\}$。其中，身份ID信息 I 为整数；系统时间 T 根据小时划分为12个区间，分别对应整数0～11。

步骤3 查询映射关系 $L=\{l_1, l_2, \cdots, l_k\}$，得到与秘密信息片段对应的Visual Words集合 $W=\{w_1, w_2, \cdots, w_n\}$。同时为了便于提取方确定每幅图像中隐藏的秘密信息片段在原文中的位置，含密图像的整体Visual Words频数最大值 $V=\{v_1, v_2, \cdots, v_n\}$，检索时满足 $v_1 < v_2 < \cdots < v_n$ 的关系。即检索第1个Visual Words时，记录此时含密图像的Visual Words频数最大值，在接下来的检索中，一直保持后一幅含密图像的Visual Words频数最大值大于前一幅的频数最大值。这些图像的Visual Words频数最大值不会因为图像的置乱而改变，所以采用该方法可以有效抵抗接收到的图像乱序问题，使接收方准确提取出秘密信息。

步骤4 根据搜索条件 (w, p_0, v)，在多级倒排索引结构的基础上，首先检索第1层，找到秘密信息片段对应的Visual Words，即 w；其次，检索该Visual Words对应的下一层标签位置，找到事先确定的标签位置 p_0；然后，检索第3层整幅图像的Visual Words最大值，确保 v 满足递增的关系；最后在符合 (w, p_0, v) 条件的图像中选择一幅作为含密图像进行传递。

选择图像作为含密图像示意图，如图6-7所示。

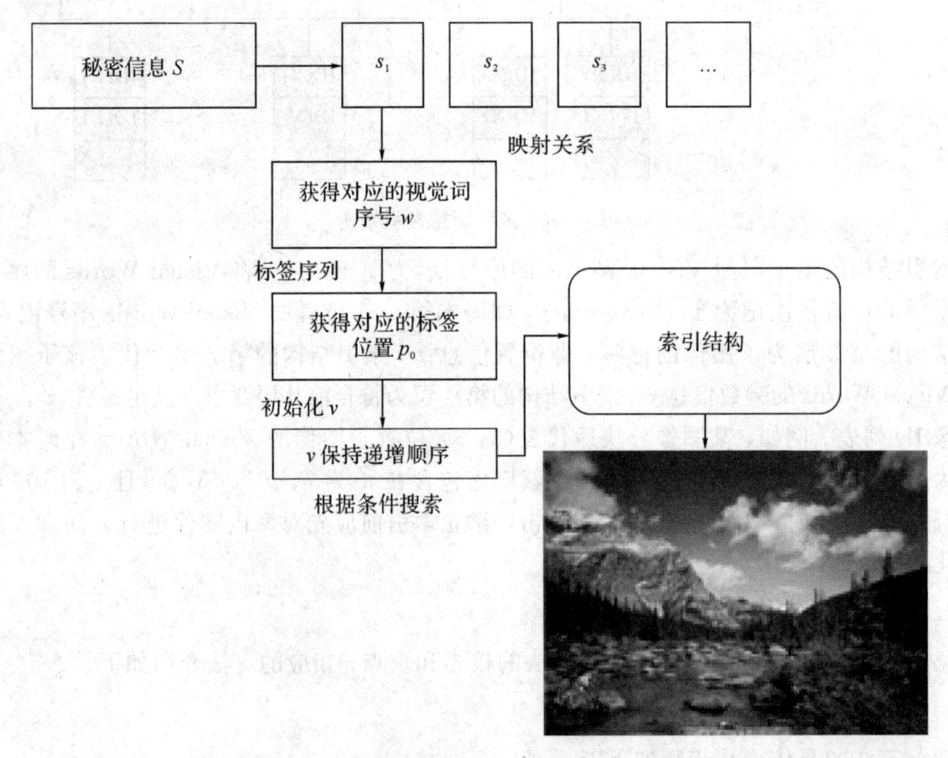

图6-7 选择图像作为含密图像示意图

2）提取算法

提取算法的具体提取步骤如下：

步骤1 为了抵抗旋转和缩放攻击，首先计算出接收到的所有图像的主方向，将方向统一旋转到水平方向，然后将图像缩放到统一大小，使图像和建立索引时保持一致。

步骤 2　首先获取接收方的身份 ID 信息 I、接收到含密图像的时间去掉平均时延后的时间 T_0、图像数目 n。然后，从事先共享的标签序列中选择前 n 个标签，形成原始标签序列 $P_0=\{p_1, p_2, \cdots, p_n\}$。最后，利用事先约定的哈希函数 $\mathrm{Hp}(I, T, P_0)$ 对原始标签序列 P_0 进行随机化处理，得到本次通信时的标签序列 $P=\{p_0^1, p_0^2, \cdots, p_0^n\}$。其中 T_0 与 T 应在同一区间内，即对应的整数值相同。

步骤 3　由于网络时延以及其他有意或者无意的置乱攻击，因此接收方接收到的图像顺序与发送方隐藏秘密信息片段的图像顺序不同。又因为发送方保证了隐藏操作后一个秘密信息片段的含秘图像整体的 Visual Words 频数的最大值大于前一幅含密图像，所以首先对接收到的多个图像，根据其整体 Visual Words 频数的最大值进行排序；然后根据子图像位置标签序列 $P=\{p_1, p_2, \cdots, p_n\}$，逐个提取排序后的图像位置标签处的子图像，得到 Visual Words 集合 $W=\{w_1, w_2, \cdots, w_n\}$。

步骤 4　查询映射关系 $L=\{l_1, l_2, \cdots, l_k\}$，得到与 Visual Words 集合 $W=\{w_1, w_2, w_3, \cdots, w_n\}$ 对应的秘密信息片段 $S=\{s_1, s_2, \cdots, s_n\}$，按照顺序连接所有秘密信息片段，从而得到接收到的图像中隐藏的文本信息。

提取秘密信息示意图如图 6-8 所示。

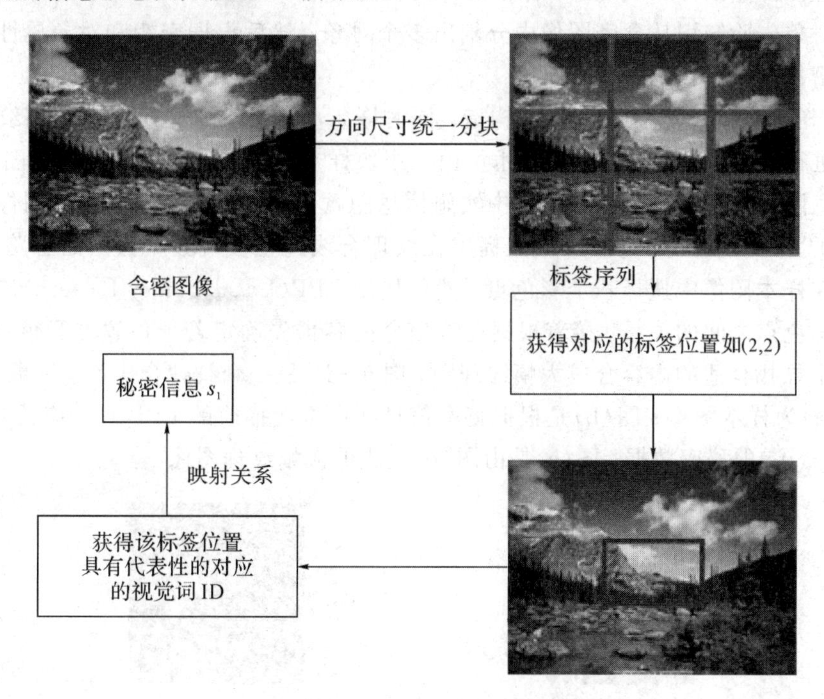

图 6-8　提取秘密信息示意图

6.2　基于纹理合成的数字隐写

基于载体合成的信息隐藏，是指利用不同正常图像中的多种对象生成内容合理、统计无异常的含密图像。正常图像预先经过对象分割处理，并且分割出的对象经过标识（如物体、背景种类等，对象分割与标识技术经过多年发展在一定条件下可实现精确分割和可靠标识，互联网上也有公开的经过分割和标识的图像库)，然后由这些对象生成负载秘密信息的含密图像。根据密钥伪随机地建立每个对象及对象大小、方向、位置等状态与秘密信息的对应关系，隐藏过程即根据待传输的秘密信息选择对象并确定对象状态，合成含密载体。载体合成的信息隐藏如图 6-9 所示。

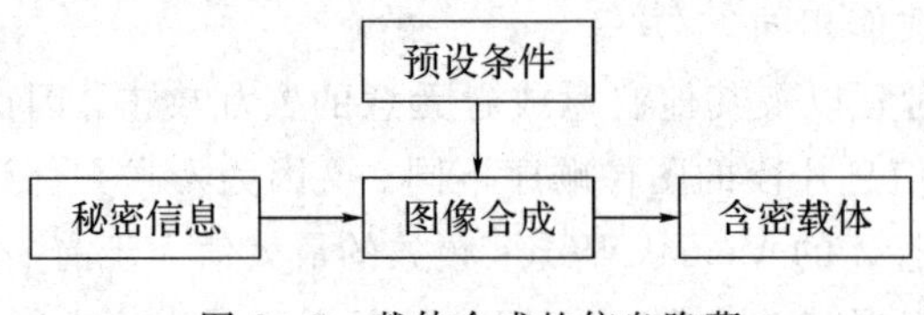

图 6-9 载体合成的信息隐藏

在这种合成的信息隐藏中，核心问题是在正确表示秘密信息的同时保证含密图像内容的逻辑合理性。我们将借助图像大数据，根据对象种类以及不同种类在同一幅图像中的出现次数及相对关系建立带权重的对象网络，权值大则表示合理性高。生成含密图像时，利用这些对象对秘密信息进行编码表示，在正确表示秘密信息的约束条件下最大化含密图像的对象关系总权重，即优化含密载体的合理性。在得到含密载体后，进行拼接、边缘羽化等反取证处理以去除图像合成痕迹，保证统计特性无异常以及图像取证无异常。接收方借助载体库及对象先验知识从含密图像中分割出多个对象，然后根据密钥和对象属性进行译码来获取秘密信息。

然而，合成图像一般需要人工的构造，同时嵌入率较低。一些研究者利用纹理合成图像的方法进行信息隐藏。纹理合成技术可由一小块样本纹理图像生成大幅纹理图像[3-6]，纹理合成信息隐藏即在纹理合成的过程中实施信息隐藏，最终生成的大幅纹理图像是与秘密信息有关的。Otori 和 Kuriyama 最先提出在纹理合成过程实现数据嵌入的思路[7,8]，所用方法首先在样本图像中选择若干彩色点，然后使用 LBP(Local Binary Pattern)码来映射二值数据和彩色点之间的关系，接着根据秘密信息内容预先确定若干位置的彩色点，最后从样本图像中寻找合适的内容合成大幅纹理图。图 6-10 是一个纹理合成信息隐藏方法示例，其中，图(a)为样本图像；图(b)是根据秘密信息在白纸上描绘的 LBP 码对应的彩色点，其中包含 25 Byte 的秘密数据；图(c)是由图(b)生成的大幅纹理图像。

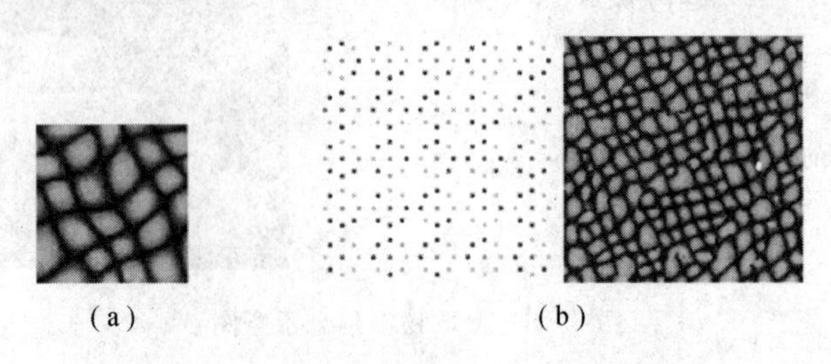

(a) (b)

图 6-10 纹理合成信息隐藏方法示例

本章参考文献[9]指出 Otori 和 Kuriyama 的方案有容量低和提取误码的局限，于是提出了新的解决方案，可实现大容量、无误码的信息隐藏。所用方法在样本图像中逐点移动获得多个候选块，将每一个候选块分为内核(Kernel)和外围(Border)两部分，比较每一个候选块的外围与其他候选块外围之间的匹配程度，由大到小建立直接与二进制数据相映射的索引表。在纹理合成时，用候选块填充大幅图像的空白部分，具体选取哪个候选块取决于秘密数据，最终可得到一幅由秘密数据决定的纹理图像。最新研究表明，该方法仍然存在安全漏洞，因为生成的含密纹理图像完整地保存了原始样本图像的所有候选块，所以攻击者可通过分析含密图像中块与块之间的缝补(Quilting)关系重构原始样本纹理图案，进而重构候选块索引并提取秘密信息。

本章参考文献[10] 提出一种基于纹理合成的信息隐藏新方法，不仅具备抗 JPEG 压缩的稳健性能，而且能克服上述文献[9]中提取信息前须重构原始纹理图的缺点。该方法首先选择原始小尺寸纹理图案，逐点移动生成多个候选块，计算每一块的复杂度，并根据复杂度大小将所有的候选块归类到不同的集合，每个集合映射一种秘密数据。隐藏秘密信息时，首先指定密钥生成伪随机序列，用来确定白纸上放置纹理候选块的位置；根据秘密信息的内容从相应集合中随机选择候选块，放置到白纸指定的位置上，其余空白位置则使用纹理合成方法来填充。提取信息时，无需原始纹理图案，根据图像块的复杂程度确定其所属集合，从而读取秘密信息。图 6-11 给出了一组实验结果，其中，图(a)～(d)为原始纹理图，图(e)～(h)为合成的含密图像，这些合成图像仍然具有良好的视觉效果。该方法具有一定的鲁棒性，且候选块的类别越少，抗压缩的能力越强，当只有两类候选块时，含密图像甚至可抵抗质量因子为 10 的 JPEG 压缩。

图 6-11　基于纹理合成的鲁棒信息隐藏实验结果

下面介绍 Marbling 信息隐藏。水影画(Marbling)是一种传统的美术工艺，利用计算机可以生成类似的效果，用于装饰。本章参考文献[11]提出使用几何形变来生成 Marbling 效果。隐写者首先将秘密信息直接书写到白纸上，然后在空白部分加上与秘密信息颜色、形状相协调的背景图案和色彩，进一步定义多种几何形变函数，并从中选择不同的形变方式来生成纹理图。图 6-12 是基于几何形变的 Marbling 信息隐藏方法的一个示例，其中，图(a)为在白纸上书写秘密信息后的图像；图(b)为加上背景后的图像；图(c)为使用几何形变产生的含密的纹理图，可以看出该纹理具有较好的视觉效果；图(d)为通过形变反操作提取出的秘密信息图，把背景去除后即可得到秘密信息。

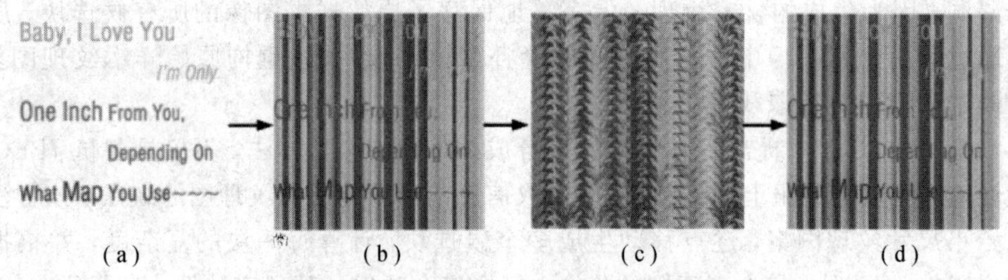

图 6-12　基于几何形变的 Marbling 信息隐藏方法示例

上述方法中隐藏的信息是具有含义的文字或图案，故不适用于二进制数据的隐藏。本章参考文献[12]对该方法进行了改进，提出在隐写前首先生成多种不同的单元，且每个单元包含多种特征，如形状、颜色、角度等；隐写者根据待隐藏的二进制数据从单元库中选择单元，并确定对应的特征；再将这些单元绘制到白纸上，添加与之协调的背景元素和色彩，通过预先定义的形变操作生成一幅具有 Marbling 效果的图像。

隐写者首先构建一个包含多种不同特征的单元库，用来表征二进制数据与图形单元之间的映射关系；根据秘密信息从单元库中选取图形，并确定图形在白纸上的摆放位置，绘制一幅含有隐写单元的图像；随后在其中添加背景元素，并通过可逆形变操作来生成一幅具有复杂纹理结构的含密图像。接收者在提取信息时，根据密钥对含密图像进行逆操作，去除背景图形后使用匹配滤波器识别源图像中的图形，通过分析其摆放位置和图形特征来提取秘密数据。

6.3　基于生成对抗网络的隐写方法

本节介绍一种基于生成对抗网络的隐写方法。首先将待隐藏文本信息进行编码；然后以联合编码后的秘密信息与噪声作为驱动来生成含密图像样本，并将其在公共网络上传输；接收方利用判别器和一系列函数转化器从含密图像中提取出相应的秘密信息，经过译码得到原始文本信息，从而实现载体合成的信息隐藏。因为没有对图像作任何改变，所以该方法能抵抗各类传统隐写分析方法的检测。

6.3.1　生成对抗网络

生成对抗网络(Generative Adversarial Networks，GAN)来源于博弈论中的二人零和博弈[13]，其结构如图 6-13 所示，它由一个生成器和一个判别器组成。任意可微分的函数都可以用来表示 GAN 的生成器(G)和判别器(D)[16]。

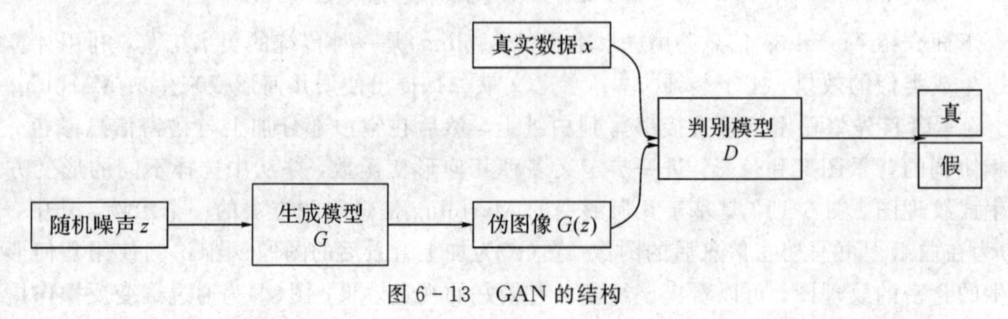

图 6-13　GAN 的结构

GAN 主要应用在无监督学习上，它能从输入数据动态采样并生成新的样本。GAN 通过同时训练以下两个神经网络进行学习(设输入分别为真实数据 x 和随机变量 z)：

(1) 生成模型(G)：以噪声 z 的先验分布 $p_{\text{noise}}(z)$ 作为输入，生成一个近似于真实数据分布 $p_{\text{data}}(x)$ 的样本分布 $p_G(z)$。

(2) 判别模型(D)：判别目标是真实数据还是生成样本。如果判别器的输入来自真实数据，那么标注为 1；如果输入样本为 $G(z)$，那么标注为 0。

GAN 的优化过程是一个极小极大博弈(Minimax Game)问题，因此在 GAN 的训练过程中解决了以下优化问题：

$$L(D, G) = E_{x\sim p_{\text{data}}(x)}[\log D(x)] + E_{z\sim p_{\text{noise}}(x)}[\log(1 - D(G(z)))] \rightarrow \min_G \max_D \quad (6-1)$$

式中，$D(x)$代表 x 是真实图像的概率；$G(z)$是从输入噪声 z 产生的生成图像。

ACGAN(Auxiliarg Classifier GAN)是 GAN 的衍生模型，其结构如图 6 - 14 所示。本章参考文献[15]提出在 GAN 的基础上把类别标签同时输入给生成器和判别器，由此不仅可以在生成图像样本时生成指定类别的图像，同时该类别标签也能帮助判别器扩展损失函数，提升整个对抗网络的性能。

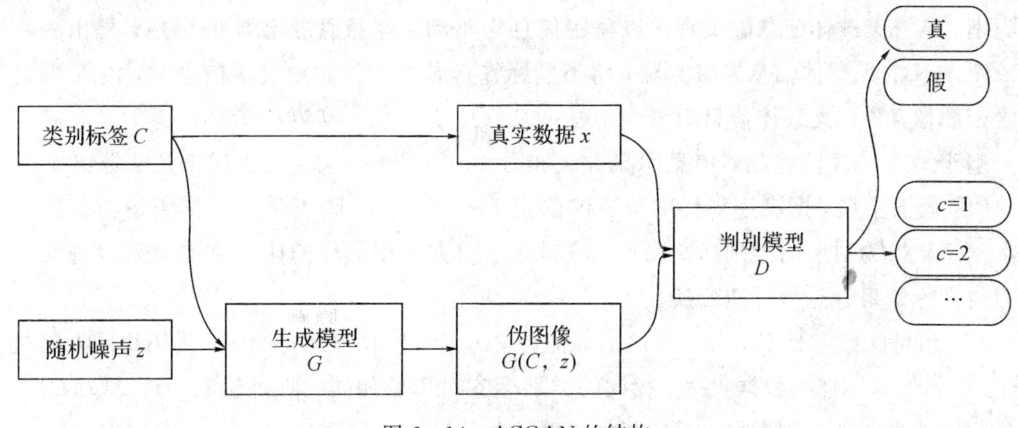

图 6 - 14　ACGAN 的结构

ACGAN 的判别器中额外添加了一个辅助译码网络(Auxiliary Decoder Network)，用来计算相应的类别标签的概率，然后更改损失函数，增加正确预测类别的概率。

在 ACGAN 中，每一个生成样本都有相应的类别标签，ACGAN 的输入除 z 外还有 $C\sim P_C$，生成器 G 同时使用 z 和 C 来生成图片 $X_{\text{fake}}=G(C, z)$，判别器 D 输出数据来源的概率分布 $P(S|X)$和类别标签的概率分布 $P(C|X)=D(X)$。目标函数有两部分：正确来源的似然对数 L_S 和正确类别的似然对数 L_C，其表达式分别为

$$L_S = E[\log P(S = \text{real} \mid X_{\text{real}})] + E[\log P(S = \text{fake} \mid X_{\text{fake}})] \quad (6-2)$$

$$L_C = E[\log P(C = c \mid X_{\text{real}})] + E[\log P(C = c \mid X_{\text{fake}})] \quad (6-3)$$

训练 D 使得 L_S+L_C 最大，训练 G 使得 L_S-L_C 最小。ACGAN 对于 z 所学得的表征独立于类别标签 C。ACGAN 的结构与现有 GAN 的结构类似，但是该模型与标准 GAN 相比，训练过程更加稳定，且改善了早期训练时保持模型不变的条件下，增加类别数量会降低模型输出质量的不足。该模型能生成更多类别的指定图像，为实现载体合成隐写创造了条件。

生成对抗网络(Generative Adversarial Networks，GAN)[13]的特点是由噪声驱动来生成图像样本，当前已实现输入噪声后能输出随机的伪自然图像。假如把噪声替换为秘密信息后仍能输出伪自然图像，就可实现直接以秘密信息为驱动来生成含密载体的合成式信息隐藏。但是传统的GAN难以实现直接以秘密信息替换噪声来驱动生成伪自然图像，结合ACGAN(Auxiliary Classifier GAN)[14]联合类别标签与噪声作为驱动来生成图像样本的方法，把秘密信息编码为对应的类别标签后，使指定的类别标签表示某种秘密信息，再与随机噪声联合作为驱动来生成伪自然图像，实现秘密信息的隐藏。GAN生成的是随机的伪自然图像，而ACGAN通过控制类别标签的输入来生成指定类别的图像样本，因此根据生成的图像样本能够提取出输入的原始类别标签，实现秘密信息的提取，由此实现无载体完全构造式信息隐藏。

6.3.2 基于ACGAN的无载体信息隐藏

考虑到ACGAN的生成器能联合随机噪声 z 和类别标签 C 作为驱动，并由此生成指定类别图像样本，且类别标签 C 可为多个类别(C_1，C_2，C_3，…)，同时判别器能输出生成图像的类别，结合无载体信息隐藏直接以秘密信息为驱动来生成含密载体的思想，提出一种基于ACGAN的无载体信息隐藏方法，将类别标签 C 替换为待隐藏文本信息 K，由 K 驱动生成含密图像，实现无载体信息隐藏。

基于ACGAN的无载体信息隐藏方法如图6-15所示，它主要由以下几部分组成：

(1) 码表字典，即汉字与类别标签的映射关系库。构建码表字典的作用是将待隐藏的文本信息转换为对应的类别标签序列，这样通信双方使用同样的码表字典就可以把文本信息与类别标签组合进行可逆变换。

(2) 信息隐藏和提取方法。在通信之前，发送方与接收方事先约定，采用相同的随机变量 z、相同的真实样本数据集 X、相同的类别标签 C 以及相同的训练步数训练ACGAN，以得到相同的生成器与判别器，通信双方应对这些信息严格保密。

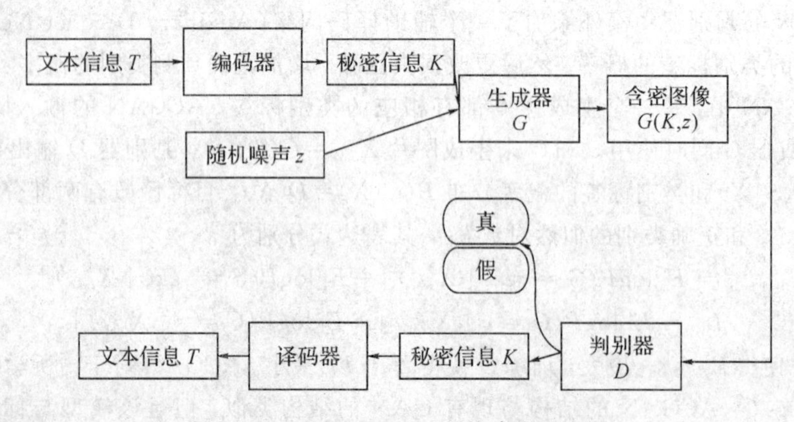

图6-15 基于ACGAN的构建隐写结构

在信息隐藏时，首先对待隐藏文本信息根据码表字典存在的词或单字进行分词，再连续选取 m 个词或单字组成一组，得到文本信息片段；然后根据码表字典将其编码成秘密信息片段；最后把秘密信息片段输入到训练好的 ACGAN 中，通过生成器生成含密图像进行传递。

在信息提取时，将接收到的含密图像输入到判别器中，输出秘密信息片段；然后根据构建好的码表字典，通过查表将对各秘密信息片段译码成对应的文本信息片段；最后按照顺序连接所有的文本信息片段；得到所接收到的含密图像中隐藏的文本信息。

1. 码表字典的构建

就基于 ACGAN 的载体合成隐写方法而言，考虑到计算的复杂度，所构建的码表字典首先要能涵盖全部的常用汉字(即国家一级字库中的 3755 个汉字)，此外还需要尽量涵盖国家二级汉字和一些常用词组及标点符号，以提高信息隐藏的容量。基于 mnist 手写体数字集有 0 到 9 共 10 个类别标签，该方法选定 10 000 个类别标签组合来构建码表字典，即每 4 个数字(每个数字都可从 10 个数字中选取)为一组，共 10 000 组，每组对应一个汉字单字或词组，构建一个如表 6-1 所示的常用汉字(或词组)与类别标签组合一一对应的码表字典。在选择类别标签组合时，可由程序随机生成数字组合，以保证字典的随机性。为增加破译难度，应当定期更换码表字典，以降低同一码表字典的使用频率。

表 6-1　码表字典示意表

汉字或词组	类别标签组合
武	0001
武警	0012
武警部队	3057
…	…

2. 隐藏方法

文本信息的隐藏和提取是信息隐藏方法的重点。在信息隐藏时，主要考虑如何将待隐藏的文本信息编码成相应的类别标签组合，联合类别标签与随机噪声作为驱动，通过控制类别标签的输入生成指定类别的伪自然图像，实现秘密信息的隐藏。隐藏方法的结构如图 6-16 所示。

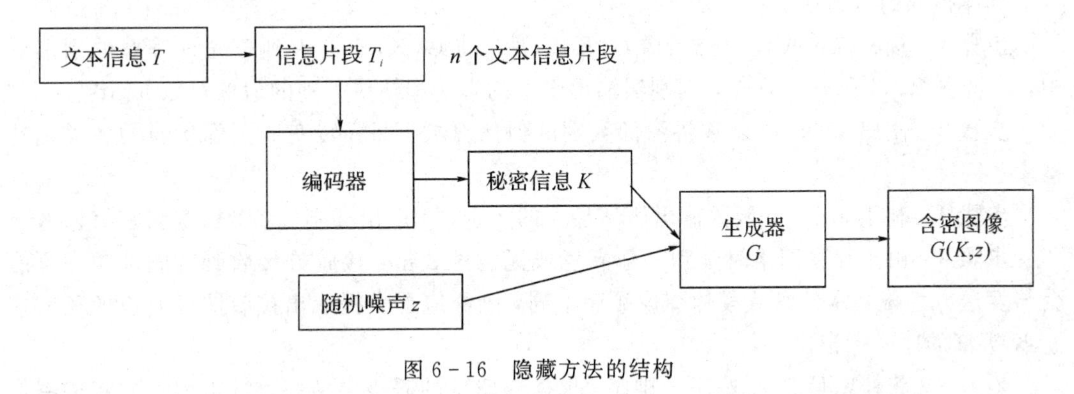

图 6-16　隐藏方法的结构

具体隐藏的步骤如下：

步骤1 对需要隐藏的文本信息 T，根据码表字典存在的词或单字进行分词，每 m 个汉字或词组为一组，为使接收方在提取到文本信息片段后能正确地排列组合，以还原初始的文本信息 T，在每组头部添加一个序号标记(为保证编码的一致性，序号标记也采用4位数字编码)，将文本信息 T 分成 n 个文本信息片段，即 $T=\{T_1, T_2, \cdots, T_n\}$。

步骤2 根据构建好的码表字典，通过查表将每个文本信息片段编码成 $4(m+1)$ 个对应的类别标签，构成一个新的秘密信息片段，记为 K。

步骤3 将生成器中的类别标签 C 直接替换成秘密信息 K，把 K 输入到事先训练好的ACGAN中，调用生成器已训练好的权重值，生成器通过 K、z 的联合输入，经过一系列反卷积、正则化等操作后生成含密图像 $G(K, z)$进行传递。

3. 提取方法

在信息提取时，接收方将接收到的含密图像输入到判别器后，ACGAN的判别器只能输出图像的真伪和图像属于各个类别的似然对数，并不能直接输出秘密信息片段。将图像类别的似然对数通过softmax函数转化为图像属于各个类别的概率，再通过argmax函数将图像类别的概率转化为类别标签，由此得到秘密信息片段。然后通过反向查表将秘密信息片段译码成相应的文本信息片段，按照序号标记依次连接所有文本信息片段，即得到含密图像中隐藏的文本信息。提取方法的结构如图6-17所示。

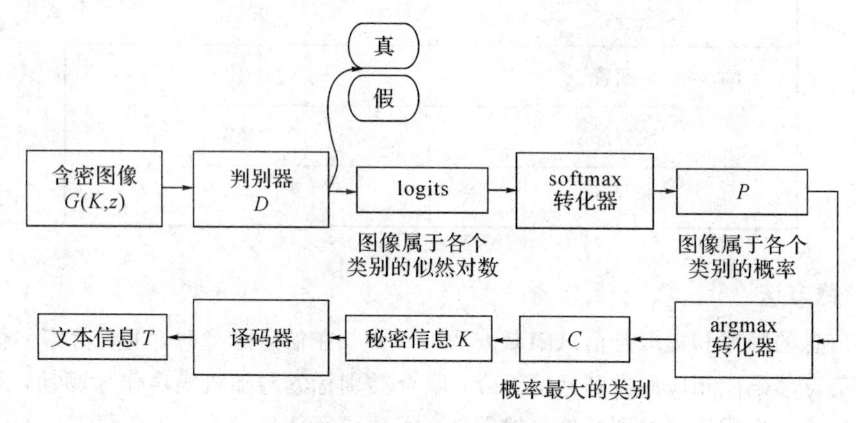

图6-17 提取方法的结构

具体提取的步骤如下：

步骤1 接收方接收到含密图像 $G(K,z)$后，将 $G(K,z)$输入到事先训练好的判别器中，经过卷积、正则化等操作，判别器输出图像的真伪和图像类别的似然对数logits。

步骤2 使用softmax函数将图像类别的似然对数logits转变成图像所属的各类别的概率。

步骤3 利用argmax函数输出概率最大的类别，提取出类别标签，得到秘密信息 K。

步骤4 由于存在网络时延和其他有意或无意的攻击，接收方接收到的图像顺序可能会与发送方隐藏文本信息片段的图像顺序不同，因此应首先提取出接收图像对应的秘密信息K头部的序号标记。

步骤5 将秘密信息 K 按序号排序，根据构建好的码表字典，通过查表依次将秘密信

息 K 译码成对应的文本信息片段，按照顺序连接所有的文本信息片段，得到接收到的含密图像中隐藏的文本信息 T。

6.4　基于生成模型的图像合成隐写——数字化卡登格子

本节介绍一种新的基于生成模型图像合成隐写方法[15]。该方法基于生成对抗网络的生成模型，发送方可以利用秘密信息和隐写密钥，通过生成器直接生成含密载体，再利用通信双方共享的密钥信息进行信息的嵌入和提取。在这个框架的基础上，利用图像补全技术，实现了一个数字化的卡登格子(Digital Cardan Grille)隐写方案。

在 16 世纪，Cardan 构造了一个格子，将其放到一封普通的信中获取秘密信息。他还改进了这个模式，构造了一串随机字母来隐藏真正的信息，这个方法也被称为一种古典密码方案。生成对抗网络作为一种构造强大生成器的技术，被直接应用到基于生成(合成)的隐写方案中。首先在生成隐写框架的基础上，根据古典的卡登格子隐写方法，提出一个改进的卡登格子方法，该方法利用基于对抗网络的图像补全技术，通过定义一个信息约束和真实度约束来生成含密载体。

6.4.1　生成隐写框架

生成隐写框架的基本思路符合 Fridrich 的载体合成隐写信道的基本思想，在此基础上，借助生成对抗网络的生成器，使得这个方法从理论变为一个实际可行的方案。生成隐写框架如图 6-18 所示。

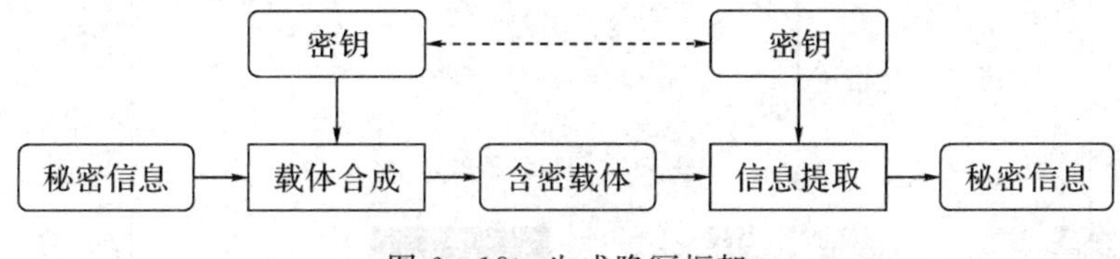

图 6-18　生成隐写框架

在上述方案中，发送方用信息直接构建一个载体，这个载体携带了所需的信息，因此被称为含密载体。信息隐藏的根本属性要求这个载体要与普通的载体在统计上具有不可区分性。嵌入算法在这里实际上就变成一个生成过程。通信双方共享的密钥 key，保证了信息的安全性，生成含密载体的自然程度决定了隐写信道的安全程度。

生成隐写方案一般应该满足以下三个条件，称为生成隐写条件(Generative Steganography Conditions，GSC)，即

$$s = G(m, \text{key}) \tag{6-4}$$

$$m = C(s, \text{key}) \tag{6-5}$$

$$p_{\text{stego}} = p_{\text{real}} \tag{6-6}$$

式(6-4)即条件 1，表示由信息 m 和密钥 key 生成或合成一个含密载体 s 的过程，这里 G 是一个生成器或构造器，信息嵌入的过程实际上就是生成的过程。式(6-5)即条件 2，表示信息 m 可以由 s 和秘钥 key 通过信息提取算法 C 得到。式(6-6)即条件 3，p_{stego} 是含密载

体的分布，p_{real}是真实载体的分布。这三个条件的核心是构造一个生成器，其对抗过程可以保证生成器的分布 p_g 在理论上与真实数据分布 p_{data} 相等，即 $p_g = p_{data}$。将生成器应用到隐写中，还需要保证生成的含密载体 s 能够提取出信息，即满足条件 2。因此，生成过程不仅需要考虑信息提取的可靠性，还要保证含密载体的自然程度。

6.4.2 基于图像补全的生成隐写方案

卡登格子是最早的生成隐写方法之一，本小节利用对抗网络和生成隐写的基本框架，将其改造成一种自动化进行图像隐藏的现代方法。具体做法是将其纳入到生成隐写框架下，并通过为生成器增加一个信息提取损失函数来完成隐写的过程。其基本框架如图 6-19 所示。

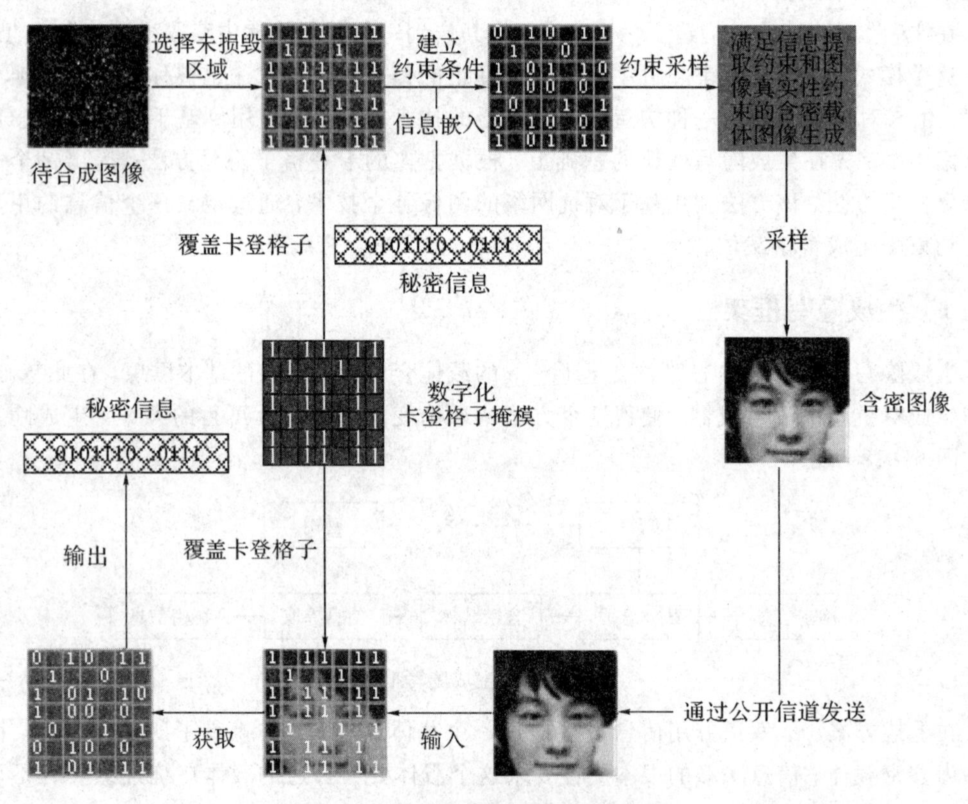

图 6-19　基于卡登格子的隐写框架

发送方将待补全的图像作为输入的载体图像，通过定义一个掩模即卡登格子(Cardan Grille)，确定信息填写的位置，将秘密信息直接填入到相关位置。然后将这个含有秘密信息的待补全图像输入到图像补全模块中(采用基于对抗网络的图像补全方法实现图像补全)。补全好的图像通过公开渠道发送给接收方。接收方在得到该图像后，利用通信双方共享的掩模卡登格子在含密图像中确定信息隐藏的位置，从而提取出秘密信息。这个过程可对应表示为

$$s = G(m, \mathrm{key}_{grille}) \tag{6-7}$$

$$m = C(s, \mathrm{key}_{grille}) \tag{6-8}$$

其中，key_{grille}是卡登格子的位置、结构信息，可以看做通信双方共享的密钥；G 是生成器，

在这里为了使得隐藏过程生成的图像等尽量自然，可采用基于对抗网络的图像补全技术来实现。训练目标是 s 的分布与真实图像数据的分布足够小，在理想情况下达到最优。

选择秘密信息 m 及一个固定尺寸的卡登格子掩模结构 Mask_{CG}，以及需要补全的输入图像块 I-corrupted。需要注意的是，这个掩模的尺寸、值以及在损毁图像块中的位置是通信双方共享的信息。整个过程主要分为以下几个阶段。

1. 信息预处理

假设输入图像损坏的那部分的尺寸是 $a\times b$，此处假定 $a=b=3$。通过定义相同尺寸 $p\times q$ 掩模 Mask_{CG}，$p=3$，$q=3$，来确定嵌入信息的位置。定义 Mask_{CG} 值为

$$\text{Mask}_{\text{CG\_3}\times 3} = \begin{matrix} 1 & 0 & 1 \\ 0 & 1 & 0 \\ 1 & 0 & 1 \end{matrix} \tag{6-9}$$

其中，1 表示此位置可以隐藏信息；0 表示此位置不能隐藏信息。Mask_{CG} 的中心位置信息在损毁图像的中心即 $(a/2, b/2)$。接着，将信息 m 以行为主序逐行存储到所写入图像中被损毁区域可以隐藏信息的位置，得到扩展的信息 m'，m 可以由 m' 与 Mask'_{CG} 的 Hadamard 积得到，即 $m=m'\odot\text{Mask}'_{\text{CG}}$，其中，$\text{Mask}'_{\text{CG}}$ 表示对 Mask_{CG} 进行零填充，使其大小与 m' 尺寸一致。

2. 含密载体生成

此阶段的目标是将 m' 作为一个生成器的输入，希望生成器完成含密载体的生成。生成器不仅需要对图像进行补全，使其看起来像一幅真实的图像，且满足式(6-6)即条件 3；同时还需要保证信息提取过程能够正确提取出信息，且满足式(6-5)即条件 2。算法利用本章参考文献[9]中的内容进行图像补全，同时在这个过程中引入信息损失，保持信息的稳定性。

首先为图像补全定义一些符号。使用一个二值掩码 M，也就是只有 0、1 两个值，其中值为 1 表示图像这部分需要保留，值为 0 表示这部分需要补全。现在可以定义，在给定了二值掩码 M 之后如何对损毁的图像 y 进行补全。假设已经找到了一个 z，可以生成一个对缺失值进行重构的合理的 $G(\hat{z})$。补全的像素 $(1-M)\odot G(\hat{z})$ 可以加到原始像素上，得到重构的图像为

$$x_{\text{reconstructed}} = M\odot y + (1-M)\odot G(\hat{z}) \tag{6-10}$$

同时还需要让生成的图像满足能够进行信息提取的约束，即

$$m = G(\hat{z})\odot\text{Mask}_{\text{CG}} \tag{6-11}$$

接下来定义关于 $z\sim p(z)$ 的损失函数。损失函数越小，表明生成的图像越好。

上下文损失：为了得到和输入图像相同的上下文，需要确保 y 已知像素对应位置的 $G(z)$ 尽可能相似。所以，当 $G(z)$ 的输出和 y 已知位置图像不相似时，需要对 $G(z)$ 进行惩罚。为此，用 $G(z)$ 减去 y 中对应位置的像素，然后得到它们不相似的程度为

$$L_{\text{contextual}}(z) = \| M \odot G(z) - M\odot y \|_1 \tag{6-12}$$

其中，$\| \boldsymbol{x} \|_1 = \sum_i |x_i|$ 是某个向量 $\boldsymbol{x}$ 的 L_1 范数。

感知损失：为了重构一个看起来真实的图像，需要确保判别器判定图像看起来是真实的。本节采用 DCGAN 中的判别损失作为图像真实度感知损失：

$$L_{\text{perceptual}}(z) = \log(1 - D(G(z))) \tag{6-13}$$

信息损失：在信息隐藏中，需要保证卡登格子掩码 Mask_{CG}生成的信息尽可能相似，因此需要增加一个消息损失函数：

$$L_{\text{message}}(z) = \| \text{Mask}'_{\text{CG}} \odot G(z) - \text{Mask}'_{\text{CG}} \odot m' \|_1 \tag{6-14}$$

其中，m'为输入的含有密码信息的损毁图像；Mask_{CG}'为将掩模进行四周零填充的扩展掩模。增加的卡登格子掩码的约束，使得生成的图像对应位置的像素值与秘密信息的差别尽量小。在理想情况下，已知部分的 y 和 $G(z)$的像素是相等的，也就是对于已知位置的像素 i 有 $\| M \odot G(z)_i - M \odot y_i \| = 0$，同时 $\| \text{Mask}' G(z) - \text{Mask}' m' \| = 0$ ，$L_{\text{contextual}}(z) = 0$。

最后利用这些所有的失真去找到一个 z，从而获得满足以上要求的采样，即

$$L(z) = \lambda_p L_{\text{perceptual}}(z) + \lambda_c L_{\text{contextual}}(z) + L_{\text{message}}(z) \tag{6-15}$$

$$\hat{z} \equiv \arg\min L(z) \tag{6-16}$$

其中，λ_p和 λ_c是超参数，用于控制这两者相对于信息损失的关系。

3. 信息提取

图像信息提取将与发送方共享的信息 Mask_{CG}直接覆盖到生成的图像上，即可获得相应位置的秘密信息，最后利用行主序读取秘密信息，获取秘密信息序列，基本操作如下：

$$m = G(\hat{z}) \odot \text{Mask}'_{\text{CG}} \tag{6-17}$$

其中，Mask'_{CG}对 Mask_{CG}进行零填充的结果。

6.4.3 实验结果

在 LFW 数据集[16]上测试上述生成隐写方案。这个数据集包含了超过 13 000 张从网上收集的人脸图像样本，同时使用校准工具将人脸图像样本预处理为 64×64，如图 6-20 所示。本实验使用了来自于 Yeh 等人的 DCGAN 模型架构[17]，改进了本章参考文献[18]中 bamos/dcgan 的代码用来实现图像生成，12 000 个人脸图像样本用于训练 DCGAN。训练的参数设置与本章参考文献[11]的一样。卡登格子的位置设定在图像中心，其大小固定为 32×32，与损坏区域的大小相同。同时将秘密信息随机化，这样就可以按定量的方式给出信息嵌入的稳定性。

图 6-20 LFW 人脸图像样本

生成的含密图像结果如图 6-21 所示，需要说明的是，对于每个示例，第 1 列为来自数据集的原始图像；第 2 列为缺少中心区域的图像；第 3 列为无填充的卡登格子；第 4 列为使用随机信息来填充格子；第 5 列为带信息的损坏图像；第 6 列为生成的含有秘密信息的图像。可以看出，该方法能成功地预测缺失的内容。需要强调的是，在这个实验中，卡登格子

是随机产生的，在彩色图像的每一层，都嵌入随机生成的隐密信息。

图 6-21　生成含密图像结果

图 6-22 给出了生成图像的过程，迭代次数从 60 次到 600 次。可以看出，随着迭代次数的增加，互补图像变得更加真实。

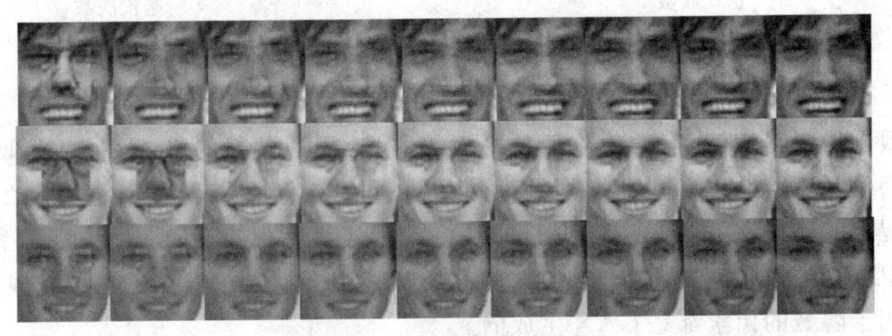

图 6-22　生成图像的过程

接下来，展示了信息提取的结果，图 6-23 给出了信息隐藏的整个过程。注意，图中最后两个图像显示了提取的信息与隐藏信息之间的误差。由于图像所有的像素都是生成的，像素值均有随机性，因此提取出的信息不可能完全与嵌入信息相同。

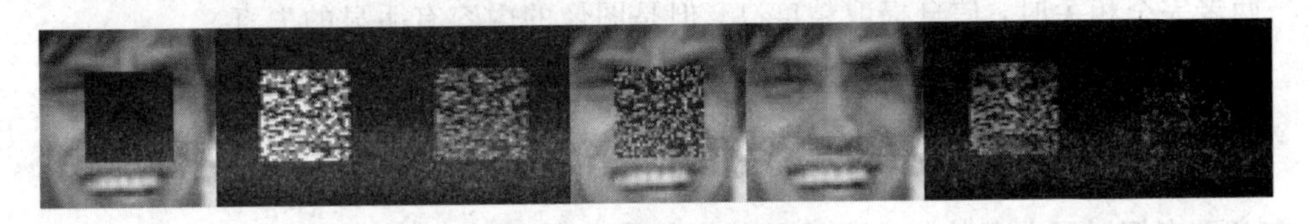

图 6-23　信息提取过程

图 6-24 为不同稳定性指标下的信息提取错误率与迭代次数的关系。稳定性指标指的

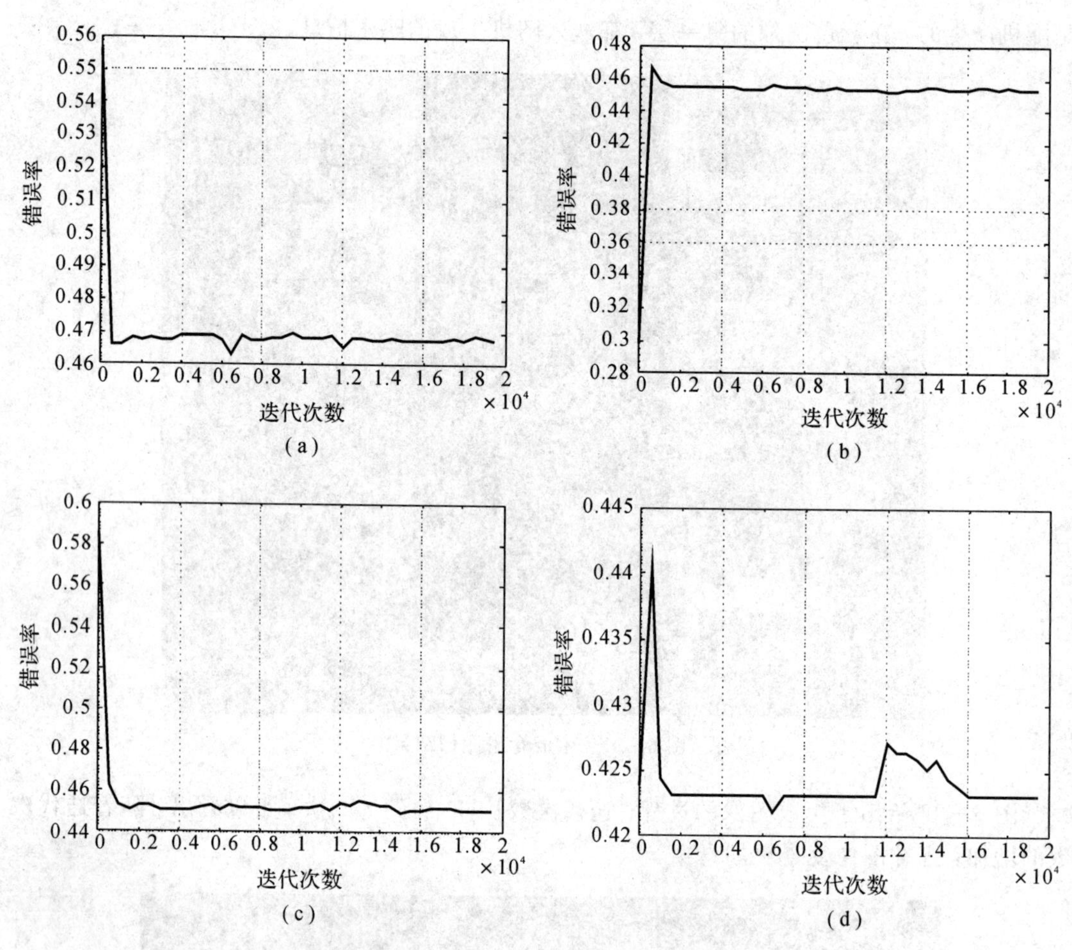

图 6-24　不同位平面嵌入的提取错误率

是，在损毁图像中，嵌入的信息存在于位平面的位置。可以预料的是，该信息在低位稳定性较低，在高位则稳定性较高，但图像失真可能更严重。实验结果表明，随着稳定性指标的增加，信息提取的错误率降低。但需要指出的是，当稳定性指标为 7 时，最佳错误率为 0.42。这主要是因为在之前的实验中，卡登格子是随机生成的，大约 50%的用于信息隐藏的区域，所有用于隐藏的像素都是 GAN 生成的。

该实验提出了一种构建生成隐写方案的具体方法，即利用语义图像补全技术生成由秘密信息直接驱动的含密图像。与基于文本的方法和图像文本映射方法相比，该方法保证了含密图像内容的逻辑合理性。该方法可以扩展到其他媒体，如文本、视频和其他字段。值得注意的是，假设信息丢失和文本转换丢失同样重要，当两者完全不相关时，图像生成得更好；当两者完全相关时，信息提取精度高，但是图像的内容有明显的失真。

本 章 小 结

本章重点探讨了非载体修改方式的新型信息隐藏方法，包括选择特定载体的载体选择隐写与载体合成隐写。一方面需要借鉴传统的载体修改信息隐藏研究中的许多成果，如隐写编码等；另一方面需要形成新型信息隐藏独具特色的理论基础和核心方法。事实上，新型信息隐藏绝非本章涉及的载体选择隐写与载体合成隐写知识所能涵盖的。信息隐藏的形态在新的网络环境下将不断发展和变化，网络上的各种信息媒介均可作为秘密信息的伪装，因此努力开展新型信息隐藏研究将极其有利于以新的战争形态打赢新时期的信息战，特别是基于生成对抗网络的图像合成方案为基于载体合成的隐写带来了新的实现方式。

习　题　6

6.1　无修改隐写最大的特点是什么？

6.2　当前无修改大致有哪几类方法？

6.3　为什么之前的基于合成方法的隐写多用纹理作为最终的含密图像？

6.4　简述基于载体选择和载体合成方法的优缺点。

6.5　请参考生成隐写的特点，设计一种基于生成隐写框架。

本章参考文献

［1］ Fridrich J. Steganography in Digital Media：Principles Algorithms and Applications. UK：Cambridge University Press，Cambridge，2010.

［2］ 周志立，曹燚，孙星明. 基于图像 bag-of-words 模型的无载体信息隐藏. 应用科学学报，2016，34(5)，527－536.

［3］ Efros A A，Freeman W T. Image Quilting for Texture Synthesis and Transfer［C］. Proceedingsof 28th Annual Conference Computer Graphics Interactive Techniques，SIGGRAPH，2001：341－346.

［4］ Ashikhmin M. Synthesizing Natural Textures［C］. //Proceedings of the symposium on Interactive 3D Graphics，ACM Press，2001：217－226.

［5］ Kwatra V. Texture Optimization for Example-Based Synthesis［J］. ACM Transactions Graphics，2005，24(3)：795－802.

［6］ Dong F，Ye X. Multiscaled Texture Synthesis Using Multisized Pixel Neighborhoods［J］. IEEE Computer Graphics and Applications，2007：41－47.

［7］ Otori H，Kuriyama S. Data-embeddable Texture Synthesis［C］. //Proceedings of the 8th International Symposium on Smart Graphics，Kyoto，Japan，2007，146－157.

［8］ Otori H，Kuriyama S. Texture Synthesis for Mobile Data Communications［J］. IEEE Computer Graphics and Applications，2009，29(6)：74－81.

［9］ Wu K C，Wang C M. Steganography Using Reversible Texture Synthesis［J］. IEEE Transactions Image Processing，2015，24(1)：130－139.

［10］ Qian Z，Zhou H，Zhang W，et al. Robust Steganography Using Texture Synthesis［C］. Proceedings of the 12th International Conference on Intelligent Information Hiding and Multimedia Signal Processing (IIH-MSP 2016)，2016.

［11］ Xu J，Mao X，Jin X. Hidden Message in a Deformation-Based Texture［J］. Visual

Computer，2015，31：1653－1669.

［12］ 潘琳，钱振兴，张新鹏. 基于构造纹理图像的数字隐写. 应用科学学报，2016，34(5)：625－632.

［13］ Goofellow I，Pouget A J，Mirz M，et al. Generative Adversarial Nets. In：Proceedings of the 2014 Conference on Advances in Neural Information Processing Systems 27. Montreal，Canada：Curran Associates，Inc，2014：2672－2680.

［14］ Odena A，Olah C，Selens J. Conditional Image Synthesis With Auxiliary Classifier GANs[J]. Computer Science，2016.

［15］ Liu Jia，Zhou Tanping，et al. Digital Cardan Grille：A Modern Approach for Information Hiding. https：//arxiv.org/abs/1803.09219，2018.

［16］ Learned-Miller E，Huang G B，Roychowdhury A，et al. Labeled Faces in the Wild：A Survey. Advances in Face Detection and Facial Image Analysis. Springer International Publishing，2016.

［17］ Yeh R，Chen C，Lim T Y，et al. Semantic Image Inpainting with Perceptual and Contextual Losses，2016.

［18］ Amos B. Image Completion with Deep Learning in TensorFlow. Available at https：//github.com/bamos/dcgan-completion.tensorflow.

第 7 章　图像隐写分析技术

与密码技术相比，隐写术的优势是在传递秘密信息的同时还可以掩盖通信的过程，但这种掩盖不是完全的。通常认为隐写系统对攻击者是保密的，但隐写的通信信道有可能被攻击者获取，攻击者会对信道进行监视，寻找可疑信息。攻击者的这种行为被称为隐写分析，它是隐写术的反过程。

现代隐写分析技术对载体的分析主要采用统计检测法。在用统计检测法选择特征之前，需要先知道隐写者使用的载体和隐写方法。但对隐写分析者来说，有的时候获取这些信息是困难的。依据获取信息的不同，统计隐写分析可分为专用隐写分析和盲隐写分析。

专用隐写分析是在已知隐写者使用的载体和隐写方法的情况下，对分析对象中是否含有秘密信息作出判断的方法。盲隐写分析是在已知隐写者使用的载体而未知隐写方法的情况下，对分析对象中是否含有秘密信息作出判断的方法。

本章 7.1 节将介绍这两类隐写分析方法，7.2 节将精选几种专用隐写分析方法进行详细介绍，7.3 节将介绍盲隐写分析中检测器的设计步骤及常见的用于盲隐写分析的特征和分类器。

7.1　隐写分析方法的分类

先来回顾隐写的过程。隐写在传递秘密信息的同时还要掩盖通信的过程，因此隐写的实现不仅需要隐写算法，还需要载体。隐写的过程通常是这样的，首先将秘密信息隐藏在看似普通的载体对象中，然后采用某种隐写算法以隐蔽的方式在通信信道中进行传输。在通信开始前，隐写者和接收者需要共同选择用于嵌入秘密信息的载体对象，共同设计秘密信息的隐藏和提取算法。隐写分析者是不知道隐写者选择的载体对象和设计的隐写算法，也就是说隐写系统对隐写分析者是保密的。如果按照密码学中 Kerchhoffs 准则要求，隐写系统的安全性不应依赖于系统保密而应依赖于密钥。一旦隐写算法或载体落入敌人之手，通信信道的安全不应受到威胁。但目前大部分隐写系统都不遵守 Kerchhoffs 准则，安全性依赖于系统保密，原因是隐写者默认隐写过程具有保密性，很难被隐写分析者发现。在这种默认前提下，隐写分析者无法获取除密钥外全部的载体对象和隐写算法的所有细节信息，最多只能获得其中的部分信息。

虽然无法获取隐写系统除密钥外的全部细节信息，但一般认为，隐写分析者至少可以获取隐写者的通信信道。隐写分析者可以对信道上所有的通信载体进行分析，但不清楚哪些载体用于嵌入秘密信息，也不清楚隐写者使用的嵌入算法。获取隐写者的通信信道后，隐写分析者可以扮演三种不同的角色。如果隐写分析者只检查通信信道的流量，不对通信本身进行干扰，那么这时的隐写分析者是被动看守；如果隐写分析者对某一载体产生了怀疑，从而预防性的扰乱隐写信道，比如对通信信道中的图像进行JPEG压缩、调整图像大小或裁剪图像、对图像进行轻微滤波操作等，那么这时的隐写分析者是主动看守；如果隐写分析者尝试猜测隐写者的嵌入算法，并试图冒充隐写者以混淆通信双方，这时的隐写分析者是恶意看守。本书主要关注隐写分析者为被动看守的情形。

在被动看守的情形下，隐写分析目的有三个：一是揭示秘密信息的存在性，或者以高于随机猜测的概率指出存在秘密信息的可能性；二是估计秘密信息的嵌入量和隐藏位置；三是确定隐写算法，估计密钥，并提取秘密信息。这三个目的是三个不同的隐写分析层次(依次为第一、二、三层)，随着分析的程度逐次加深，困难度也逐步加大。其中，第一层目的是首要的也是最重要的一步。从理论上来说，如果隐写分析者能够以高于随机猜测的概率区分载体和载密对象，就可以说他对隐写信道的攻击是成功的。本书主要讨论隐写分析的第一层目的。

不论多么简单的隐写方法都至少会保证载体的视觉不可见性，利用人眼对载体进行分析是困难的。现代隐写分析技术对载体的分析主要采用统计检测法。统计隐写分析过程可表述为一个统计假设检验模型，对检测对象 x 利用检验函数 $F: x \rightarrow (0, 1)$ 进行判决，即

$$F(x) = \begin{cases} 0, x\text{中不存在秘密信息} \\ 1, x\text{中存在秘密信息} \end{cases} \tag{7-1}$$

如何判断 x 中是否存在秘密信息，统计检测法从隐写安全性的信息论定义出发，将原始载体的概率密度函数和待检测载体的概率密度函数进行比较，设计算法找出两者的区别。由于多媒体对象，比如数字图像等，通常具有高复杂性和高维度，不可能得到其准确的概率密度函数，因此在实际的隐写分析中，需要建立一个简化模型，以使得检测问题更容易处理。通常使用的简化模型是用一系列数值特征来描述载体。假如载体是一幅图像 $x \in \mathbb{C}$，被映射为一个 d 维特征向量 $\boldsymbol{f} = (f_1(x), \cdots, f_d(x)) \in \mathbb{R}^d$，其中每个 $f_i: \mathbb{C} \rightarrow \mathbb{R}$。这样在用特征向量描述图像后，用于表示载体图像的随机变量 $x \sim P_c$，载密图像的随机变量 $y \sim P_s$ 被转变为 $\mathbb{R}^d$ 中相应的随机变量 $f(x) \sim p_c$，随机变量 $f(y) \sim p_s$。实际的统计检测法就是选择合适的特征，使 $f(x)$ 和 $f(y)$ 之间的距离尽可能大。在检测时，$F(x)=0$ 意味着 x 被检测为载体图像，$F(x)=1$ 意味着 x 被检测为载密图像。检测器也会出现两种分类错误：虚警和漏检。虚警率是载体图像被误判为载密图像的概率，漏检率是载密图像被误判为载体图像的概率。在实际的检测过程中，宁愿虚警，也不要漏检，也就是宁愿将载体图像误判为载密图像，也不能漏检掉载密图像，在用机器学习方法构造检测器时，通常调整分类器参数使得虚警率较低。

在用统计检测法选择特征之前，需要先知道隐写者使用的载体和隐写方法。但对隐写分析者来说，有的时候获取这些信息是困难的。依据获取信息的不同，统计隐写分析可分为专用隐写分析和盲隐写分析。

7.1.1 专用隐写分析

专用隐写分析是在已知隐写者使用的载体和隐写方法的情况下，对分析对象中是否含有秘密信息作出判断的方法。专用隐写分析中使用的特征是根据嵌入算法的知识构造的，构造一个好特征的关键是找出这种特定嵌入算法对载体统计特性的影响，一般只需要单个标量特征就能获得良好的分析性能，有的不仅能揭示秘密信息的存在性，完成隐写分析的

第一层目的，还能估计秘密信息的嵌入量和隐藏位置，甚至确定隐写算法、估计密钥，可靠性高。但它只能针对某一具体嵌入算法或者嵌入操作进行分析，适用范围窄。

针对LSB的专用隐写分析发展最为成熟。由于LSB隐写时像素值仅存在$2i$($i\in\{0, 1, \cdots, 127\}$)和$2i+1$之间的转换，而不存在$2i$和$2i-1$之间的转换，导致了具有成对灰度值的像素数趋于相等的现象(即值对现象)，用卡方分析法[1]可以对其进行检测，对于信息顺序嵌入的较高嵌入容量的LSB，卡方检测不仅能以很高概率判定载体是否含有秘密信息，还可以估计秘密信息的大小。但如果嵌入操作不是顺序而是随机的，或者嵌入容量较小，卡方检测就难以奏效了。RS分析法[2]可以对非顺序嵌入的LSB替换进行有效检测，而卡方检测利用像素直方图进行分析，这种只利用单个一阶统计量的方法无法捕捉到图像相邻像素之间的关系。RS分析法利用图像相邻像素的强相关性，基于隐写前后图像平滑度的变化来检测秘密信息更加可靠、精确。样本对分析法(Sample Pair Analysis，SPA)[3,4]是RS分析的一个特例，基于有限状态机可实现对嵌入量小于0.03bpp的LSB替换的检测，这样的检测精度对隐写分析来说是革命性的。卡方分析和RS分析法在DCT域上对Jsteg同样有效。

针对LSB匹配的精确检测难度要比LSB替换大很多，LSB匹配通过随机加/减1代替LSB翻转，破坏了嵌入操作的对称性，成功挫败了大多数针对LSB替换的精确攻击。Harmsen等人[5]把信息隐藏过程建模为加性高斯噪声的叠加过程，提取图像直方图特征函数(Histogram Characteristic Function，HCF)的质心(Center Of Mass，COM)作为特征，用切比雪夫不等式证明了含密图像HCF的COM小于载体图像HCF的COM，利用此特性实现了对LSB匹配的检测。

Fridrich等人在本章参考文献[6]中提出了一种移位剪切重压的图像校准方法，可实现对载体图像统计特性的估计。针对F5算法(简称F5)，Fridrich等人[6]利用测试图像和校准图像直方图的差异估计了数据嵌入率；针对OutGuess算法(简称OutGuess)，Fridrich等人[7]利用测试图像和校准图像的空域块效应的变化估计了数据嵌入率。

其他的专用分析方法还有很多，由于篇幅有限，本章仅精选以上专用分析方法将在7.2节中进行详细介绍。

7.1.2 盲隐写分析

盲隐写分析是在已知隐写者使用的载体而未知隐写方法的情况下，对分析对象中是否含有秘密信息作出判断的方法。与专用隐写分析相比，盲隐写分析不知道隐写者使用的具体隐写方法，所提取的特征应能检测尽可能多的隐写方法，包括将来的新方法。为了达到此目的，盲隐写分析往往需要提取较大的特征集，并且采用机器学习的方法实现，它一般只能揭示秘密信息的存在性，完成隐写分析的第一层目的，且检测精度没有专用隐写分析高。但盲隐写分析的适用范围广，可检测多种隐写方法，更重要的是，它对未知的隐藏方法也具有一定的检测能力，这使得盲隐写分析可用于实际的隐写检测中，具有较强的实用性。

早期盲隐写分析方法中效果较好的是Farid等人[8-10]提出的小波高阶统计方法，该方法对图像采用QMF(Quadrture Mirror Filter)分解，为图像构建高阶统计模型，将每一小波子带系数及对系数幅值的最佳线性预测误差的均值、方差、偏度和峰度作为特征向量，以此训练FLD、线性SVM或非线性SVM，所用算法对空域隐写算法和JPEG压缩域隐写算法均可进行分析。为了提高精度，随后学者们考虑对空域隐写算法和JPEG压缩域隐写算法分别进行检测，形成针对空域隐写算法的盲隐写分析方法和针对JPEG压缩域隐写算法的盲隐写分析方法。

Holotyak等人[11]提出用小波高阶统计量对基于加性噪声模型的空域隐写算法进行分类的三步框架：估计隐写信号、提取特征和分类。他们将含密图像的小波变换看成非平稳高斯载体和隐写信号的混合，并应用小波变换来估计隐写信号，提取隐写信号直方图的归一化偶数高阶矩作为特征，实现了空域隐写算法的盲检测。Goljan等人[12]对Holotyak的算法做了进一步改进，提出了小波绝对矩分析法(Wavelet Absolute Moment，WAM)，该分析法一方面仍从小波高频子带中提取特征；另一方面不再用很高阶的偶数矩，而是计算1到9阶的非归一化绝对值中心矩，其对低嵌入率含密图像的检测效果有较大提高。Pevny等人[13]使用差分像素邻接矩阵(Subtractive Pixel Adjacency Matrix，SPAM)对LSB Matching算法进行了分析，首先在8个方向对图像进行差分处理，然后沿各自方向分别提取差分图像的一步或二步马尔可夫转移概率矩阵作为特征，结合Gaussian核的非线性SVM分类器进行分类，检测效果较之前算法取得明显进步。

Fridrich等人针对JPEG压缩域隐写算法提出了一种基于一阶和二阶分布特征的隐写分析算法[14]，并将它作为对比JPEG图像隐写算法嵌入机制的评价工具。该算法提取量化后DCT系数的一阶和二阶统计量共23维作为特征，包括全局DCT系数直方图、DCT低频系数直方图、DCT系数对直方图、空域中沿8×8块边界的跳变量之和、8×8块中量化DCT系数的方差和块间DCT系数的共生矩阵。为了提高特征对秘密信息嵌入的敏感性，还使用移位剪切重压的校准方法，显著提高了检测率。Fridrich提取的二阶统计量只利用了DCT系数的块间相关性，Shi等人[15]进一步利用块内相关性，他们定义了差分JPEG 2-D数组，并沿差分数组的水平、垂直、对角和反对角方向提取一步马尔可夫转移概率矩阵作为特征。Pevny等人[16]对Fridrich的23维特征进行了扩展，并融合了Shi的324维特征，最终提取得到274维特征，使得检测效果有了显著提高。

基于最小化嵌入失真的隐写算法HUGO的出现将盲隐写分析的研究推向了一个新的高度。HUGO通过定义失真代价函数来确定信息的修改方向，使修改对图像统计特性造成的影响尽可能小，这一过程使得以上特征在检测时变得无效。

对抗类似HUGO算法的有效方法之一就是提取能够更好表征图像模型的特征。通过将多种特征进行组合，Fridrich等人提出了高维富模型(Rich Model，RM)特征，该特征是盲隐写分析中最重要的特征之一，将在下一章中进行详细介绍。

由于篇幅有限，本章仅从以上盲分析方法中精选几种在7.3节中进行详细介绍。

7.2 专用隐写分析方法

7.2.1 针对LSB替换的分析

LSB替换隐写时，翻转LSB会导致具有成对灰度值的像素数趋于相等的现象(值对现象)，用卡方分析法可以对其进行检测，当载密图像满嵌或者按照已知路径部分嵌入时，卡方分析是相当有效的。但当信息沿随机路径非满嵌嵌入时，卡方分析将失效。RS分析法利用图像相邻像素的强相关性，可对非顺序嵌入的 LSB 替换进行有效检测。SPA 分析法是 RS 分析法中的一个特例，基于有限状态机可实现对嵌入量小于 0.03 bpp 的 LSB 替换的检测，是目前 LSB 替换隐写分析中最精确的方法之一。

SPA 分析法利用有限状态机隐写前后状态的变化进行分析[3,4,17]。有限状态机的状态是选择的样本对的多重集合。对于自然图像而言，如果样本对是从数字化的连续信号中抽取出来的，则相邻像素对所构成的多重集之间有着固定的关系。而 LSB 替换隐写会改变这种固定关系，利用多重集统计关系的变化可以对 LSB 替换进行分析。

假设 s_1、s_2、…、s_N 表示连续的数字信号，其中的下标表示样本所在的位置。一个样本对记为(s_i, s_j)，$1\leqslant i, j\leqslant N$。$P$ 为由二元组(u, v)组成的多重集，u、v 是两个样本的值。P 的子多重集 D_n，为形如$(u, u+n)$或$(u+n, u)$的样本对组成的集合，其中 $0\leqslant n\leqslant 2^b-1$，$b$ 是表示每个样本所需的比特数。对于每个整数 m，$0\leqslant m\leqslant 2^{b-1}-1$，记 C_m 为 P 的多重子集，定义为

$$C_m = \left\{(u, v)\in P \mid \left\lfloor\frac{u}{2}\right\rfloor-\left\lfloor\frac{v}{2}\right\rfloor = m \text{ 或} \left\lfloor\frac{v}{2}\right\rfloor-\left\lfloor\frac{u}{2}\right\rfloor = m\right\} \tag{7-2}$$

显然 D_{2m} 包含于 C_m，但 D_{2m+1} 由 C_{m+1} 和 C_m 共享。其中，D_{2m+1} 可分为两个子多重集，分别记为 X_{2m+1} 和 Y_{2m+1}，且 $X_{2m+1}=D_{2m+1}\cap C_{m+1}$，$Y_{2m+1}=D_{2m+1}\cap C_m$，其中 $0\leqslant m\leqslant 2^{b-1}-2$，$X_{2^b-1}=\varnothing$，$Y_{2^b-1}=D_{2^b-1}$。$X_{2m+1}$ 是形如$(2k-2m-1, 2k)$或$(2k, 2k-2m-1)$的样本对组成的子多重集，Y_{2m+1} 是形如$(2k-2m, 2k+1)$或$(2k+1, 2k-2m)$的样本对组成的子多重集，且当 P 的样本对在时域上均匀分布时，满足：

$$E\{|X_{2m+1}|\}=E\{|Y_{2m+1}|\} \tag{7-3}$$

即在 m 不太大时，子多重集 D_{2m+1} 中样本对的较大元素分别为奇数和偶数的概率几乎一样。

为分析 LSB 替换嵌入对样本对的影响，考虑四种嵌入模式 π：00、01、10、11，其中，1 代表样本对中对应的样本经过了 LSB 反转，0 表示对应样本不变。对每个 m，$1\leqslant m\leqslant 2^{b-1}-1$，子多重集 C_m 可划分为 X_{2m-1}、D_{2m} 和 Y_{2m+1}。C_m 在嵌入过程中是封闭的，而 X_{2m-1}、D_{2m} 和 Y_{2m+1} 并不满足封闭性。任取 X_{2m-1} 的一个样本对(u, v)，则$(u, v)=(2k-2m-1, 2k)$或$(u, v)=(2k, 2k-2m+1)$，如果(u, v)以模式 01 进行嵌入，那么$(u', v')=(2k-2m+1, 2k+1)$或$(u', v')=(2k, 2k-2m)$。而 X_{2m} 是形如$(2k-2m, 2k)$或$(2k+1, 2k-2m+1)$的样本对组成的 P 的子多重集，Y_{2m} 是形如$(2k-2m+1, 2k+1)$或$(2k, 2k-2m)$的样本对组成的 P 的子多重集，显然 X_{2m} 和 Y_{2m} 组成了 D_{2m} 的一个划分，即多重集 C_m 可划分为四个子多重集：X_{2m-1}、X_{2m}、Y_{2m}、Y_{2m+1}，称为 C_m 的跟踪子多重集；且在 LSB 替换嵌入中，C_m 是封闭的，而其四个跟踪子多重集不封闭但可相互转化，这个过程可由图 7-1 所示的有限状态机来描述。图 7-1 表示了样本对在不同嵌入模式的驱动下，在四个跟踪子多重集间的相互转化。

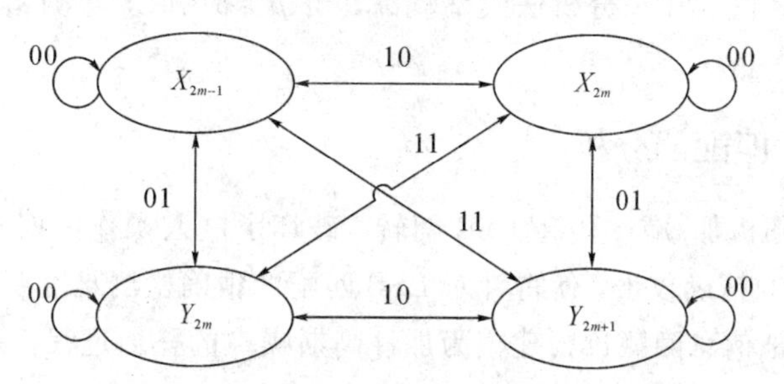

图 7-1　跟踪子多重集之间的转化关系

图 7-1 中并未包含多重集 C_0，C_0 在嵌入过程中也是封闭的，且可划分为 Y_1 和 D_0，如图 7-2 所示。

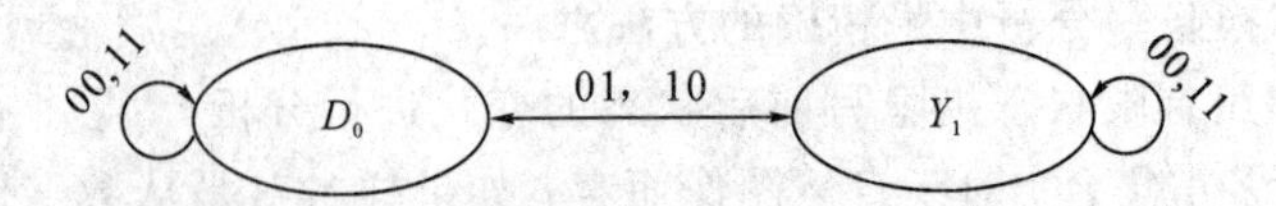

图 7-2　多重集 C_0 的有限状态机

图 7-1 和图 7-2 所示的有限状态机的重要意义在于，可以利用嵌入模式的概率来统计出跟踪多重集在 LSB 嵌入前后的变化，如果在时域上进行随机 LSB 嵌入，那么这个概率将是嵌入信息长度的函数。

对每种更改模式 $\pi\in\{00, 10, 01, 11\}$ 和任意子多重集 $A\in P$，记 $\rho(\pi, A)$ 为 A 中样本对以模式 π 更改的概率；记 p 为嵌入信息的比特长度与样本数之间的比值，则有：

(1) $\rho(00, P)=(1-p/2)^2$。

(2) $\rho(01, P)=\rho(10, P)=p/2(1-p/2)$。

(3) $\rho(11, P)=(p/2)^2$。

根据图 7-1，有

$$|X_{2m-1}|(1-p)^2=\frac{p^2}{4}|C_m|-\frac{p}{2}(|D'_{2m}|+2|X'_{2m-1}|)+|X'_{2m-1}| \tag{7-4}$$

$$|Y_{2m+1}|(1-p)^2=\frac{p^2}{4}|C_m|-\frac{p}{2}(|D'_{2m}|+2|Y'_{2m+1}|)+|Y'_{2m+1}| \tag{7-5}$$

其中，$1\leqslant m\leqslant 2^{b-1}-1$。对于 $m=0$，由图 7-2 可得到

$$|Y_1|(1-p)^2=|C_0|\frac{p^2}{2}-\frac{p}{2}(|D'_0|+2|Y'_1|)+|Y'_1| \tag{7-6}$$

由式(7-4)～式(7-6)，以及 $E\{|X_{2m+1}|\}=E\{|Y_{2m+1}|\}$，$0\leqslant m\leqslant 2^{b-1}-2$，我们最终可以得到以下二次等式来估算 p 的值：

$$\frac{(|C_m|-|C_{m+1}|)p^2}{4}-\frac{(|D'_{2m}|-|D'_{2m+2}|+2|Y'_{2m+1}|-2|X'_{2m+1}|)p}{2}+|Y'_{2m+1}|-|X'_{2m+1}|=0,\ m\geqslant 1 \tag{7-7}$$

$$\frac{(2|C_0|-|C_1|)p^2}{4}-\frac{(2|D'_0|-|D'_2|+2|Y'_1|-2|X'_1|)p}{2}+|Y'_1|-|X'_1|=0,\ m=0 \tag{7-8}$$

上述二次方程中的参数都可以从信号中统计得到，并不需要原始信号。二次方程中较小的根即是 p 的估计值。SPA 分析法效率较高，当 $p>3\%$ 时，检测错误率几乎为 0，误差约为 0.023。

7.2.2　针对 LSB 匹配的分析

LSB 匹配通过随机加/减 1 代替 LSB 翻转，破坏了嵌入操作的对称性，成功挫败了大多数针对 LSB 替换的精确攻击，使得针对 LSB 匹配的精确检测难度要比 LSB 替换大很多。Harmsen 等人[5, 18]把信息隐藏过程建模为加性高斯噪声的叠加过程，并在此框架下对 LSB 匹配算法进行了分析，如图 7-3 所示。

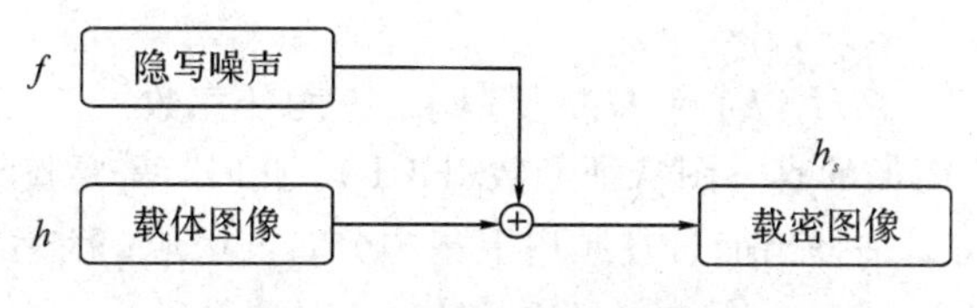

图 7-3　加性噪声隐写模型

LSB 匹配分析方法将嵌入的秘密信息看做载体图像上增加的独立同分布的噪声，加入噪声后会导致图像直方图平滑，如图 7-4 所示。因为载体图像和隐写噪声可以被认为是两个独立随机变量，而载密图像则是它们和的概率质量函数，也就是它们各自概率质量函数的卷积，因此载密图像直方图h_s 可看做载体图像直方图 h 的低通滤波：

$$h_s = h * f \tag{7-9}$$

其中，f 是隐写噪声的概率质量函数。

或者

$$h_s[i] = \sum_j h[j] f[i-j] \tag{7-10}$$

其中，索引 i、j 遍历由直方图中颜色个数决定的索引集合(例如，对于 8 bit 灰度图像，$i, j \in \{0, 1, \cdots, 255\}$)。

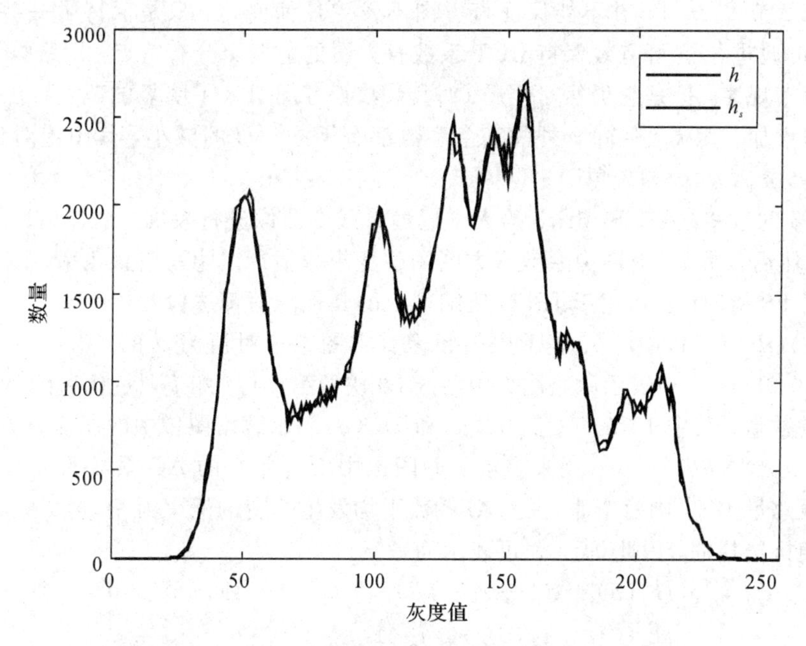

图 7-4　添加隐写噪声后的图像直方图变得平滑

由此，可以通过分析图像直方图平滑来对 LSB 匹配进行隐写分析。由卷积的低通性质可知，h_s 比 h 更平滑，所以它的能量集中在低频区域。将直方图和噪声的概率质量函数转换为傅里叶表达式，式(7-9)中的卷积就可用乘积代替。

记一个 N 维向量 $\boldsymbol{x}$ 的离散傅里叶变换(DFT)为

$$X[k] = \sum_{j=0}^{N-1} x[j]\, \mathrm{e}^{-\mathrm{i}\frac{2\pi jk}{N}} \tag{7-11}$$

式中，i 表示虚数。则载密图像直方图的傅里叶变换为载体图像直方图和噪声概率质量函数的点乘：

$$H_S[k]=H[k]F[k],\ (k\text{ 为任意数}) \tag{7-12}$$

函数H_S称为载密图像的直方图特征函数(HCF)。此时，需要找到一个可由 HCF 中计算出的量，通过该量可以估计出能量在频谱上集中分布的区域。因为 DFT 绝对值关于中点$k=N/2$对称，所以利用$k=0, 1, \cdots, N/2-1$对应系数计算出$|H|$的重心(COG)是对能量分布的一种合理度量：

$$\mathrm{COG}(H)=\frac{\sum_{k=0}^{N/2-1}k|H[k]|}{\sum_{k=0}^{N/2-1}|H[k]|} \tag{7-13}$$

用切比雪夫和不等式可以证明，只要$|F[k]|$非递增，则有

$$\mathrm{COG}(H_S)\leqslant \mathrm{COG}(H) \tag{7-14}$$

使用不等式(7-14)可实现对彩色图像 LSB 和 LSB 匹配算法的有效检测。

7.2.3 针对 F5 的分析

由 2.3.2 节可知，F5 并不能保证直方图不发生任何变化，只是保持了一些关键特性。通过对 F4 的改进，F5 可有效保持 DCT 系数直方图的前两个分布特点，即维持了系数直方图递减的分布规律，但是它仍然对全局 DCT 系数直方图引入了明显的改变，首先是使得 0 值系数显著增加；其次是使除 0 外的其余系数都有不同程度的减小，其中绝对值为 1 的系数显著减小(被称为“收缩现象”)。

针对 F5 的这些缺陷，Fridrich 等人[6]通过对载密图像进行校准，估计出原始图像的系数直方图，然后根据 F5 对图像系数直方图的改变规律估计出隐写信息比率。该方法的思路不仅可用于 F5 检测，也可用于 JPEG 压缩域上的其他隐写算法检测[17]。

用$h(d)(d=0, 1, 2, \cdots)$表示原始图像直方图中绝对值为d的量化 AC 系数总数；$h_{kl}(d)(d=0, 1, 2, \cdots)$表示原始图像中各 8×8 块的第$k$行、第$l$列量化后的 AC 系数的绝对值为$d$的数量，其中$1\leqslant k, l\leqslant 8$；$H(d)$和$H_{kl}(d)$表示载密图像中的相应直方图。

记$T=h(1)+h(2)+\cdots$，用来表示原始图像中所有非 0 的 AC 系数的数量。设隐写时更改的系数总量为n，则每个非 0 的 AC 系数平均发生改变的概率为$\beta=n/T$。由于 F5 的嵌入位置是随机选择的，因此$H_{kl}(d)$可表示为

$$\begin{cases}H_{kl}(d)=(1-\beta)h_{kl}(d)+\beta h_{kl}(d+1), & d>0\\ H_{kl}(0)=h_{kl}(0)+\beta h_{kl}(1), & d=0\end{cases} \tag{7-15}$$

由上式可知，若$h_{kl}(d)$已知，则就可利用该式计算含未知参量β的载密图像系数直方图，然而$h_{kl}(d)$是未知的。通过对载密图像进行校准，可得到原始图像系数直方图$h_{kl}(d)$的估计，并利用式(7-15)计算$H_{kl}(d)$的估计值，采用最小二乘法最小化$H_{kl}(d)$和$H_{kl}(d)$估计值之间的误差来估算未知参量β，即

$$\beta_{kl}=\arg\min_{\beta}\{[H_{kl}(0)-\hat{h}_{kl}(0)-\beta\hat{h}_{kl}(1)]^2+[H_{kl}(1)-(1-\beta)\hat{h}_{kl}(1)-\beta\hat{h}_{kl}(2)]^2\} \tag{7-16}$$

其中，$\hat{H}_{kl}(d)$表示利用$\hat{h}_{kl}(d)$得到的$H_{kl}(d)$的估计值。

由于F5隐写导致的0系数显著增加，因此这里仅用式(7-15)对未知参量β进行估计，即

$$\hat{\beta}_{kl}=\frac{\hat{h}_{kl}(1)[\hat{H}_{kl}(0)-H_{kl}(0)]+[H_{kl}(1)-\hat{h}_{kl}(1)][\hat{h}_{kl}(2)-\hat{h}_{kl}(1)]}{\hat{h}_{kl}^2(1)+[\hat{h}_{kl}(2)-\hat{h}_{kl}(1)]^2} \tag{7-17}$$

利用式(7-17)分别计算块中$(k, l)\in\{(1, 2), (2, 1), (2, 2)\}$三个位置上的$\hat{\beta}_{kl}$，并取均值作为更改比率估计值$\hat{\beta}$。若能取得系数被改变的概率估计值$\hat{\beta}$，就可进一步估计嵌入信息比率。

由F5的嵌入机制可知，隐写引起的系数更改总量n由两部分构成：$n=z+t$，其中，z、t分别表示隐写时系数改变后为0和不为0的系数数目，并且改变为0的系数占被更改的系数的比率是$P_z=h(1)/T$，则$z=nP_z$，因此$t=n(1-P_z)$。F5的嵌入效率$E=m2^m/(2^m-1)$，则隐写信息比率为

$$\begin{aligned}p=Et&=\frac{2^m}{2^m-1}mn(1-P_z)=\frac{2^m}{2^m-1}m\beta T\left(1-\frac{h(1)}{T}\right)\\&=\frac{2^m}{2^m-1}m\beta(T-h(1))\end{aligned} \tag{7-18}$$

其中，$T=\sum\limits_{i\geqslant 1}h(i)\approx\sum\limits_{i\geqslant 1}\sum\limits_{\substack{k,\ l=1\\k+1>2}}^{8}\hat{h}_{kl}(i)$；$m$为未知参数。

由F5原理可知系数改变的密度为$D=1/2^m$，而系数更改总量可表示为$n=\beta T$，且$t=\beta(T-h(1))$。从而有$t=(T-z)D$，进而有

$$\hat{m}=\left[\frac{\log_2(T-\hat{\beta}\hat{h}(1))}{\hat{\beta}(T-\hat{h}(1))}\right] \tag{7-19}$$

以上方法中有一步非常关键，就是由载密图像估计出原始图像的系数直方图，如果无法估计出原始图像系数直方图，则上述方法不能奏效。Fridrich的这种估计方法被称为图像移位剪切重压校准法。其具体步骤如下：

(1) 将JPEG载密图像解压至空域。

(2) 在解压后的图像的上、左两个方向各裁剪4行、4列。

(3) 对裁剪后的图像进行低通滤波，滤波后重新进行8×8分块，对各块进行2维DCT变换。用裁剪前载密图像的量化表重新量化压缩。

(4) 对上一步量化后得到的DCT系数进行统计，得到原始图像系数直方图的估计$\hat{h}(d)$。

图像解压到空域经过裁剪后，裁剪前的8×8分块间的不连续将会使得新的8×8分块的高频部分增加非0的AC系数。为了提高原始图像系数直方图的估计精度，在压缩前可对裁减后的图像进行低通滤波，消除载密图像分块间的不连续性。秘密信息的估计主要是利用0、−1和1系数频率，因此其估计精度也将主要受0、−1和1系数频率的影响。低通滤波虽然能够在很大程度上消除裁剪前分块间的不连续性，但不能完全消除，仍会增加高频的非0系数，特别是系数1和−1的。因此，在对β进行估计时，只使用了$(k, l)\in\{(1, 2), (2, 1), (2, 2)\}$三个低频位置，而不使用全局的系数直方图。

7.2.4 针对OutGuess的分析

OutGuess可保证JPEG图像所有DCT系数的直方图在隐写前后不发生变化，因此可

以很好地抵抗卡方攻击。但 OutGuess 会破坏 DCT 系数块的分块效应。JPEG 压缩量化后的 DCT 系数小块在解压回空域后，块与块之间会有一定的不连续性(分块效应)，OutGuess 隐写时会增大这种不连续性。针对这个缺陷，Fridrich 等提出了对 OutGuess 的专用分析方法，检测并估计 OutGuess 的嵌入比率[7, 17]。

假设 $h(i)$表示 DCT 系数直方图中值为 i 的 DCT 系数个数，T 表示图像中非 0 和 1 的 DCT 系数总数。

OutGuess 隐写中载体图像最大隐写容量 $2aT$ 应满足：

$$a=\min_i \frac{h(2i+1)}{h(2i+1)+h(2i)} \tag{7-20}$$

其中，$h(2i)>h(2i+1)$。

为了保持直方图不变，OutGuess 在嵌入秘密信息后，会对 DCT 系数进行修正。若 p 表示秘密信息的嵌入比率，则当 $h(2i)>h(2i+1)$时，值为 $2i$ 的系数被更改的数量为 $pah(2i)$，值为 $2i+1$ 的系数被更改的数量为 $pah(2i+1)$，这将引起图像系数直方图的变化。为了修正这些变化，OutGuess 在值为 $2i+1$ 的系数中引入新的更改，使得值为 $2i$ 和 $2i+1$ 的系数被更改的数量都为 $pah(2i)$。因此，隐写后图像中被更改的 DCT 系数的数量为

$$T_p=2pa\sum_{i\neq 0}\bar{h}_{2i}=paT+pa\sum_{i\neq 0}\left|\bar{h}_{2i}-h_{-2i}\right| \tag{7-21}$$

其中，$\bar{h}_{2i}=\max(h(2i), h(2i+1))$，$h_{-2i}=\min(h(2i), h(2i+1))$。式(7-21)等号右边第一项表示由嵌入引起更改的数量，第二项表示由修正引起更改的数量。

给定一个含 n 个整数的集合，从中随机选取 u 个整数构成子集 U，对其中所有整数的 LSB 进行翻转；再随机选取 v 个整数构成子集 V，对其中所有整数的 LSB 进行翻转。经过两次翻转后，n 个整数中被更改的整数数量为 $u+v-(2uv/n)$，其中 uv/n 为两次都被选中的整数数量，是子集 U 和 V 的交集中整数的数量。

因此，如果在已含有 $2paT$ 比特秘密信息的图像中再隐写长度为 $2qaT$ 比特的秘密信息，其中 $0\leqslant q\leqslant 1$，则值为 $2i$ 和 $2i+1$ 的 DCT 系数中频数较多的系数被更改的数量期望值为

$$pa\bar{h}_{2i}+qa\bar{h}_{2i}-2pqa^2\bar{h}_{2i}=a\bar{h}_{2i}(p+q-2pqa) \tag{7-22}$$

因为 $2i$ 和 $2i+1$ 中数量较少的系数数量为 $n=h_{-2i}$，而为了保持直方图不变，两次嵌入对该系数的更改数量必须为 $pa\bar{h}_{2i}$和 $qa\bar{h}_{2i}$，所以数量较少的系数被更改的数量期望值为

$$pa\bar{h}_{2i}+qa\bar{h}_{2i}-\frac{2pqa^2\bar{h}_{2i}}{h_{-2i}}=a\bar{h}_{2i}\left(p+q-\frac{2pqah_{-2i}}{h_{-2i}}\right) \tag{7-23}$$

由此，在连续嵌入两个相互独立且长度分别为 $2paT$ 和 $2qaT$ 比特的秘密信息后，图像的 DCT 系数被更改的数目为

$$T_{pq}=2a\sum_{i\neq 0}\bar{h}_{2i}(p+q-\frac{2pqa(1+\bar{h}_{2i})}{h_{-2i}}) \tag{7-24}$$

JPEG 图像的分块效应可用公式描述为

$$B=\sum_{i=1}^{[(M-1)/8]}\sum_{j=1}^{N}\left|S_{8i,j}-S_{8i+1,j}\right|+\sum_{i=1}^{M}\sum_{j=1}^{[(N-1)/8]}\left|S_{8i,j}-S_{8i+1,j}\right| \tag{7-25}$$

用 $B_s(\beta)$表示在待检测图像中再嵌入比率为 β 的秘密信息后的分块效应；$B(\beta)$表示在原始图像中嵌入比率为 β 的秘密信息后的分块效应；$B_1(\beta)$表示在原始图像中先嵌入比率为

1 的秘密信息，再嵌入比率为 β 的秘密信息后分块效应。从而可得

$$R_1 = B_1(1) - B(1) = d(T_{11} - T_{10}) = 2ad\sum_{i\neq 0}\bar{h}_{2i}\left(1 - a\left(1 + \frac{\bar{h}_{2i}}{h_{-2i}}\right)\right) \tag{7-26}$$

$$R_0 = B(1) - B(0) = d(T_{10} - T_{00}) = 2ad\sum_{i\neq 0}\bar{h}_{2i} \tag{7-27}$$

$$R = B_s(1) - B_s(0) = d(T_{p1} - T_{p0}) = 2ad\sum_{i\neq 0}\bar{h}_{2i}\left(1 - ap\left(1 + \frac{\bar{h}_{2i}}{h_{-2i}}\right)\right) \tag{7-28}$$

实验表明，分块效应 B 与系数更改数目 T_p 可以用线性关系来拟合，因此有

$$p = \frac{R_0 - R}{R_0 - R_1} \tag{7-29}$$

OutGuess 中秘密信息嵌入比率的估计过程具体如下：

(1) 解压待检测图像，计算其分块效应 $B_s(0)$。

(2) 在待测图像中嵌入 100％的秘密信息后，解压到空域并计算它的分块效应 $B_s(1)$。

(3) 将待测图像裁剪上 4 行、左 4 列，重新进行 8×8 分块，对 DCT 系数按相同量化表进行量化，以估计原始图像，估计的方法和对 F5 的攻击一样，计算原始图像分块效应的估计值 $\hat{B}(0)$。

(4) 在估计的原始图像中嵌入 100％的秘密信息，解压并计算它的分块效应 $\hat{B}(1)$。

(5) 在(4)得到的图像中再嵌入 100％的秘密信息，计算它的分块效应 $\hat{B}_1(1)$。

(6) 将统计得到的 $B_s(0)$、$B_s(1)$、$\hat{B}(0)$、$\hat{B}(1)$、$\hat{B}_1(1)$代入式(7-29)，即可得到隐写信息比率估计值 $\hat{p}$。

7.3　盲隐写分析方法

7.3.1　盲隐写分析检测器的设计步骤

盲隐写分析是在已知隐写者使用的载体而未知隐写方法的情况下，对分析对象中是否含有秘密信息作出判断的方法。

相比专用隐写分析，盲隐写分析不知道隐写者使用的具体隐写方法，只能获取隐写者使用的载体。在这种情况下，盲隐写分析所提取的特征应能检测尽可能多的隐写方法。为了达到此目的，盲隐写分析检测器的设计无法一步完成，往往需要提取较大的特征集，并且采用机器学习的方法实现，通常包括四个步骤：图像获取(即获取载体和载密图像)、图像特征提取、选取和训练分类器、检测图像(即利用构造好的分类器检测图像)，如图 7-5 所示。其中第二步和第三步是关键步骤，下面分别介绍。

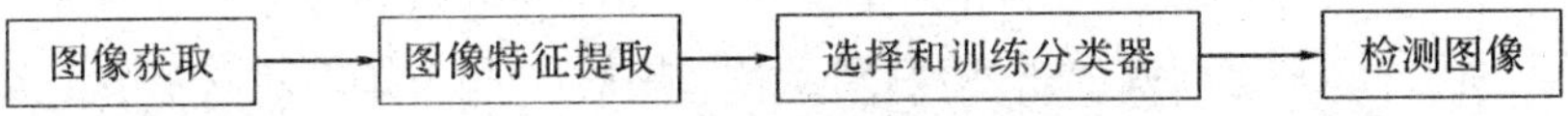

图像获取 → 图像特征提取 → 选择和训练分类器 → 检测图像

图 7-5　盲隐写分析检测器的设计步骤

1. 图像特征提取

判断载体是否存在秘密信息的通常思路是从隐写安全性的信息论定义出发，将原始载

体的概率密度函数和待检测载体的概率密度函数进行比较，设计算法找出两者的区别。但由于数字图像具有高复杂性和高维度，不可能得到其准确的概率密度函数，因此在实际的隐写分析中，一般是建立一个简化模型，以使得检测问题更容易处理。通常使用的简化模型是用一系列低维的数值特征来描述载体，相当于将高维的数字图像映射到低维的特征空间，如图 7-6 所示。

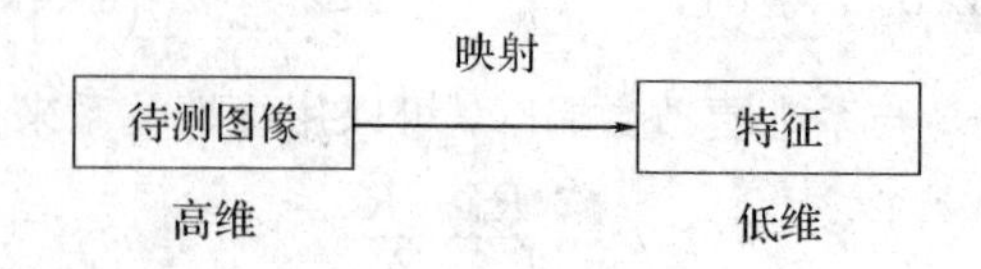

图 7-6　图像特征提取

在专用隐写分析中，通常单一特征就可以构造出一个精确的检测器，而且有的不仅能判别隐写行为，还能估计信息嵌入长度。与之相比，盲隐写分析检测器的构造则需要很多特征，这些特征要能捕捉自然图像所有可能的统计特性，只要隐写者的嵌入操作改变了任何一部分特性都能被检测出来，它是决定检测效果的关键。当分类的目标决定之后，如何找到合适的特征是检测器设计的核心问题。

通常，好的特征应该满足准确性、单调性和一致性的要求。准确性可被解释为特征以最小的平均误差检测隐藏信息存在的能力；单调性表示特征（理想情况下）必须和嵌入信息大小呈单调关系；一致性是指特征应具有一致性检测的能力，这暗示特征必须独立于图像类型和种类。这三个要求都是从直觉上出发的，目前关于特征选取策略还没有完整的理论模型。

2. 选取和训练分类器

特征提取后的下一步就是选取分类器，再用所提特征训练分类器，直到分类器满足一定的精度要求。最后的检测过程就是利用构造好的分类器对待测图像进行分类，如图 7-7 所示。

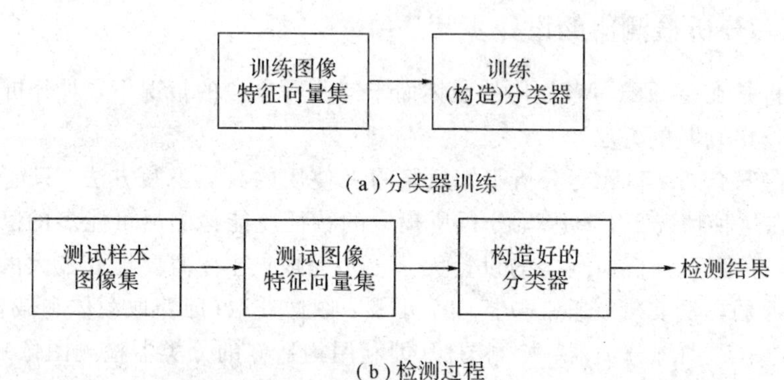

图 7-7　分类器的训练和检测过程

分类器实际上就是一个（或一系列）判别函数（或决策面），如果能够从要解决的问题和训练集出发直接求出判别函数，就不必进行概率密度估计；如果无法直接求出，则需要通过训练集来确定分类器中的参数。分类器的选择比较多，有 Fisher 线性分类器(FLD)、支持向量机(SVM)、集成分类器等，每种分类器都有自己的特点，适用于不同的特征。

7.3.2 常见用于盲隐写分析的特征

在早期的盲隐写分析方法中，Farid 等人[8-10]提出的基于小波系数高阶统计量的特征是比较有效的。该特征的提取过程是对图像采用 QMF(Quadrture Mirror Filter)分解，为图像构建高阶的统计模型，将每一小波子带系数及对系数幅值的最佳线性预测误差的均值、方差、偏度和峰度作为特征向量，以此训练 FLD、线性 SVM 或非线性 SVM。特征对空域和 JPEG 压缩域隐写算法在数据嵌入率较大的情况下均有不错的效果。

Farid 在特征提取前先确定小波分解系数 C 绝对值之间的相关性。自然图像的小波分解系数绝对值之间存在一定的线性相关性，这种线性相关性体现在那些绝对值较大的小波分解系数倾向于出现在相邻分解层次的同一相对空间位置上。同一分解层次、同一方向、相邻空间位置的小波分解系数称为 C 的兄弟(Sibling)；同一分解层次、同一位置、相邻方向的小波分解系数称为 C 的堂兄弟(Cousin)；分解层次高一级、同一位置、相邻方向的小波分解系数称为 C 的姑妈(Aunt)；分解层次高一级、同一位置、同一方向的小波分解系数称为 C 的父母(Parent)。

互信息(平均互信息)代表了两个随机变量之间的统计约束程度，可通过计算小波分解系数 C 的各种“邻居”组合与小波分解系数 C 之间的互信息来确定小波系数之间的相关性。小波分解系数 C 与某个“邻居”组合之间的互信息越大，就说明用该“邻居”与系数 C 之间的相关性越强，用这些组合预测小波分解系数 C 的准确性也越高。计算结果显示，小波分解系数 C 的兄弟和父母与小波分解系数 C 之间的互信息较大。

在确定了小波分解系数绝对值相关性的基础上，Farid 基于可分离的正交镜像滤波器(QMFs)对图像进行分解，如图 7－8 所示。

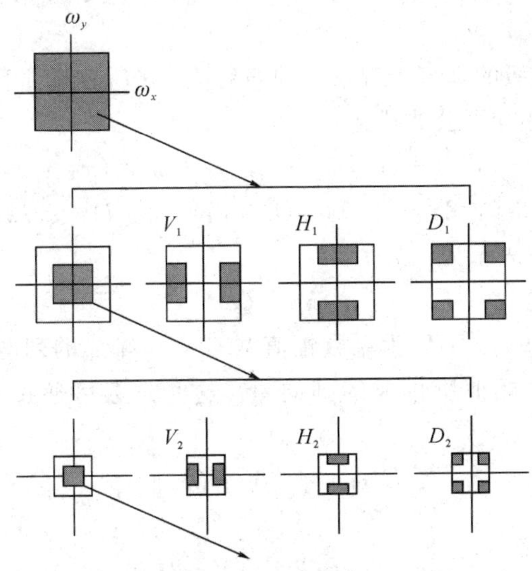

图 7－8 频率空间上理想的多尺度多方位分解

(从上到下分别是 0、1、2 级，从左到右分别是低通、垂直、水平和对角子带)

以灰度图像为例，小波分解将频率空间分为不同的尺度(或分辨率)和方向，即沿着图像轴使用可分离的低通和高通滤波器形成垂直、水平、对角和低通子带，而对低通子带进行递归滤波就形成不同的尺度。尺度 $i=1, \cdots, n$ 上垂直、水平和对角子带分别记为 $V_i(x, y)$、$H_i(x, y)$ 和 $D_i(x, y)$。图 7-9 给出了"disc"图像的 3 级小波分解。

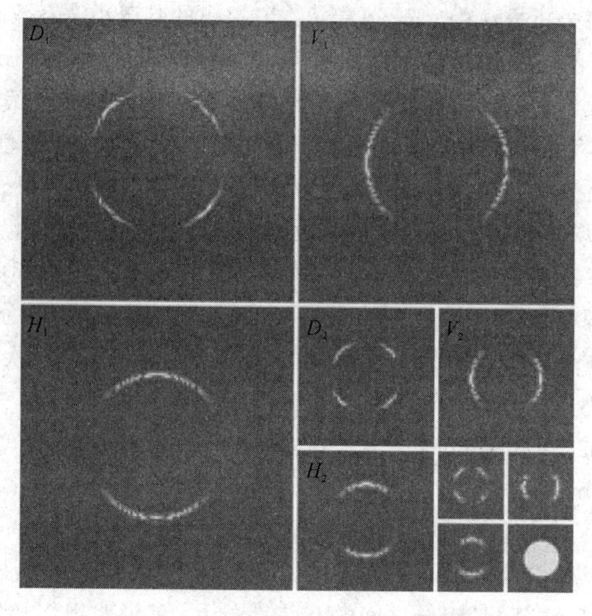

图 7-9 "disc"图像的 3 级小波分解

图像经小波分解后开始提取特征，首先提取不同分解层次（$i=1, \cdots, n-1$）和不同分解方向上每一子带系数的均值、方差、偏度和峰度作为第一组统计量，这些统计量描述了基本的系数分布。第二组统计量是基于系数绝对值线性预测模型的对数误差。一般而言，子带系数绝对值与它们在空间位置、分解方向和分解级上的相邻系数的绝对值都是相关的。

设 $V_i(x, y)$ 为第 i 级的垂直子带系数的绝对值，在所有相邻系数子集中对这些系数绝对值进行线性预测，可用如下公式描述：

$$V_i(x, y) = \omega_1 V_i(x-1, y) + \omega_2 V_i(x+1, y) + \omega_3 V_i(x, y-1) + \omega_4 V_i(x, y+1) + \omega_5 V_{i+1}(x/2, y/2) + \omega_6 D_i(x, y) + \omega_7 D_{i+1}(x/2, y/2) \tag{7-30}$$

其中，ω_k 为权值。其矩阵表示为

$$\mathbf{V} = \boldsymbol{Q\omega} \tag{7-31}$$

其中，列向量 $\boldsymbol{\omega} = (\omega_1 \cdots \omega_7)^{\mathrm{T}}$；$V$ 为系数幅值 $V_i(x, y)$ 排成的列向量；矩阵 $\boldsymbol{Q}$ 的各列是方程式(7-30)中相邻系数幅值所排成的列向量。这些系数可通过最小化二次误差函数来确定。

$$E(\boldsymbol{\omega}) = \| \mathbf{V} - \boldsymbol{Q\omega} \|^2 \tag{7-32}$$

对 $\boldsymbol{\omega}$ 求导并设为零：

$$\mathrm{d}E(\boldsymbol{\omega})/\mathrm{d}\boldsymbol{\omega} = 2\boldsymbol{Q}^{\mathrm{T}} \| \mathbf{V} - \boldsymbol{Q\omega} \| = 0 \tag{7-33}$$

$$\boldsymbol{\omega} = (\boldsymbol{Q}^{\mathrm{T}}\boldsymbol{Q})^{-1}\boldsymbol{Q}^{\mathrm{T}}\mathbf{V} \tag{7-34}$$

$$E = \log_2(\mathbf{V}) - \log_2(\| \boldsymbol{Q\omega} \|) \tag{7-35}$$

由以上误差可得到另一组统计量，即误差 E 的均值、方差、偏度和峰度。该过程在每一层上的垂直子带重复，在每一分解级上都会生成新的线性预测估计。同理，对于水平和

对角子带也是一样的。水平子带和对角子带的线性预测模型形式分别如下：

$$H_i(x, y) = \omega_1 H_i(x-1, y) + \omega_2 H_i(x+1, y) + \omega_3 H_i(x, y-1) + \omega_4 H_i(x, y+1) + \omega_5 H_{i+1}(x/2, y/2) + \omega_6 D_i(x, y) + \omega_7 D_{i+1}(x/2, y/2) \quad (7-36)$$

$$D_i(x, y) = \omega_1 D_i(x-1, y) + \omega_2 D_i(x+1, y) + \omega_3 D_i(x, y-1) + \omega_4 D_i(x, y+1) + \omega_5 D_{i+1}(x/2, y/2) + \omega_6 H_i(x, y) + \omega_7 V_i(x/2, y/2) \quad (7-37)$$

在本章参考文献[10]中，Farid 等人考虑到彩色图像 RGB 三通道之间的相关性，对彩色图像的小波分解系数定义了线型预测模型。

对真彩(RGB)图像的每个颜色分量做小波包分解，尺度为 i 的低频、垂直、水平及斜线高频中一点的绝对值分别表示为 $A_i^c(x, y)$、$V_i^c(x, y)$、$H_i^c(x, y)$、$D_i^c(x, y)$，这里 $c \in \{r, g, b\}$。以尺度为 i 的绿色分量的垂直高频为例，其小波分解系数绝对值线性预测模型可以表示为

$$V_i^g(x, y) = \omega_1 V_i^g(x-1, y) + \omega_2 V_i^g(x+1, y) + \omega_3 V_i^g(x, y-1) + \omega_4 V_i^g(x, y+1) + \omega_5 V_{i+1}^g(x/2, y/2) + \omega_6 D_i^g(x, y) + \omega_7 D_{i+1}^g(x/2, y/2) + \omega_8 V_i^r(x, y) + \omega_9 V_i^b(x, y) \quad (7-38)$$

同理，其他通道的线性预测模型与之类似。

对于灰度图像，采用同样的误差度量公式(7-35)，在水平和对角子带上计算误差统计量，和垂直子带的加在一起总共 $12(n-1)$ 个误差统计量；再加上第一组 $12(n-1)$ 个系数统计量，共有 $24(n-1)$ 个统计量构成区分隐写图像和载体图像的一个特征向量。对于彩色图像，每个通道有 $24(n-1)$ 个统计量，RGB 三通道总共有 $72(n-1)$ 个统计量构成隐写图像和载体图像的一个特征向量。

Farid 分别采用了 FLD、线性和非线性 SVM、One-Class SVM 作为分类器来检测隐写图像和载体图像这些特征的统计差异，对空域和 JPEG 压缩域隐写算法在数据嵌入率较大的情况下均有不错的效果。

随着特征的细化，盲隐写分析也更加有针对性，可细分为空域盲隐写分析特征和 JPEG 域盲隐写分析特征。前者主要针对空域隐写算法进行分析，后者针对 JPEG 域隐写算法进行分析。

1. 空域盲隐写分析特征

1) 小波绝对矩特征

Holotyak 等人在本章参考文献[11]中提出使用小波域高阶统计量对基于加性噪声模型的空域隐写算法进行隐写分析的方法，该方法主要包括三步：估计隐写信号、提取特征和分类。该文献将含密图像看成载体图像与隐写信号之和，用公式表示如下：

$$y = x + g(s, K) \quad (7-39)$$

其中，x 为载体图像；y 为含密图像；g 为隐写算法；s 为嵌入的秘密信息；K 为密钥。认为在提取特征前，应先从含密图像中估计出隐写信号，目的是获得对隐写敏感的信号成分，提高秘密信号(嵌入的秘密信息)与干扰信号(原始图像)的比率，尽量降低载体图像对检测的影响。并将含密图像的小波变换看成非平稳高斯载体和隐写信号的混合，应用小波变换来估计隐写信号。该隐写分析算法的具体步骤如下：

(1) 使用 Daubechies 小波分别对载体图像和含密图像进行 1 级分解，将分解后的高频

小波子带作为隐写信号的估计。

(2) 将估计的隐写信号用直方图形式表示后得到序列 $X=\{x_1, x_2, \cdots, x_N\}$，则该序列的前 n 阶矩可表示为

$$m_n = \frac{1}{N}\sum_{i=1}^{N} x_i^n,\ n \geqslant 1 \tag{7-40}$$

因为载体图像和含密图像的小波高频子带都呈近似对称分布，奇数阶矩接近于0，所以使用归一化的偶数阶矩 $m'_i = m_i/\sqrt{m_2^i}$，$i=4, 6, \cdots, 24$。

(3) 在隐写信号的水平、垂直和对角三个方向上分别计算归一化偶数阶矩，最终得到33维特征。

(4) 使用主成分分析，将33维特征降至4～5维，然后用FLD对降维后的特征进行分类。

Holotyak的隐写分析算法可实现对未压缩的高嵌入率LSB匹配含密图像的可靠检测；而对JPEG压缩过的含密图像，即使在较低嵌入率的情况下，也能实现可靠检测。

Goljan等人对Holotyak的算法进行了改进[12]，一方面仍从小波高频子带中提取特征；另一方面不再用很高阶的偶数矩，而是计算1到9阶的非归一化绝对值中心矩，其特征提取的具体过程如下：

(1) 和Holotyak的算法一样，先对载体图像和含密图像进行1级小波分解，分别得到水平子带 $h(i, j)$、垂直子带 $v(i, j)$ 和对角子带 $d(i, j)$，其中 $(i, j)\in J$，J 为子带的索引集合。

(2) 利用Wiener滤波对三个子带分别去噪，得到残留噪声 r_h，r_v 和 r_d。

(3) 计算残留噪声的9阶非归一化绝对值中心矩，公式如下：

$$m_p = \frac{1}{|J|}\sum_{(i, j)\in J} \left| r_h(i, j) - \overline{r_h} \right|^p,\ p = 1, 2, \cdots, 9 \tag{7-41}$$

改进后的算法对未压缩的低嵌入率LSB匹配含密图像的检测率有较大提高。

2) 差分像素邻接矩阵特征

Pevny等人在本章参考文献[13]中使用差分像素邻接矩阵(Subtractive Pixel Adjacency Matrix，SPAM)对LSB匹配算法进行了分析，其具体步骤如下：

(1) 在8个方向$\{\leftarrow, \rightarrow, \downarrow, \uparrow, \nwarrow, \nearrow, \swarrow, \searrow\}$上对大小为 $m\times n$ 的图像进行差分处理，得到差分数组 D。

(2) 沿各自方向分别提取差分图像的一步或二步马尔可夫转移概率矩阵作为特征。例如，水平方向的一步和二步马尔可夫转移概率矩阵分别如下：

$$M^{\rightarrow}_{u, v} = P(D^{\rightarrow}_{i, j+1} = u \mid D^{\rightarrow}_{i, j} = v),\ (u, v \in \{-T, \cdots, T\}) \tag{7-42}$$

$$M^{\rightarrow}_{u, v, w} = P(D^{\rightarrow}_{i, j+2} = u \mid D^{\rightarrow}_{i, j+1} = v,\ D^{\rightarrow}_{i, j} = w),\ (u, v, w \in \{-T, \cdots, T\}) \tag{7-43}$$

其中，T 为差分数组 D 阈值处理后的边界值。

(3) 为了降低特征维数，分别对水平、垂直方向的差分数组和对角方向的差分数组求平均，公式如下：

$$F_{1, \cdots, k} = \frac{1}{4}\left[M^{\rightarrow}_{\cdot} + M^{\leftarrow}_{\cdot} + M^{\uparrow}_{\cdot} + M^{\downarrow}_{\cdot}\right] \tag{7-44}$$

$$F_{k+1,\cdots,2k}=\frac{1}{4}\left[M_{\cdot}^{\nearrow}+M_{\cdot}^{\swarrow}+M_{\cdot}^{\searrow}+M_{\cdot}^{\nwarrow}\right] \tag{7-45}$$

式中，对于一步马尔可夫转移概率矩阵，$k=(2T+1)^2$；对于二步马尔可夫转移概率矩阵，$k=(2T+1)^3$。

(4) 用 Gaussian 核的非线性 SVM 分类器对特征进行分类。

通过对 4 种不同图像库（包括原始格式图像库和 JPEG 格式图像库）的实验表明，SPAM 算法的检测效果要明显优于 WAM 算法。

2. JPEG 域盲隐写分析特征

1) Fridrich 的 JPEG 域特征

Fridrich 专门针对 JPEG 压缩域隐写算法，提出了一种基于一阶和二阶分布特性的隐写分析方法[14]，并将其作为对比 JPEG 图像隐写算法嵌入机制的评价工具。Fridrich 将本章参考文献[6]中提出的移位剪切重压的图像校准方法引入到基于特征的通用隐写分析算法中，其所有特征的构造方式如下：首先对原始 JPEG 图像的量化 DCT 系数矩阵 $\boldsymbol{J}_{\mathrm{org}}$ 提取一组特征向量 $\boldsymbol{F}(\boldsymbol{J}_{\mathrm{org}})$；然后将图像解压到空域，在每个方向上分别裁去 4 个像素，以同样的量化表将图像再次压缩到 DCT 域，得到新的量化 DCT 系数矩阵 $\boldsymbol{J}_{\mathrm{cal}}$，对 $\boldsymbol{J}_{\mathrm{cal}}$ 提取相同的一组特征向量 $\boldsymbol{F}(\boldsymbol{J}_{\mathrm{cal}})$；最终的特征为两组特征向量差的绝对值 $\|\boldsymbol{F}(\boldsymbol{J}_{\mathrm{org}})-\boldsymbol{F}(\boldsymbol{J}_{\mathrm{cal}})\|$。

校准的作用是从含密图像中估计出载体图像量化 DCT 系数块各频率系数的直方图统计特性，其根本目的是从含密图像中找到载体图像的一个粗略估计。这样做可使原始图像和校准图像的差值特征对秘密信息嵌入造成的改变更加敏感，以提高检测效果。

该算法共提取了量化后 DCT 系数的一阶和二阶统计量共 23 维作为特征，包括全局 DCT 系数直方图、DCT 低频系数直方图、DCT 系数对直方图、空域中沿 8×8 块边界的跳变量之和、8×8 块中量化 DCT 系数的方差与块间 DCT 系数的共生矩阵等特征，具体如表 7-1 所示。

表 7-1 Fridrich 的 23 维特征

特 征	维 数
全局 DCT 系数直方图特征	1
DCT 低频系数直方图特征	5
DCT 系数对直方图特征	11
空域中沿 8×8 块边界的跳变量之和	1
8×8 块中量化 DCT 系数的方差	2
块间 DCT 系数的共生矩阵特征	3

利用上述 23 维特征，Fridrich 对 F5、OutGuess、MB1 和 MB2 算法进行了检测，取得了较好的效果。同时，她还对各维特征的有效性进行了分析，分析结果表明，块间 DCT 系数的共生矩阵特征的有效性要优于其他特征，即使只利用共生矩阵特征 N_{01} 或 N_{11}，也能对 F5、OutGuess 和 MB1 算法进行较为有效的检测。可见，这些隐写算法对图像的块间相关性影响较大。

2) Shi 的马尔可夫过程特征

Fridrich 提取的二阶统计量只利用了 DCT 系数的块间相关性，Shi 等进一步利用块内相关性，使用马尔可夫过程模型描述相邻 DCT 系数间的关系，提出了一种基于马尔可夫过程的隐写分析算法[15]，其具体过程如下：

(1) 定义 JPEG 2-D 数组。将所有的已经量化但还没有进行 zigzag 扫描、变长编码和 Huffman 编码的 8×8 块 DCT 系数看成一个 2-D 数组，并对 2-D 数组取绝对值，得到的数组称为 JPEG 2-D 数组。Shi 等人认为在一个量化的 8×8 块 DCT 系数中，其能量主要集中在 DC 系数和低频的 AC 系数上，对 8×8 子块进行 zigzag 扫描，其系数的幅值将会呈现逐步减小的趋势，这说明量化的 8×8 块 DCT 系数的绝对值沿 zigzag 扫描方向存在相关性。因此，量化的 8×8 块 DCT 系数的绝对值沿水平、垂直和对角方向也存在相关性。

(2) 定义差分 JPEG 2-D 数组。将 JPEG 2-D 数组沿水平、垂直、对角和反对角方向做差分，得到差分 JPEG 2-D 数组，公式如下：

$$F_h(u, v) = F(u, v) - F(u+1, v) \tag{7-46}$$

$$F_v(u, v) = F(u, v) - F(u, v+1) \tag{7-47}$$

$$F_d(u, v) = F(u, v) - F(u+1, v+1) \tag{7-48}$$

$$F_{md}(u, v) = F(u+1, v) - F(u, v+1) \tag{7-49}$$

其中，$F(u, v)$ ($u \in [1, S_u]$, $v \in [1, S_v]$)表示 JPEG 2-D 数组，S_u 表示 JPEG 2-D 数组的水平长度，S_v 表示 JPEG 2-D 数组的垂直长度；$F_h(u, v)$、$F_v(u, v)$、$F_d(u, v)$ 和 $F_{md}(u, v)$ 分别表示水平、垂直、对角和反对角方向的差分数组。

(3) 对差分数组做阈值处理。差分 JPEG 2-D 数组中数值的分布近似拉普拉斯分布，其数值的分布范围较广，但大多数集中在一个较小的范围内，所以通过引入阈值处理，既可以保证特征的有效性，又可以显著减少特征维数。具体过程是引入阈值 T，将差分 JPEG 2-D 数组中大于 T 的元素全部改为 T，小于 $-T$ 的元素全部改为 $-T$，其他元素不变。Shi 等人通过对水平差分数组中元素数值的分析，确定选取 $T=4$。

(4) 提取差分数组的一步马尔可夫转移概率矩阵作为特征，包括对水平差分数组 $F_h(u, v)$ 计算水平转移概率矩阵，对垂直差分数组 $F_v(u, v)$ 计算垂直转移概率矩阵，对对角差分数组 $F_d(u, v)$ 计算对角转移概率矩阵，对反对角差分数组 $F_{md}(u, v)$ 计算反对角转移概率矩阵。差分数组沿水平、垂直、对角和反对角方向的一步马尔可夫转移概率矩阵的计算公式分别为

$$p\{F(u+1, v) = n \mid F(u, v) = m\} = \frac{\sum_{v=1}^{S_v-1}\sum_{u=1}^{S_u-1}\delta(F(u, v) = m, F(u+1, v) = n)}{\sum_{v=1}^{S_v-1}\sum_{u=1}^{S_u-1}\delta(F(u, v) = m)} \tag{7-50}$$

$$p\{F(u, v+1) = n \mid F(u, v) = m\} = \frac{\sum_{v=1}^{S_v-1}\sum_{u=1}^{S_u-1}\delta(F(u, v) = m, F(u, v+1) = n)}{\sum_{v=1}^{S_v-1}\sum_{u=1}^{S_u-1}\delta(F(u, v) = m)} \tag{7-51}$$

$$p\{F(u+1,v+1)=n \mid F(u,v)=m\}=\frac{\sum\limits_{v=1}^{S_v-1}\sum\limits_{u=1}^{S_u-1}\delta(F(u,v)=m,F(u+1,v+1)=n)}{\sum\limits_{v=1}^{S_v-1}\sum\limits_{u=1}^{S_u-1}\delta(F(u,v)=m)} \tag{7-52}$$

$$p\{F(u,v+1)=n \mid F(u+1,v)=m\}=\frac{\sum\limits_{v=1}^{S_v-1}\sum\limits_{u=1}^{S_u-1}\delta(F(u+1,v)=m,F(u,v+1)=n)}{\sum\limits_{v=1}^{S_v-1}\sum\limits_{u=1}^{S_u-1}\delta(F(u+1,v)=m)} \tag{7-53}$$

其中 $m, n\in\{-T, -T+1, \cdots, -1, 0, 1, \cdots, T-1, T\}$

$$\delta(F(u,v)=m, F(u,v+1)=n)=\begin{cases}1, & F(u,v)=m, F(u,v+1)=n \\ 0, & \text{其他}\end{cases}$$

四个马尔可夫转移概率矩阵共有 $4\times(2T+1)^2$ 元素，选取 $T=4$，最后共得到 $4\times 81=324$ 维特征用于隐写分析。

结合 SVM 分类器，Shi 等人对 F5、OutGuess、MB1 算法进行了检测，其检测率较 Fridrich 的 23 维特征有明显提高。

3）Pevny 的融合算法

Pevny 等人对 Fridrich 的 23 维特征进行了扩展，并融合了 Shi 的马尔可夫特征，得到一组新的特征[16]，检测效果理想，相应算法的具体过程如下：

(1) 对 Fridrich 所提的各组特征进行了扩展，得到 193 维特征，具体组成如表 7-2 所示。

表 7-2　扩展后 Fridrich 的 193 维特征

特　征	维　数
全局 DCT 系数直方图特征	11
DCT 低频系数直方图特征	5×11
DCT 系数对直方图特征	11×9
空域中沿 8×8 块边界的跳变量之和	1
8×8 块中量化 DCT 系数的方差	2
块间 DCT 系数的共生矩阵特征	25

(2) 融合 Shi 的马尔可夫特征。Shi 的特征没有使用校准技术，Pevny 等人认为校准技术同样可以增加马尔可夫特征对嵌入的敏感性，所以在提取 Shi 的特征前，先对待测图像进行了校准。假设 $\boldsymbol{M}$ 表示一个方向上的转移概率矩阵，则校准后的转移概率矩阵可表示为

$$\boldsymbol{M}^{(c)}=\boldsymbol{M}(J_1)-\boldsymbol{M}(J_2)$$

其中 J_1是待测图像，J_2是它的校准图像。$\boldsymbol{M}_h^{(c)}$，$\boldsymbol{M}_v^{(c)}$，$\boldsymbol{M}_d^{(c)}$，$\boldsymbol{M}_m^{(c)}$ 分别表示水平、垂直、对角

和反对角方向校准后的转移概率矩阵。为了降低特征维数，Pevny 等人取了四个方向转移概率矩阵的平均值，得到转移概率矩阵为

$$\overline{\boldsymbol{M}}=\frac{(\boldsymbol{M}_h^{(c)}+\boldsymbol{M}_v^{(c)}+\boldsymbol{M}_d^{(c)}+\boldsymbol{M}_m^{(c)})}{4}$$

Pevny 等人融合了扩展后 Fridrich 的 193 维特征和校准后 Shi 的 81 维马尔可夫特征，最终得到 193＋81＝274 维特征。结合 SVM 分类器，Pevny 等人对 F5、JPHide&Seek、OutGuess、Steghide、MB1 和 MB2 算法进行了二类和多类分类，均取得了较好的检测效果，其检测率要优于 Fridrich 算法和 Shi 算法的单独检测。

在同各种新出现的隐写算法对抗过程中，为了更好地表征图像模型，特征提取过程变得越来越复杂，出现了高维富模型(RM)特征，该特征是盲隐写分析中最重要的特征之一，将在下一章中对 RM 的发展和提取过程进行详细介绍。

7.3.3 常见用于盲隐写分析的分类器

分类器的选择和训练是隐写分析中除特征提取外的另一个重要内容。分类器会影响最终的分类正确率和计算复杂度，常用的有 Fisher 线性分类器(FLD)、支持向量机(SVM)分类器、集成分类器等，每种分类器都有自己的特点，适用于不同的特征。FLD 适合线性可分的特征，SVM 可对线性不可分的特征进行分类，集成分类器适合对高维特征进行分类。本节将对 FLD 和 SVM 进行简单介绍，在下一章中会结合高维富模型特征对集成分类器进行介绍。

1. Fisher 线性分类器

Fisher 线性分类器(FLD)的基本思想是将 d 维特征空间的样本投影到一条直线上，形成一维空间。一般情况下，如果样本是线性可分的，则总能找到某个方向，使得在这个方向直线上样本的投影能分开得最好。

设列向量 $\boldsymbol{x}_i(i=1, \cdots, N_x)$ 和 $\boldsymbol{y}_j(j=1, \cdots, N_y)$ 是从载体图像和隐写图像两类训练样本集合中提取出的特征，定义类内均值分别为

$$\mu_x=\frac{1}{N_x}\sum_{i=1}^{N_x}x_i, \qquad \mu_y=\frac{1}{N_y}\sum_{j=1}^{N_y}y_j \tag{7-54}$$

类间均值为

$$\mu=\frac{1}{N_x+N_y}\left(\sum_{i=1}^{N_x}x_i+\sum_{j=1}^{N_y}y_j\right) \tag{7-55}$$

类内离散度矩阵为

$$\boldsymbol{S}_\omega=\boldsymbol{M}_x\boldsymbol{M}_x^{\mathrm{T}}+\boldsymbol{M}_y\boldsymbol{M}_y^{\mathrm{T}} \tag{7-56}$$

其中，$\boldsymbol{M}_x$ 的第 i 列包含第 i 个零均值样本即 $\boldsymbol{x}_i-\boldsymbol{\mu}_x$；同理，$M_y$ 的第 j 列包含第 j 个零均值样本即 $y_j-\mu_y$。

类间离散度矩阵为

$$\boldsymbol{S}_b=N_x(\boldsymbol{\mu}_x-\boldsymbol{\mu})(\boldsymbol{\mu}_x-\boldsymbol{\mu})^{\mathrm{T}}+N_y(\boldsymbol{\mu}_y-\boldsymbol{\mu})(\boldsymbol{\mu}_y-\boldsymbol{\mu})^{\mathrm{T}} \tag{7-57}$$

Fisher 准则函数定义为

$$\boldsymbol{J}_{\mathrm{F}}(\boldsymbol{w})=\frac{\boldsymbol{w}^{\mathrm{T}}\boldsymbol{S}_b\boldsymbol{w}}{\boldsymbol{w}^{\mathrm{T}}\boldsymbol{S}_\omega\boldsymbol{w}} \tag{7-58}$$

令 $\boldsymbol{w}^*$ 为使 $\boldsymbol{J}_{\mathrm{F}}(w)$ 最大的特征向量，即 $\boldsymbol{S}_b\boldsymbol{w}^*=\lambda\boldsymbol{S}_\omega\boldsymbol{w}^*$，则当训练样本 $\boldsymbol{x}_i$ 和 $\boldsymbol{y}_j$ 投影到由

$\boldsymbol{w}^*$ 定义的一维线性子空间(即 $\boldsymbol{x}_i^{\mathrm{T}}\boldsymbol{w}^*$ 和 $\boldsymbol{y}_j^{\mathrm{T}}\boldsymbol{w}^*$)时，类内离散度矩阵最小而类间离散度矩阵最大。因此，该投影不但降低了数据维数，而且保持了可分性，从而达到了分类的目的。

一旦根据训练样本确定了 FLD 投影轴，则测试集中的某个待测样本 z 就可被分类。首先计算它在该子空间中的投影 $\boldsymbol{z}^{\mathrm{T}}\boldsymbol{w}^*$，然后根据事先确定的阈值判断该样本所属类别。在两类 FLD 的情况下，必须确保其能够投影到一维子空间。

FLD 算法简单，易于实现，但只适合对线性可分的样本进行分类，有时隐写分析提取的特征并非线性可分的，若再用 FLD 进行分类则效果一般。

2. 支持向量机分类器

SVM 是从线性可分情况下的最优分类面发展而来的，其基本思想可用图 7-10 进行说明。图中的空心点和实心点分别代表两类样本；H 为分类线，H_1、H_2 分别为过各类中离分类线最近的样本且平行于分类线的直线。最优分类面不仅要保证将两类样本无错误地分开，还要求分类间隔最大。

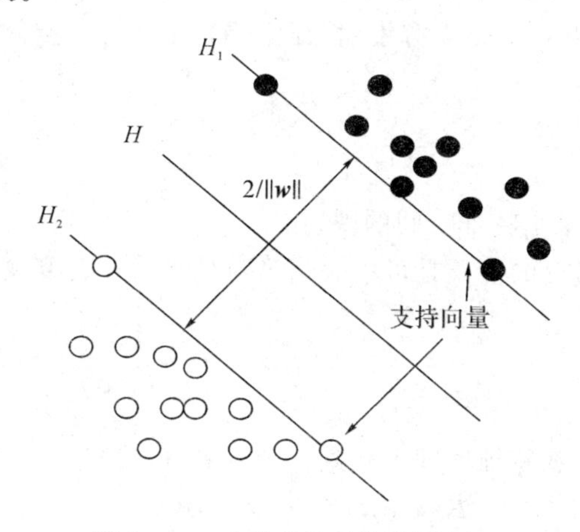

图 7-10　支持向量机分类原理图

设线性可分样本集为$(\boldsymbol{x}_i, y_i)$，$i=1, 2, \cdots, n$，$\boldsymbol{x}\in R^d$，$y\in\{+1, -1\}$是类别号。d 维空间中线性判别函数的一般形式为 $g(\boldsymbol{x})=\boldsymbol{w}^{\mathrm{T}}\boldsymbol{x}+b$，分类面方程为

$$w\cdot x+b=0 \tag{7-59}$$

将线性判别函数进行归一化，使两类所有样本都满足$|g(\boldsymbol{x})|\geqslant 1$，即使分类面最近的样本的$|g(\boldsymbol{x})|=1$，这样分类间隔就等于 $2/\|\boldsymbol{w}\|$，因此使间隔最大就等价于使 $\|\boldsymbol{w}\|$（或 $\|\boldsymbol{w}\|^2$）最小；而要求分类面对所有样本正确分类，就是要求它满足：

$$y_i[(w\cdot x_i)+b]-1\geqslant 0,\ (i=1, 2, \cdots, n) \tag{7-60}$$

满足上述条件且使 $\|\boldsymbol{w}\|^2$ 最小的分类面就是最优分类面，也叫做最优超平面。两类样本中离最优超平面最近的且平行于最优超平面的超平面 H_1、H_2 上的样本就是支持向量(Support Vectors)，因为它们支撑了最优超平面，如图 7-10 中 H 为最优超平面，H_1、H_2 的样本点为支持向量。一组支持向量可以唯一地确定一个最优超平面。

对于线性不可分的问题，此时按上述出发点是行不通的，这是因为不存在这样的超平面，可使所有样本均满足$|\boldsymbol{g}(x)|\geqslant 1$。如果仍用超平面划分的话，那么必须软化对间隔的要求，通过引入松弛变量 $\xi_i\geqslant 0(i=1, 2, \cdots, l)$可得软化了的约束条件：

$$y_i[(w\cdot x_i)+b]\geqslant 1-\xi_i,\ (i=1, 2, \cdots, n) \tag{7-61}$$

显然，当ξ_i充分大时，样本$(\boldsymbol{x}_i, y_i)$总可以满足上述约束条件，但是应该设法避免ξ_i取太大的值。为此可以在目标函数里对它们进行惩罚，比如可以在目标函数中加入含有$\sum \xi_i$的一项。因此，对于软间隔优化的线性支持向量机可以描述为以下最优化问题：

$$\min_{w, b, \xi} \frac{1}{2} \| w \|^2 + C\sum_{i=1}^{n} \xi_i \tag{7-62}$$

$$\begin{cases} \text{s.t. } y_i[(w \cdot x_i) + b] \geqslant 1 - \xi_i, (i = 1, 2, \cdots, n) \\ \xi_i \geqslant 0, (i = 1, 2, \cdots, n) \end{cases} \tag{7-63}$$

当参数$C \to \infty$时，上述问题就变为线性可分情况下的支持向量机分类器。

对于大量载体图像和隐写图像的高维特征样本来说，并不一定都是线性可分的。由于能正确划分训练集的超平面已经不存在了，对于这样的不可分样本，可以考虑采用非线性支持向量进行分类。

为了用线性学习器学习非线性的关系，需要对一个非线性的特征集，用一个固定的非线性映射将其映射到高维(可能是无穷维)特征空间，在该特征空间中使用线性学习器。因此，分类函数变为

$$f(x) = \sum_{i=1}^{N} w_i \varphi(x_i) \tag{7-64}$$

其中，φ是从输入空间到某个特征空间的映射。

线性学习器的一个重要的性质是可以表达为对偶形式，决策规则可以用测试点和训练点的内积来表示：

$$f(x) = \sum_{i=1}^{l} \alpha_i y_i \langle \varphi(x_i) \cdot \varphi(x) \rangle + b \tag{7-65}$$

如果有一种方式可以在特征空间中找到一个函数$\boldsymbol{K}$,使得

$$\boldsymbol{K}(\boldsymbol{x}_i, \boldsymbol{x}) = \boldsymbol{\varphi}(\boldsymbol{x}_i)^{\mathrm{T}} \boldsymbol{\varphi}(\boldsymbol{x}_i)$$

那么$\boldsymbol{K}(\boldsymbol{x}_i, \boldsymbol{x})$就称为核函数。核函数的使用可将数据隐式表达为特征空间，从而越过了本来需要的计算特征的问题。其中最重要的是，甚至不必知道映射$\boldsymbol{\varphi}$的具体形式。

本章小结

本章主要介绍了隐写分析方法的分类，依据获取信息的不同，统计隐写分析可分为专用隐写分析和盲隐写分析。专用隐写分析是在已知隐写者使用的载体和隐写方法的情况下，对分析对象中是否含有秘密信息作出判断的方法。盲隐写分析是在已知隐写者使用的载体而未知隐写方法的情况下，对分析对象中是否含有秘密信息作出判断的方法。相比于专用隐写分析，盲隐写分析更符合隐写分析的实际情况，实用性强，但其设计也更为复杂，往往无法一步完成，需要提取较大的特征集，并且采用机器学习的方法实现。未来隐写分析的发展方向是从实验室走向实际应用，因此盲隐写分析的研究更符合这一趋势。

习 题 7

7.1 专用隐写分析和盲隐写分析的区别是什么？各自适用于什么样的环境？

7.2　简述 SPA 检测方法的原理。

7.3　F5 中校准的目的是什么？

7.4　盲隐写分析检测器的设计步骤有哪些？

7.5　盲隐写分析中特征的作用是什么？

7.6　盲隐写分析中特征的选择标准是什么？

7.7　常用的盲隐写分析特征有哪些，各自适用于哪些隐写算法？

7.8　常用的隐写分类器有哪些，各自的特点是什么？

本章参考文献

[1] Westfeld A, Pfitzmann A. Attacks on Steganographic Systems. Proceedings of the 3rd International Workshop on Information Hiding. Berlin: Springer, 1999, 1768: 61-76.

[2] Fridrich J, Goljan M, Du R. Detecting LSB Steganography in Color and Gray-Scale Images. IEEE Multimedia, 2001, 8(4), 22-28.

[3] Dumitrescu S, Wu X, Memon N. On Steganalysis of Random LSB Embedding in Continuous-Tone Images. Proceedings of International Conference on Image Processing. NewYork: IEEE, 2002: 324-339.

[4] Dumitrescu S, Wu X, Wang Z. Detection of LSB Steganography via Sample Paris Analysis. Proceedings of the 5rd International Workshop on Information Hiding. NewYork: Springer, 2002, 2578: 355-372.

[5] Harmsen J, Pearlman W. Steganalysis of Additive-Noise Modelable Information Hiding. Proceedings of SPIE, Security Watermarking Multimedia Contents, 2003, 5020: 131-142.

[6] Fridrich J, Goljan M, Hogea D. Steganalysis of JPEG Image: Breaking the F5 Algorithm. Proceedings of 5th International Workshop on Information Hiding, Noordwijkerhout, Netherlands: Springer, 2002: 310-323.

[7] Fridrich J, Goljan M, Du R. Attacking the OutGuess. Proceedings of the ACM Workshop on Multimedia and Security, Juan-les-Pins, France: ACM, 2002: 3-6.

[8] Farid H. Detecting Hidden Messages Using Higher-Order Statistical Models. Proceedings of the 5th Intl. Conf. on Image Processing. New York, USA, 2002, 2: 905-908.

[9] Farid H, Siwei L. Detecting Hidden Message Using Higher-order Statistics and Support Vector Machine. Proceeding of 5th Information Hiding Workshop. Noordwijkerhout, Netherlands: Springer , 2002, 2578: 131-142.

[10] Lyu S, Farid H. Steganalysis Using Color Wavelet Statistics and One-Class Support Vector Machines. SPIE Symposium on Electronic Imaging, San Jose, CA, 2004

[11] Holotyak T, Fridrich J, Voloshynovskiy S. Blind Statistical Steganalysis of Additive Steganography Using Wavelet Higher Order Statistics. Proceedings of 9th IFIP TC-6 TC-11 Conference on Communications and Multimedia Security. Salzburg, Austria,

2005：273－274.

[12] Goljan M，Fridrich J，Holotyak T. New Blind Steganalysis and its Implications. Proceedings of SPIE，Security，Steganography，and Watermarking of Multimedia Contents VI，2006：1－13.

[13] Pevny T，Bas P，Fridrich J. Steganalysis by Subtractive Pixel Adjacency Matrix. Proceedings of the 11th ACM Multimedia & Security Workshop，Princeton，NJ：ACM，2009：75－84.

[14] Fridrich J. Feature-Based Steganalysis for JPEG Images and its Implications for Future Design of Steganographic Schemes. Lecture Notes in Computer Science，2005，3200：67－81.

[15] Shi Y Q，Chen C，Chen W. A Markov Process Based Approach to Effective Attacking JPEG Steganography. Proceedings of Information Hiding Workshop 2006. Heidelberg：Springer，2006：249－264.

[16] Pevny T，Fridrich J. Merging Markov and DCT Features for Multi-Class JPEG Steganalysis. Proceedings of SPIE Electronic Imaging，Security，Steganography and Watemarking of Multimedia Contents IX. San Jose：SPIE，2007：3－4.

[17] 刘粉林，刘九芬，罗向阳. 数字图像隐写分析. 北京：机械工业出版社，2010.

[18] Jessica Fridrich. 数字媒体中的隐写术：原理、算法和应用. 张涛，奚玲，张彦，等译. 北京：国防工业出版社，2014.

第 8 章　基于富模型的隐写分析

8.1　高维特征的需求

基于统计的隐写分析技术主要采用监督学习的方法，它的基本思路是从图像中提取对信息嵌入敏感的统计特征，然后采用训练好的分类器进行分类，一般包括特征提取与分类器设计两个步骤。其中，特征提取尤为重要，它在很大程度上决定了隐写分析系统的性能。近二十年来，围绕着如何设计和优化隐写分析特征，研究人员取得了一系列优秀的研究成果。

早在 2005 年，Fridrich[1]就针对 JPEG 隐写提出了基于 DCT 系数一阶和二阶分布特性的 23 维特征，对 F5、Steghide、MB、OutGuess、JPHide 等多种 JPEG 隐写算法均取得了一定的检测效果。随后，Pevny 等人[4]对 Fridrich 的 23 维特征进行了扩展，融合了 Shi 的马尔可夫转移概率矩阵特征[3]，提出 274 维特征 PEV。Kodovsky 等人[5]将原始图像特征和校准图像特征的笛卡尔积作为最终的特征，得到 548 维特征 CC - PEV；同时融合 SPAM 空域特征[2]，得到 1234 维的跨域特征 CDF[6]。这些特征对 F5 等算法的检测率有了进一步的提高，但面对类似 HUGO[7]这样的算法时，就显得无能为力了。

2010 年，Pevny 等人[7]提出了一种能保持图像高维模型的隐写方法 HUGO(Highly Undetectable Stego)，其主要设计思路是一方面采用高效的隐写编码方法[8]，尽量减少对图像的修改；另一方面定义一个有效的失真代价函数来确定修改的方向，使修改对图像统计特性造成的影响尽可能的小。沿着这种思路，当用 PEV、CC - PEV、CDF 等特征集来定义失真代价函数时，就可使这些特征在检测时变得无效。

对抗类似 HUGO 算法的有效方法之一就是提取能够更好表征图像模型的特征。为了达到这个目的，所提特征的维数往往会变得很高。然而，如果特征维数过高，传统隐写分析中常用到的分类器如贝叶斯(Bayes)分类器[9]、费舍尔(Fisher)线性分类器[10]、支持向量机(Support Vector Machine，SVM)分类器[11]等将因为计算复杂度过大而不再适用。为了和高维特征相匹配，Kodovsky 等人[12]在隐写分析中引入了集成分类器。与 SVM 相比，该分析方法不仅分类结果更加准确，而且分类速度有大幅度地提高，它的出现使得攻击者在设计特征时可以更加灵活，不用过多地受到特征维数的约束。

近年来，通过将多种特征进行组合的富模型(Rich Model，RM)[13-18]方法已经成为隐写分析领域特征提取的发展趋势。这些特征维数高、内容复杂，如果用它们来定义失真代价函数，会使隐写算法的效率变得很低。因此，可以用它们来对抗类似 HUGO 的算法，与 PEV、CC - PEV、CDF 等特征相比较，它们对 F5 等算法的检测率也较高。

美国 Binghamton 大学 Fridrich 教授领导的数字数据嵌入实验室(Digital Data Embedding Lab，DDE)是在富模型研究领域中领先的研究团队之一，其中 Holub、Kodovsky、Pevny、

Denemark 等人做了许多开创性的工作。Kodovsky[13]提出的 CC - C300 特征被认为是第一个高维富模型特征，该分析方法利用随机子空间的方式进行单个分类器训练，并将分类结果进行集成，取得了较好的效果。此外，通过融合空域 SRMQ1 特征[14]和 JPEG 域 CC - JRM 特征得到的 J+SRM 特征[15]同时适用于空域和 JPEG 域隐写分析。Holub 等人[16]将随机映射替代共生矩阵提出了新的富模型特征 PSRM3 和 PSRM8。Denemark 等人[17]基于内容可选择的剩余模型提出了 CSR 特征，之后提出了更高维的富模型 maxSRM 特征[18]。综上所述，隐写分析领域中富模型特征提取的维数越来越高，表 8 - 1 列出了部分应用广泛的隐写分析特征，隐写分析特征经历了由低维到高维不断发展的历史。

表 8 - 1　隐写分析特征由低维到高维的发展历史

特征名称	时间/年	提出者	维数	特征域	备　注
CHEN	2008	C. Chen	486	JPEG 域	基于马尔科夫特征
CC - PEV	2009	J. Kodovsky	548	JPEG 域	PEV 特征经过校准后构成
SPAM	2010	T. Pevny	686	空域	基于二阶马尔科夫特征
CDF	2010	J. Kodovsky	1234	所有域	融合 CC - PEV 和 SPAM
LIU	2011	Q. Liu	216	JPEG 域	针对 YASS 等自适应隐写
CC - C300	2011	J. Kodovsky	48 600	JPEG 域	第一个高维 Rich 特征
SRM	2012	J. Fridrich	34 671	空域	空间域的 Rich 模型
SRMQ1	2012	J. Fridrich	12 753	空域	SRM 中量化系数取成 1
CC - JRM	2012	J. Kodovsky	22 510	JPEG 域	JPEG 域的 Rich 模型经过校准
J+SRM	2012	J. Kodovsky	35 263	所有域	融合 SRMQ1 和 CC - JRM
PSRM3	2013	V. Holub	12 870	空域	映射后的空域 Rich 模型
PSRM8	2013	V. Holub	34 320	空域	映射后的空域 Rich 模型
maxSRM	2014	T. Denemark	34 671	空域	基于 Rich 模型
SCRMQ1	2014	M. Goljan	12 753	空域	彩色图像空间域 Rich 模型
PHARM	2015	V. Holub	12 600	JPEG 域	JPEG 图像相位偏移映射模型
CRM	2015	M. Goljan	10 323	空域	基于空域彩色图像 Rich 模型
GFR	2015	X. Song	17 000	JPEG 域	基于 Gabor 滤波器和 Rich 模型

8.2　富　模　型

富模型特征主要分为空间域富模型[14]、JPEG 域富模型[15]两大类，分别应用于空间域隐写分析算法和 JPEG 域隐写分析算法。其中，空间域富模型是 JPEG 域以及其他域富模型的基础，因此本章仅对 Fridrich 等提出的空间域富模型进行介绍。除非有特殊说明，本章后文中的“富模型”均特指“空间域富模型”。

富模型特征分为“简洁版”的 SRMQ1 和“完整版”的 SRM 两种，两者的特征构建方法

相同，区别在于使用的参数有所不同。富模型特征中的“富”主要表现在以下两个方面：

(1) 特征类型的“丰富性”：SRMQ1 和 SRM 均通过挖掘图像在不同方向上的相邻像素相关性，由 106 个子模型构成；

(2) 特征维度的“丰富性”：SRMQ1 和 SRM 的特征维度分别为 12 753 和 34 671，与传统的几十或上百维的隐写分析特征相比，其特征维度较高。

富模型特征提取的基本过程主要包括三个过程：残差计算、共生矩阵构建和子模型组合，如图 8-1 所示。

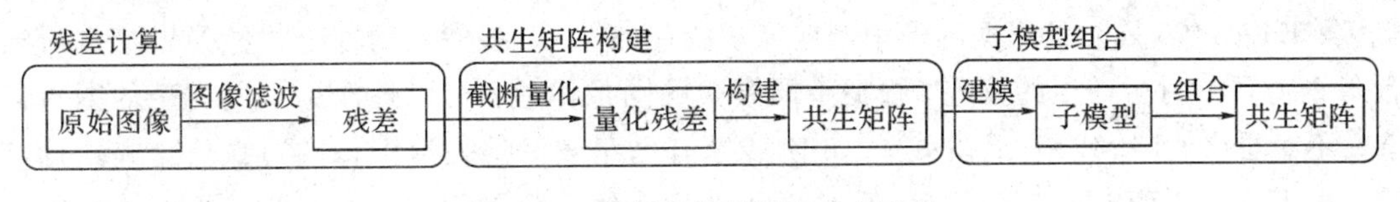

图 8-1　富模型特征提取基本流程

8.2.1　残差计算

早期的隐写分析特征大多直接在图像像素值的基础上进行统计建模，简单的图像直方图特征维数低、计算开销小，在对抗传统隐写算法方面取得了较好的效果。但是随着HUGO算法等新型隐写技术的出现，该类隐写分析特征变得难以奏效。目前高效的隐写算法大多通过自适应策略，将秘密信息嵌入到图像的纹理复杂区域。因此，如果直接在图像的像素值上进行统计建模和特征提取，则提取的隐写分析特征将难以捕捉到嵌入操作前后的变化。面临隐写技术不断发展的新挑战，隐写分析特征提取者不得不开始寻求新的提取方法。

残差(Residual)在数理统计中是指实际观察值与估计值(拟合值)之间的差值，应用到图像领域中即图像的当前像素值与预测值之间的差值。富模型等新型隐写分析特征大多基于图像残差进行特征提取，这是由于隐写算法嵌入秘密信息时带来的微小扰动对整体像素值较弱，但是对图像的残差值往往较强。富模型残差提取的过程就是利用图像中某像素的周围像素值预测当前像素值，并计算预测像素值与当前像素值之间的差值(即原始残差值)。若采取将相邻位置的像素值进行平均后“四舍五入取整”的预测方法，则计算图像残差的示例图如图 8-2 所示。其中，原始图像经过预测得到预测值，将得到的预测值与原始值进行计算，得到的差值即当前像素的残差值。

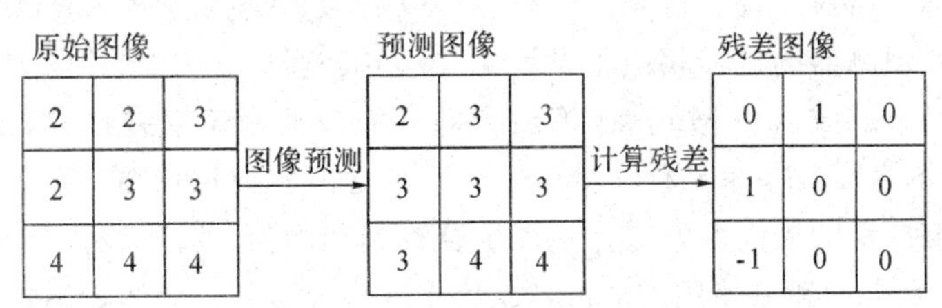

图 8-2　残差计算示例图

计算预测值时分三种类型：

(1) 具有四个相邻像素。如(2，2)位置的像素，计算上方、下方、左方、右方四个相邻像素值。

(2) 具有三个相邻像素。如(1，2)位置的像素，计算左方、右方和下方三个相邻像素值。

(3) 具有两个相邻像素。如(1，1)位置的像素，计算右方和下方两个相邻像素值。

富模型将灰度图像中的残差归结为六种基本类型：1阶残差、2阶残差、3阶残差、Square残差、Edge3×3残差、Edge5×5残差。其中，1阶残差是根据图像中与当前像素相临近的某一个像素进行当前像素值预测时所产生的偏差；2阶残差是根据图像中与当前像素相临近的某两个像素进行当前像素值预测时所产生的偏差；3阶残差是根据图像中与当前像素相临近的某三个像素进行当前像素值预测时所产生的偏差；Square残差是根据图像中与当前像素相临近的多个像素进行当前像素值预测时所产生的偏差；Edge3×3残差是根据图像中当前像素所在的3×3图像块的部分边缘像素值进行当前像素值预测时所产生的偏差；Edge5×5残差是根据图像中当前像素所在的5×5图像块的部分边缘像素值进行当前像素值预测时所产生的偏差。根据不同模式的图像偏差，可以提取出不同类型的图像信息。不难看出，1阶残差、2阶残差、3阶残差有助于较好地提取图像的边缘信息和纹理信息，而Edge3×3残差、Edge5×5残差对于图像边缘信息的提取更有帮助，每一种残差类型对于图像信息提取的侧重点不同，各有优劣。富模型融合不同类型的残差类型进行信息提取，可以有效增加隐写分析特征的多样性以及对抗隐写技术的通用性。

图8-3(a)～(f)所示分别为六种类型残差的示意图。其中，黑色圆圈代表被预测像素；灰色方框代表周围的相邻像素；“-1”、“+1”等符号代表滤波器的滤波模板。

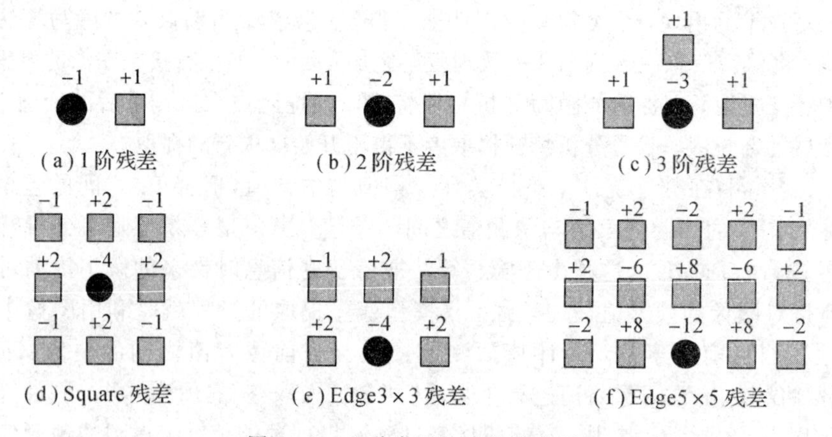

(a) 1阶残差 (b) 2阶残差 (c) 3阶残差 (d) Square残差 (e) Edge3×3残差 (f) Edge5×5残差

图8-3 六种类型的残差示意图

值得注意的是，富模型计算残差的过程也可以看做根据构造的滤波器对图像进行滤波的过程，其中设计预测器的过程相当于设计滤波器的过程。事实上，针对上述每一类残差，富模型构造了Spam滤波器和Minmax滤波器两种滤波器用于残差计算，以增加残差的多样性。图8-4所示为当残差为某种一阶残差时两种滤波器的示意图。图8-4(a)代表Spam滤波器，即将当前像素的周围像素进行线性组合得到预测值，属于线性滤波器。不难看出，图8-3列出的所有类型残差使用的滤波器均为Spam滤波器。命名为Spam滤波器的原因是富模型使用的该类滤波器源自于Pevny等人[2]提出的SPAM隐写分析特征。图8-4(b)代表Minmax滤波器，即将周围部分像素(或者像素组合)的最大值或者最小值作为预测值，属于非线性滤波器。从图中看出，示意图中只有一种灰色图案(例子中的方框)的滤波器为Spam滤波器，示意图中有多种灰色图案(例子中的方框和三角形)的滤波器为Minmax滤波器，两类滤波器各有利弊，各自反映不同的图像相关邻域信息。线性滤波器和非线性滤波器的组合有效增加了最终构建的隐写分析特征的多样性，便于富模型更好地挖

掘图像相关信息，使有效检测隐写嵌入的能力显著增强。

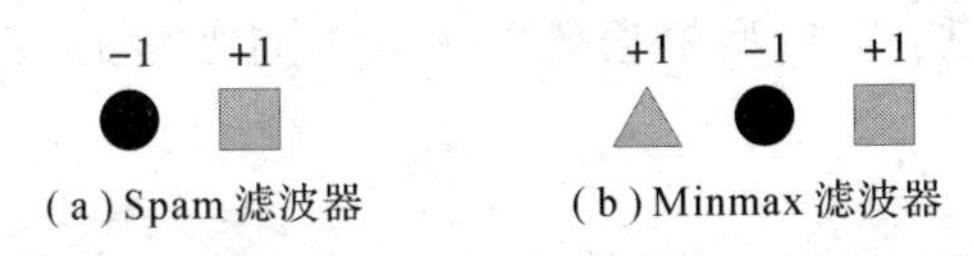

(a) Spam 滤波器　　(b) Minmax 滤波器

图 8－4　两种类型的滤波器示意图(1 阶残差)

富模型特征提取中关于残差的操作过程包括两个步骤：① 通过图像滤波得到原始的残差值；② 通过截断量化得到量化残差。其中，第二个步骤截断量化的目的是便于共生矩阵的构建。第一个步骤原始的残差值计算过程可以表示为：

$$R_{i,j} = X^*_{i,j}(N_{i,j}) - cX_{i,j} \tag{8-1}$$

式中，$X_{i,j}$和$R_{i,j}$分别代表图像位置(i, j)处的原始像素值和残差值；$X^*_{i,j}(\cdot)$代表预测器(或者称之为滤波器)；c 为调节系数(通常为残差的阶数)，由选择的残差类型和滤波器类型决定具体形式；N_{ij}代表 X_{ij} 周围的像素集合。例如，图 8－3(a)～(e)所示的 1 阶、2 阶、3 阶、Square、Edge3×3 残差(均使用 Spam 滤波器)的计算公式分别为

$$R_{i,j} = X_{i,j-1} - X_{i,j} \tag{8-2}$$

$$R_{i,j} = X_{i,j-1} + X_{i,j+1} - 2X_{i,j} \tag{8-3}$$

$$R_{i,j} = X_{i,j-1} + X_{i,j+1} + X_{i-1,j} - 3X_{i,j} \tag{8-4}$$

$$R_{i,j} = 2X_{i,j-1} + 2X_{i,j+1} + 2X_{i-1,j} + 2X_{i+1,j} - X_{i-1,j-1} - X_{i-1,j+1} - X_{i+1,j-1} - X_{i+1,j+1} - 4X_{i,j} \tag{8-5}$$

$$R_{i,j} = 2X_{i,j-1} + 2X_{i,j+1} + 2X_{i-1,j} - X_{i-1,j-1} - X_{i-1,j+1} - 4X_{i,j} \tag{8-6}$$

图 8－4 (b)所示的 Minmax 滤波器既可以选择相邻像素的最小值，也可以选择相邻像素的最大值。选择最小值以及最大值进行残差计算的公式分别为

$$R_{i,j} = \min((X_{i,j-1} - X_{i,j}), (X_{i,j+1} - X_{i,j})) \tag{8-7}$$

$$R_{i,j} = \max((X_{i,j-1} - X_{i,j}), (X_{i,j+1} - X_{i,j})) \tag{8-8}$$

由于残差类型和滤波器类型的多样性，式(8－1)中的 $X^*_{i,j}(\cdot)$函数种类很多，具体内容将在 8.2.3 节进行详细介绍。

8.2.2　共生矩阵构建

灰度共生矩阵(Gray Level Co-Occurrence Matrix，GLCM)，是一种通过研究灰度的空间相关特性来描述纹理的常用统计方法，最初是由 R. Haralick 等人于 20 世纪 70 年代提出的纹理分析方法。灰度共生矩阵是像素距离和角度的矩阵函数，它通过计算图像中一定距离和一定方向的多个灰度值之间的相关性，用来反映图像在方向、间隔、变化幅度及快慢上的综合信息。

为便于理解，下面以二维共生矩阵为例介绍灰度共生矩阵的含义。为便于描述，假设原始图像的灰度级为 4(像素值的取值范围只能是 0、1、2、3)。某像素位置为(x, y)，该位置与某偏离它的位置$(x+a, y+b)$构成一个点对，其中 a 和 b 均为整数。该点对的像素值表示为(f_1, f_2)，则点对像素值共有 4×4＝16 种组合方式。按照两个像素值的大小排列，统计出每一种(f_1, f_2)值出现的次数，就可以得到该图像的灰度共生矩阵。当灰度级为 4 时，不同方向和幅度下的灰度共生矩阵示意图如图 8－5 所示。图 8－5(a)～(d)分别代表原始像素与右方、下方、右下方以及左下方像素的共生关系(像素距离均选择 1)，每个子图中

左侧矩阵为原始像素矩阵，右侧矩阵为灰度共生矩阵。可见，当 a 和 b 取不同的值时，反映出图像不同的相关性信息。富模型根据残差求取不同方向的共生矩阵以增加特征的多样性。

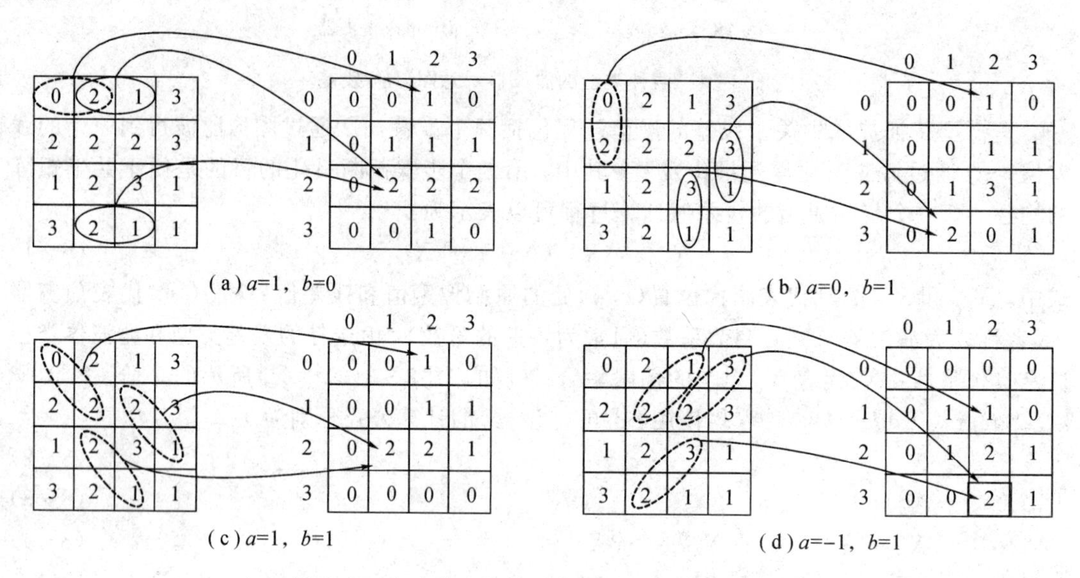

图 8-5　灰度共生矩阵示意图(灰度级数为 4 时)

为降低共生矩阵维数并增加特征多样性，富模型在将残差信息统计成共生矩阵之前进行截断量化操作。所谓截断量化，是指将残差值除以某个量化步长以得到新的量化残差。对式(8-1)得到的残差进行截断量化的过程如下：

$$R_{i,j}^{*} = T_t(\mathrm{round}(R_{i,j}/q)) \tag{8-9}$$

其中，$R_{i,j}^{*}$代表截断量化后的量化残差；$T_t(\cdot)$代表截断函数；$\mathrm{round}(\cdot)$代表四舍五入函数；q 为量化步长；t 表示将残差值取值范围控制在$[-t, t]$。富模型将残差进行量化的原因有两个：

(1) 降低共生矩阵的维数，简化运算。图 8-5 所示的例子表明，灰度共生矩阵的维数取决于原始均值的取值范围。富模型可以根据选择适当的量化步长 q，有效控制原始残差值的取值范围，进而降低共生矩阵的维数，简化了运算。

(2) 增加特征的多样性。不同的量化步长可以构造出不同的量化残差，这使得量化残差的集合空间大大增加，特征的多样性也进一步增加。例如，针对同一个原始残差矩阵，采取两个不同的量化步长，可以得到两个量化残差矩阵，进而构建两个不同的共生矩阵用于富模型组合。

大量实验证明，选取较大的量化步长可以更好地检测出图像纹理区域或者边缘区域的嵌入变化，q 值的最佳选择范围是$[c, 2c]$，其中 c 为残差的阶数。为提高隐写分析特征的有效性，富模型采取根据残差类型选择量化步长的方式。量化步长的选取方式如下：

$$q = \begin{cases} \{c, 1.5c, 2c\}, & c > 1 \\ \{1, 2\}, & c = 1 \end{cases} \tag{8-10}$$

根据以上公式，当原始残差为1阶残差时，将得到两个版本的量化残差值；当原始残差不是1阶残差时，将得到三个版本的量化残差值。富模型特征的多样性进一步得到了加强。

量化后的量化残差将直接用于共生矩阵的构建。富模型在构建共生矩阵的过程中具有以下特点：

(1) 仅仅选择水平方向和垂直方向(如图 8-5(a)和(b)所示)，且像素距离为 1 的情况。大量实验证明，随着像素距离的增大，像素值之间的相关性将急剧下降；在相同像素距离的情况下，水平或者垂直方向的像素相关性好于对角线方向，而且随着像素距离的增大，对角线方向的相关性下降更加迅速。

(2) 共生矩阵的维数设定为 4，式(8-9)中的阈值选择为 $t=2$。富模型选择四维共生矩阵进行特征表达是将特征性能与特征维数进行折中的结果。具体而言，较高的特征维数使得可以表达的图像信息更多，隐写分析性能提高；但是过大的共生矩阵维数会使得最终的富模型特征维数急剧增大，而且无效特征增多，反而影响隐写分析特征的性能。实验证明，对于固定的共生矩阵维数，在截断量化过程中选取较小的值，将有效提高富模型特征的有效性。

与图 8-5 给出的二维共生矩阵不同，四维共生矩阵无法用二维矩阵形象地表示出来，但可以用一维向量进行表示，如表 8-2 所示。由于 $t=2$，因此量化残差值的取值范围为 $\{-2, -1, 0, 1, 2\}$。根据灰度共生矩阵的定义，四维共生矩阵是指统计四个像素值构成的四元组在原始矩阵中出现的次数(或者概率)。假设四个选择的四个像素值构成的四元组代表的模式 M 为 (d_1, d_2, d_3, d_4)，由于 $d_i \in \{-2, -1, 0, 1, 2\}$，因此残差模式 M 有 $5^4=625$ 种，每一种残差根据某一种方向构建的四维共生矩阵可以由一个维数为 625 的一维向量表示。当富模型仅仅选择水平方向和垂直方向两种构建方向时，每一种残差可以分别从两个方向得到两个 625 维的共生矩阵，即表 8-2 中的水平共生矩阵 $\boldsymbol{C}^{(h)}$ 和垂直共生矩阵 $\boldsymbol{C}^{(v)}$。例如，表中 $\boldsymbol{C}^{(h)}$ 的第 1 维数据 $C^{(h)}_{(0,0,0,0)}$ 表示在图像残差矩阵中水平方向出现 4 个连续 0 值的概率(即该类个数除以总个数)；$\boldsymbol{C}^{(v)}$ 的第 2 维数据 $C^{(v)}_{(0,0,0,1)}$ 表示在图像残差矩阵中水平方向出现四元组(0，0，0，1)的概率(即该类个数除以总个数)。

表 8-2　富模型的四维共生矩阵示意图

序号	第 1 维	第 2 维		第 k 维		第 625 维
模式 M	(0，0，0，0)	(0，0，0，1)	…	D_k	…	(−1，0，1，2)
共生矩阵 $\boldsymbol{C}^{(h)}$	$C^{(h)}_{(0,0,0,0)}$	$C^{(h)}_{(0,0,0,1)}$		$C^{(h)}_{D^k}$		$C^{(h)}_{(-1,0,1,2)}$
共生矩阵 $\boldsymbol{C}^{(v)}$	$C^{(v)}_{(0,0,0,0)}$	$C^{(v)}_{(0,0,0,1)}$		$C^{(v)}_{D^k}$		$C^{(v)}_{(-1,0,1,2)}$

8.2.3　子模型组合

富模型的“富”在于特征类型和数量的丰富性，在残差计算和共生矩阵构建后，通过将多种特征构成的子模型进行组合得到最终上万维的富模型特征。这里介绍的子模型是指共生矩阵的类型。富模型特征 SRMQ1 与 SRM 的构造方式类似，特征维数分别为 12 753 和 34 671，而且 SRMQ1 特征可以看做提取 SRM 特征的过程中只考虑量化步长 $q=1$ 的情况。12 753 维的 SRMQ1 特征共使用的共生矩阵个数(也称为子模型)是 45 个(按照滤波器分类，有 12 个 Spam 型和 33 个 Minmax 型；按照残差类型分类，1 阶、2 阶、3 阶、Square、Edge3×3、Edge5×5 的个数分别为 12、7、12、2、6、6)，下面我们按照残差类型分类的顺序，详细介绍如何从一幅原始图像得到 45 个共生矩阵(首先得到 78 个矩阵，然后根据对称性简化为45个矩阵)以及12 753维的SRMQ1特征。

(1) 1阶残差共生矩阵(矩阵个数22个)。

1阶残差共生矩阵由2个Spam型共生矩阵和20个Minmax型共生矩阵构成。首先介绍Spam型滤波器对应的1阶残差种类数。根据图8-5的定义形式，图8-6给出了两种残差类型，即分别利用当前像素的左侧像素和右侧像素进行预测。

(a) $a=1$, $b=0$　　(b) $a=-1$, $b=0$

图8-6　两种残差类型

但是由共生矩阵的定义不难得出，两种残差得到的共生矩阵反映的图像相关性信息相同，因此为避免重复，仅选择图8-6(a)所示的残差类型计算水平共生矩阵，同样原理可以得到一个垂直共生矩阵，因此1阶残差共生矩阵中有两个Spam型共生矩阵。如图8-7所示。

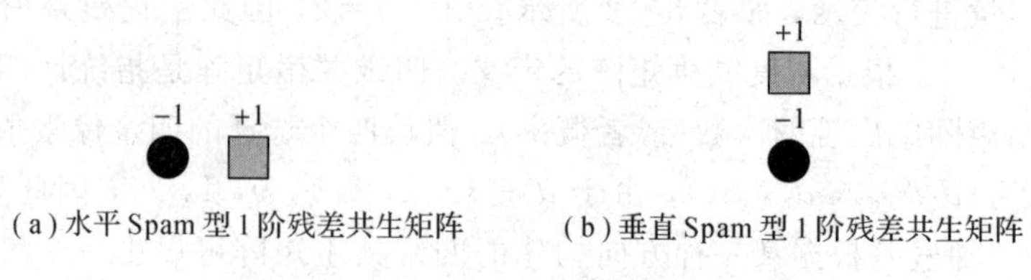

(a) 水平Spam型1阶残差共生矩阵　　(b) 垂直Spam型1阶残差共生矩阵

图8-7　两种Spam型1阶残差共生矩阵

下面介绍20个Minmax型共生矩阵的构建。根据式(8-7)和式(8-8)的定义，每一种Minmax型残差可以求出两个共生矩阵(分别求周围像素的最大值和最小值)，因此这里只需要介绍10种Minmax型1阶残差共生矩阵的构建，如图8-8所示。

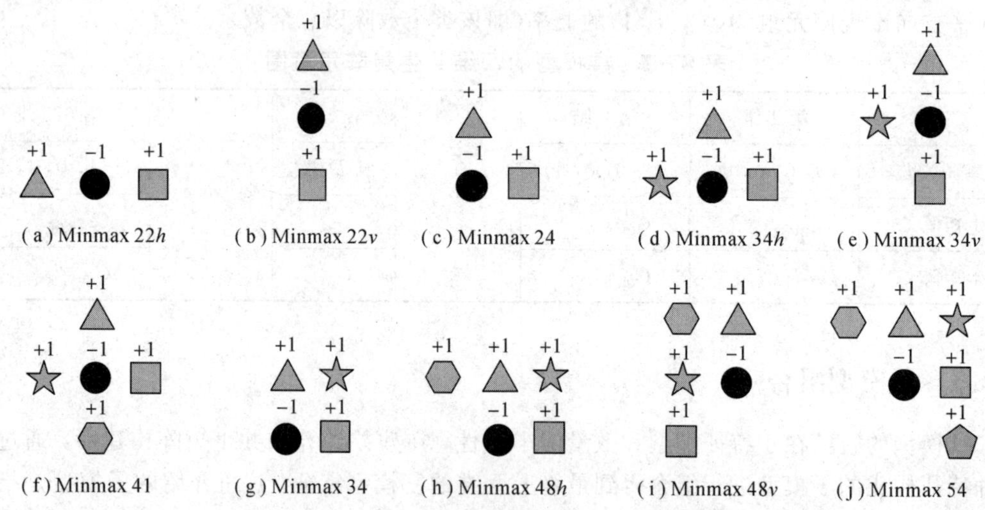

图8-8　10种Minmax型1阶残差共生矩阵(每一种构造两个共生矩阵)

在图8-8中，子图命名规则如下：

$$\text{name} = \{\text{type}\}\{f\}\{\sigma\}\{\text{scan}\} \tag{8-11}$$

残差类型name由以下四个部分构成：滤波器类型type∈{Spam，Minmax}代表Spam或者Minmax滤波器；滤波器个数f，即图中灰色图形(相邻像素)的个数；对称指数σ，代表与该类残差对称的残差个数；方向scan∈{$\varnothing$，h，v}，分别代表无方向(由于对称性，该类残差水平方向和垂直方向效果相同，因此只选择一种残差)、水平方向、垂直方向。后续关于残差类型的介绍均采用式(8-11)给出的命名规则。

(2) 2 阶残差共生矩阵(矩阵个数 12 个)。

2 阶残差共生矩阵由 2 个 Spam 型共生矩阵和 10 个 Minmax 型共生矩阵构成。首先介绍 Spam 型滤波器对应的 1 阶残差种类数。图 8-9 所示为两种 Spam 型 2 阶残差共生矩阵，包括一个水平 2 阶残差共生矩阵和一个垂直 2 阶残差共生矩阵。

(a) 水平 Spam 型 2 阶残差共生矩阵　　(b) 垂直 Spam 型 2 阶残差共生矩阵

图 8-9　两种 Spam 型 2 阶残差共生矩阵

下面介绍 10 个 Minmax 型共生矩阵的构建。根据式(8-7)和式(8-8)的定义，每一种 Minmax 型残差可以求出两个共生矩阵(分别求周围像素的最大值和最小值)，因此这里只需要介绍 5 种 Minmax 型 2 阶残差共生矩阵的构建，如图 8-10 所示。

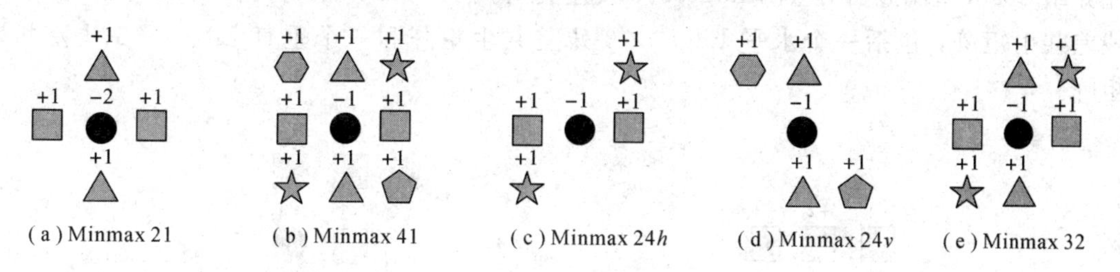

(a) Minmax 21　(b) Minmax 41　(c) Minmax 24*h*　(d) Minmax 24*v*　(e) Minmax 32

图 8-10　5 种 Minmax 型 2 阶残差共生矩阵(每一种构造两个共生矩阵)

(3) 3 阶残差共生矩阵(矩阵个数 22 个)。

3 阶残差共生矩阵和 1 阶残差共生矩阵的构造方式类似，由于两类残差具有相同的对称性，因此其共生矩阵的个数也相同。图 8-11 所示为两种 Spam 型 3 阶残差共生矩阵。

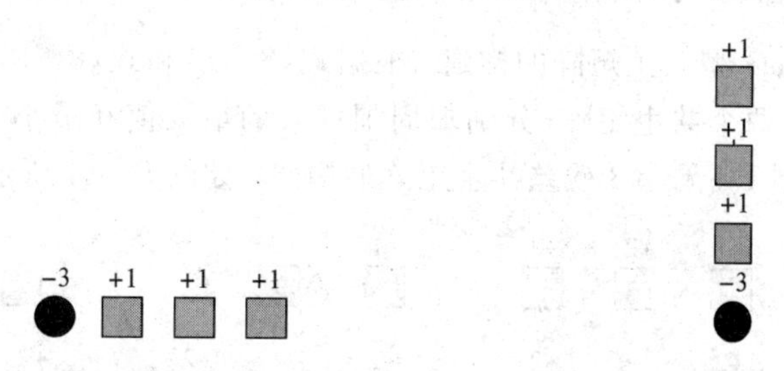

(a) 水平 Spam 型 3 阶残差共生矩阵　　(b) 垂直 Spam 型 3 阶残差共生矩阵

图 8-11　两种 Spam 型 3 阶残差共生矩阵

10 种 3 阶残差共生矩阵的构造方式与图 8-8 所示的 1 阶残差共生矩阵相同，这里不再一一列举。类似地，3 阶残差共生矩阵包括 2 个 Spam 型残差共生矩阵和 20 个 Minmax 型共生矩阵。

(4) Square 残差共生矩阵(矩阵个数 2 个)。

Square 残差共生矩阵是根据当前像素的周围所有像素值进行预测得到的，因此只有 Spam 型残差共生矩阵，没有 Minmax 型共生矩阵。富模型特征中选择周围的 3×3 图像块和 5×5 图像块进行残差计算，得到的两种 Spam 型 Square 残差共生矩阵如图 8-12 所示。

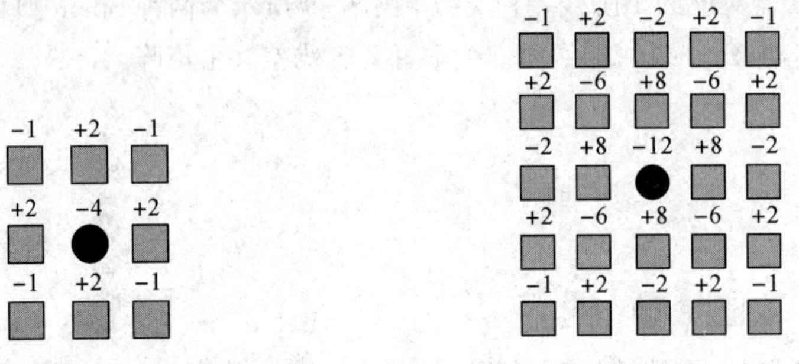

(a) Spam 型 Square 残差共生矩阵(3×3)　(b) Spam 型 Square 残差共生矩阵(5×5)

图 8-12　两种 Spam 型 Square 残差共生矩阵

(5) Edge3×3 残差共生矩阵(矩阵个数 10 个)。

Edge3×3 残差共生矩阵由 2 个 Spam 型共生矩阵和 8 个 Minmax 型共生矩阵构成。首先介绍 Spam 型滤波器对应的 Edge3×3 残差类型。图 8-13 所示为两种 Spam 型 Edge3×3 残差共生矩阵，包括一个水平 Edge3×3 残差共生矩阵和一个垂直 Edge3×3 残差共生矩阵。

(a) 水平 Spam 型 Edge 3×3 残差共生矩阵　(b) 垂直 Spam 型 Edge 3×3 残差共生矩阵

图 8-13　两种 Spam 型 Edge3×3 残差共生矩阵

下面介绍 8 个 Minmax 型共生矩阵的构建。根据式(8-7)和式(8-8)的定义，每一种 Minmax 型残差可以求出两个共生矩阵(分别求周围像素的最大值和最小值)，因此这里只需要介绍 4 种 Minmax 型 Edge3×3 残差共生矩阵的构建，如图 8-14 所示。

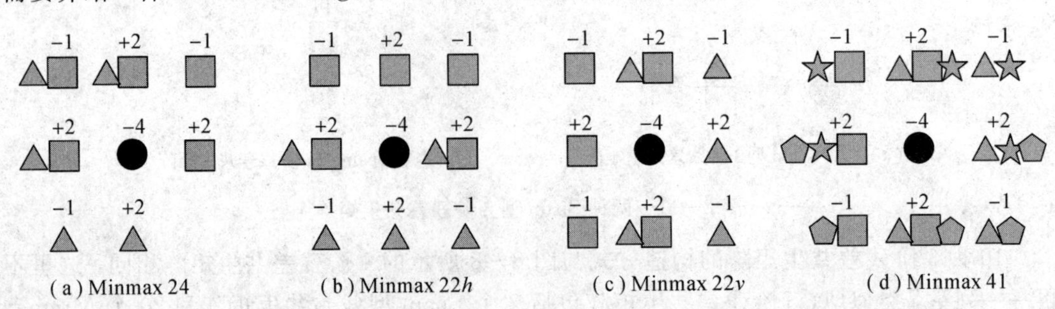

(a) Minmax 24　(b) Minmax 22*h*　(c) Minmax 22*v*　(d) Minmax 41

图 8-14　4 种 Minmax 型 Edge3×3 残差共生矩阵(每一种构造两个共生矩阵)

(6) Edge5×5 残差共生矩阵(矩阵个数 10 个)。

Edge5×5 残差共生矩阵和 Edge3×3 残差共生矩阵的构造方式类似，其矩阵个数同样是 10 个。Edge5×5 残差共生矩阵由 2 个 Spam 型共生矩阵和 8 个 Minmax 型共生矩阵构成。Spam 型滤波器对应的 Edge5×5 残差类型包括一个水平共生矩阵和一个垂直共生矩阵，如图 8-15 所示。

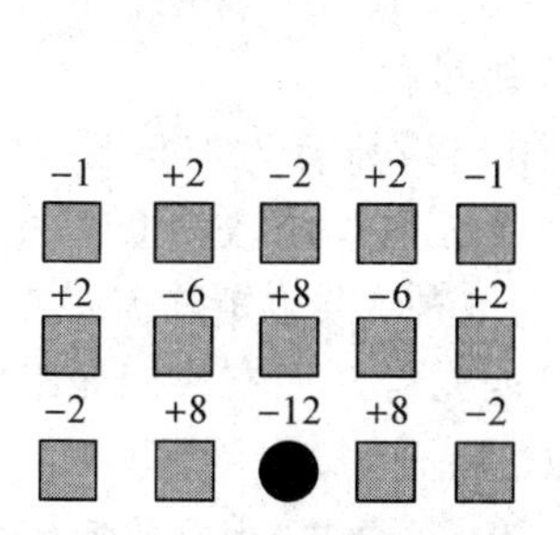

(a) 水平 Spam 型 Edge 5×5 残差共生矩阵

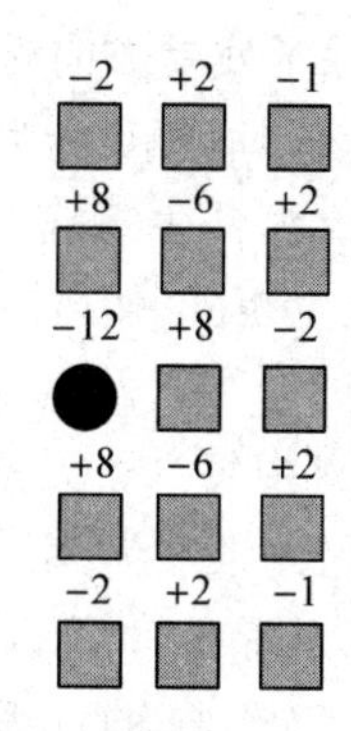

(b) 垂直 Spam 型 Edge 5×5 残差共生矩阵

图 8-15　两种 Spam 型 Edge5×5 残差共生矩阵

此外，4 种(共 8 个)Minmax 型 Edge5×5 残差共生矩阵与 Minmax 型 Edge3×3 残差共生矩阵的构造方式类似，这里不再一一列举。

综上所述，经过残差计算和共生矩阵构建两个步骤，一幅自然图像最终得到了共计 78 个共生矩阵，由于每个矩阵的维数为 625 维，因此总的特征维数为 78×625=48 750。上述特征经过子模型组合和适当的特征降维，最终可以得到 12 753 维的 SRMQ1 特征以及 34 671 维的 SRM 特征。其中，六类残差和两种滤波器初步构建的 78 个共生矩阵的详细情况如表 8-3 所示。

表 8-3　初步构建的共生矩阵汇总

残差类型	Spam 型矩阵数	Minmax 型矩阵数	共生矩阵总数
1 阶残差	2	20	22
2 阶残差	2	10	12
3 阶残差	2	20	22
Square 残差	2	0	2
Edge3×3 残差	2	8	10
Edge5×5 残差	2	8	10
合计	12	66	78

下面介绍 48 750 维特征是如何通过简化降维成 12 753 维 SRMQ1 特征的过程。降维通过以下两个方面实现：

(1) 降低共生矩阵的个数(Spam 型矩阵的个数不变，Minmax 型矩阵由 66 个合并为 33 个)。

(2) 降低共生矩阵的维数(Spam 型矩阵的维数降低为 169，Minmax 型矩阵的维数降低为 325)。

富模型降维的主要原理是充分利用自然图像的对称性。对称性在隐写分析特征构建中是特别重要的因素，这是因为通过对称性可以在降低特征维数的同时有效增加隐写分析模型的统计上的鲁棒性，进而使得特征之间更加“紧凑”，且在同样特征维数情况下取得更好的隐写分析性能。除了残差方向选择的对称性，富模型主要利用的是符号对称性，即对图像像素值(或者残差值)取相反数后在一定程度上不会改变其统计特性。下面按照 Spam 型共生矩阵和 Minmax 型共生矩阵的顺序分别介绍其降维过程。

(1) Spam 型共生矩阵(矩阵个数不变，每个矩阵由 625 维降为 169 维)。

根据 8.2.2 节的介绍以及表 8-2 的分析，Spam 型矩阵的维数为 625 的原因是四元组 $d=\{d_1, d_2, d_3, d_4\}$中每一个元素 d_i 的取值可能性有 5 种，共生矩阵需要统计出每一种四元组的出现次数，因此维数为 $5^4=625$。然而，625 种四元组 d 中有些四元组所体现的图像信息类似，属于“冗余特征”，可以将这些重复的维数进行合并。针对每一个 625 维的 Spam 型共生矩阵，合并冗余特征的过程分为两个步骤：第一步，合并“相反数特征”；第二步，在合并后的特征上再合并“逆序特征”。第一步合并相反数特征的过程如下：

$$C_*^1 = C_d + C_{-d} \tag{8-12}$$

其中，C_d 和 C_{-d}代表一对相反数特征；C_*^1 代表第一步合并后的特征。所谓的相反数特征是指对应的两个四元组对中的对应元素互为相反数。这两个四元组被称为相反数四元组，即：如果其中的一个四元组为 $d=\{d_1, d_2, d_3, d_4\}$，则对应的被合并的四元组为$-d=\{-d_1, -d_2, -d_3, -d_4\}$。根据排列组合原理进行计算，625 维的 Spam 型共生矩阵按式(8-12)合并操作之后，特征维数降低到 313 维。第二步合并是指在此基础上合并逆序特征，具体过程如下：

$$C_*^2 = C_d + \overleftarrow{C}_d \tag{8-13}$$

其中，C_d 和 $\overleftarrow{C}_d$ 分别代表一对逆序特征；C_*^2 代表第二步合并后的特征。所谓的逆序特征是指对应的两个四元组对中的元素逆序排列。这两个四元组被称为逆序四元组，即：如果其中的一个四元组为 $d=\{d_1, d_2, d_3, d_4\}$，则对应的被合并的四元组为 $\overleftarrow{d}=\{d_4, d_3, d_2, d_1\}$。根据排列组合原理进行计算，313 维的共生矩阵按式(8-13)合并操作之后，特征维数降低到 169 维。

综上所述，根据四元组的对称性，富模型对初步构建的 12 个 Spam 型共生矩阵进行了降维。共生矩阵的个数维持不变，维数降低为 169 维。

(2) Minmax 型共生矩阵(矩阵个数减半，每个矩阵由 625 维降为 325 维)。

与 Spam 型共生矩阵类似，Minmax 型共生矩阵也可以根据四元组对称性进行降维。不同之处在于，Minmax 型共生矩阵的降维过程主要基于以下规律：针对任意的有理数集合 X，$\min(X)=-\max(-X)$。

针对每一个 625 维的 Minmax 型共生矩阵，合并冗余特征的过程分为两个步骤：第一步，合并 Min 共生矩阵和 Max 共生矩阵(共生矩阵数减半，维数未变)；第二步，在合并后的特征上再合并逆序特征。其中的 Min 共生矩阵和 Max 共生矩阵分别指 Minmax 型共生矩阵中根据残差最小值和最大值构建的矩阵。第一步合并矩阵的过程如下：

$$C_*^1 = \boldsymbol{C}_d^{(\min)} + \boldsymbol{C}_d^{(\max)} \tag{8-14}$$

其中，$\boldsymbol{C}_d^{(\min)}$ 和 $\boldsymbol{C}_d^{(\max)}$ 分别代表同一残差构建的 Min 共生矩阵和 Max 共生矩阵；C_*^1 代表第

一步合并后的特征。第一步合并后，66 个 625 维的 Minmax 型共生矩阵按式(8-14)合并操作之后，变成 33 个 625 维的 Minmax 型共生矩阵。第二步合并是指在此基础上合并逆序特征，具体过程如下：

$$C_*^2 = C_d + \overleftarrow{C}_d \tag{8-15}$$

其中，C_d 和 $\overleftarrow{C}_d$ 代表一对逆序特征；C_*^2 代表第二步合并后的特征。根据排列组合原理进行计算，625 维的共生矩阵按式(8-15)合并操作之后，特征维数降低到 325 维。

综上所述，根据四元组的对称性，富模型对初步构建的 66 个 Minmax 型共生矩阵进行降维和简化后，共生矩阵的个数减半，维数降低为 325 维。富模型进行共生矩阵合并和降维情况汇总如表 8-4 所示，最终得到的 SRMQ1 特征的特征维数为 12×169+33×325=12 753。SRMQ1 特征具体情况如表 8-5 所示。

表 8-4　共生矩阵合并和降维情况汇总表

类型	合并前矩阵数	合并后矩阵数	降维前维数	降维后维数
Spam 型矩阵	12	12	625	169
Minmax 型矩阵	66	33	625	325
合计	78	45	78×625	12×169+33×325

表 8-5　富模型特征 SRMQ1 的共生矩阵汇总表

残差类型	Spam 型矩阵数	Minmax 型矩阵数	共生矩阵总数
1 阶残差	2	10	12
2 阶残差	2	5	7
3 阶残差	2	10	12
Square 残差	2	0	2
Edge3×3 残差	2	4	6
Edge5×5 残差	2	4	6
合计	12	33	45

以上是关于“简化版”富模型 SRMQ1 特征的构建过程，“完整版”富模型 SRM 特征构建方式大致与其相同，区别之处在于式(8-9)中量化步长 q 的选取，SRMQ1 特征中量化步长固定为 $q=1$；SRM 特征按照式(8-10)进行量化步长的选取。因此“完整版”富模型 SRM 特征的特征总维数计算方式如下：

$$2\times(2\times169+10\times325)+3\times(10\times169+23\times325)=34\ 671$$

8.3 集成分类器

基于富模型的图像隐写分析方法主要由特征提取和分类器设计两个环节组成，由于富模型特征维数较高，使得传统分类器时间消耗太大已不再适用。2012 年，Kodovsky 等人[12]首次将集成分类器应用在隐写分析领域中，已经成为处理包括富模型在内的高维隐写分析特征的首选分类器。该分类器基于随机森林算法，首先制备差异性较大的样本集和特征集；然后利用训练样本集生成若干个基分类器；最后利用测试样本集在各个基分类器的判定结果进行简单多数投票集成，得到最终的隐写分析结果。集成分类器用于隐写分析算法的主要过程可以分为准备过程、训练过程和测试过程三个环节。其中，准备过程主要用于准备训练过程和测试过程所需要的图像样本和特征集合；训练过程是系统的核心部分，主要分为基分类器生成和基分类器集成两个环节；测试过程用来对隐写分析系统的检测性能进行测试，利用测试样本集和训练过程得到的基分类器来检验集成分类器的分类性能。

8.3.1 准备过程

准备过程分为样本集构造和特征集制备两个部分。前者的目的是充分利用有限的图像样本，增加基分类器间样本的差异性；后者不仅可以解决隐写特征维数较高的问题，降低系统的计算复杂度，而且使得不同基分类器中样本提取的特征有所差异，可以进一步提高基分类器之间的差异性。原始的训练样本集按照某种规则分别选择部分图像样本构成训练子集，高维特征集按照某种规则分别选择部分特征构成特征子集，用于基分类器的训练。

根据集成学习的基本理论，提高集成分类器性能的关键问题是增加基分类器之间的差异性，通常采取在不同基分类器上扰动特征集的方式。产生特征子空间的方法可以分为随机方法和选择方法两大类。前者直接在原特征集合上以随机选取的方式构造特征子集，以增加基分类器之间的差异性，随机子空间(Random Subspaces)方法是其中最经典的方法之一；后者结合搜索算法，基于一定的原则或者目标，在特征子空间上搜索部分符合要求的特征构造新的特征集合。

集成分类隐写分析系统中，特征子集的构造方式通常随机子空间的方法，即在原高维特征集合上随机不放回地抽取一定数量的特征，构成该基分类器的特征子集，并重复多次产生多个用于不同基分类器的特征子集。假设高维特征集的维数为 d，首先确定出每一个特征子集的特征维数 d_{sub}，然后不放回的抽取 L 次，构成 L 个特征子集。其中，d_{sub} 远远小于特征总维数 d，特征子集的 d_{sub} 和基分类器个数 L 的大小通常由算法自适应确定。

选择通过随机不放回的方式构建不同特征子集基于以下两个原因：

(1) 原有的特征集属于高维特征，随机选取部分特征构建特征子集，可以大大降低分类系统的计算复杂度。

(2) 随机不放回选取的方式增大了特征子集之间的差异性，因此可以增大基分类器之间的差异性，从而提高集成分类系统的泛化能力。

制备差异性较大的样本子集能有效增大基分类器之间的差异性，从而提高集成分类系统的泛化能力，其中较为经典的方法是基于可重复采样技术的自助聚集方法(Bootstrap Aggergation，Bagging)。Bagging 是指随机有放回地抽取一定数量样本的采样方法，因此原样本集中有的样本被多次抽到，但约有 36.8%的样本未被抽到，这部分样本数据被称为袋外数据(Out-Of-Bag，OOB)。OOB 可以作为验证集来调整分类器参数。本章算法制备的训练样本集、测试样本集均基于 Bagging 方法，为了有效利用样本数据，样本子集的大小等于原样本集的大小。从训练样本集中随机有放回地成对抽取样本，得到一个含有若干个样本对的样本子集，其中有的样本对多次出现，有的样本对一次也没有出现。该过程重复多次，得到若干个具有差异性的训练样本子集，用于对应的基分类器训练过程。

8.3.2　训练过程

训练过程利用准备过程得到的图像样本和特征集合，提取出训练样本的特征向量，用于基分类器的训练，主要分为基分类器生成和基分类器集成两个环节。在基分类器生成环节，由于输入的图像样本是否经过秘密信息嵌入是已知的，因此训练过程可根据特征向量和样本类别计算基分类器的相关参数。在基分类器集成环节，经过简单多数投票等集成策略以及基分类器的优化过程，最终得到经过训练的集成分类器。由于每个基分类器使用的图像样本和特征集合均具有差异性，因此训练过程中得到的基分类器也具有较大的差异性，集成分类器的检测性能得到进一步提高。

集成分类隐写分析算法的训练过程分为两个环节：基分类器生成和基分类器集成。对准备过程所准备的训练样本集，提取对应的特征向量，输入到基分类器中进行训练，得到各个基分类器的训练参数。为进一步提高隐写分析算法的检测精度，将各个基分类器的判定结果采取简单多数投票的方法进行集成，得出最终的判定结果。为降低训练复杂度，通常选择结构简单、运算速度较快的费舍尔线性判别分类器(Fisher Linear Discriminate，FLD)作为基分类器。FLD 分类器判别法是最早提出的判别方法之一，其基本思想是将多维数据集尽可能地投影到一个方向，使得类与类之间尽可能分开。

假设特征总维数为 d，每一个基分类器所用的特征子空间维数为 d_{sub}，基分类器个数为 L，训练集大小为 n，训练集中的载体图像集合为 $C=\{C_1, C_2, , \cdots, C_n\}$，隐写图像集合为 $S=\{S_1, S_2, , \cdots, S_n\}$，在载体图像 c 和对应隐写图像 s 上提取特征向量集 d 得到的特征向量分别为 $\boldsymbol{X}_c^d$ 和 $\boldsymbol{X}_s^d$，第 l 个基分类器制备的特征子集为 D_l，训练样本子集为 N^l，以下是第 l 个基分类器的生成过程：

输入：特征子集 D_l，训练样本子集 N^l。

实现过程：

(1) 提取训练样本子集 N^l 中样本在特征子集 D_l 上的对应特征向量 $\boldsymbol{X}^l$。

(2) 利用(1)中提取的特征向量和该样本所属的样本类型进行训练，并修正基分类器参数向量 $\boldsymbol{V}_l$ 和基分类器阈值向量 $\boldsymbol{T}_l$。

(3) 对剩余样本重复步骤(1)和(2)，直至训练完所有样本。

输出：基分类器参数向量 $\boldsymbol{V}_l$ 和基分类器阈值向量 $\boldsymbol{T}_l$。

8.3.3　测试过程

测试过程用于检验集成分类隐写分析系统的检测性能。测试样本集中每一个样本按照训练过程中得到的特征子集提取相应的特征向量，并输入到对应的基分类器中，按照训练过程中的集成策略得到该样本的测试结果。所有测试样本经过测试后得到整体的测试错误率，用来衡量隐写分析系统的检测性能。

测试过程的目的是测试集成分类器的分类性能，为下一步集成分类隐写分析算法的改进提供依据。首先准备一定数量的载体图像和隐写图像作为测试样本集，利用Bagging方法制备每一个基分类器所需的测试样本子集；然后按照训练过程确定的每一个基分类器所使用的特征子集提取测试样本图像的特征向量，输入到训练好的集成分类器中，对基分类器的判定结果采取简单多数投票的方法；最终输出该图像样本的隐写检测结果。由于在测试样本集中样本是否被隐写是已知的，因此对所有测试样本的测试结果和样本类别进行对比，得出集成分类器的测试结果。

设在第 l 个基分类器中，特征子集为 D_l，测试样本子集为 N^l，基分类器参数向量为 $\boldsymbol{V}_l$，基分类器阈值向量为 $\boldsymbol{T}_l$，测试样本在第 l 个基分类器中提取的特征向量为 $\boldsymbol{X}^l$，则测试样本的测试过程如下：

输入：特征子集集合$\{D_1, D_2, \cdots, D_L\}$，测试样本子集集合$\{N^1, N^2, \cdots, N^L\}$，基分类器参数向量集合$\{\boldsymbol{V}_1, \boldsymbol{V}_2, \cdots, \boldsymbol{V}_L\}$，基分类器阈值向量集合$\{\boldsymbol{T}_1, \boldsymbol{T}_2, \cdots, \boldsymbol{T}_L\}$。

实现过程：

(1) 根据特征子集 D_l，在第 l 个基分类器中提取测试样本的对应特征向量 $\boldsymbol{X}^l$。

(2) 计算行向量 $\boldsymbol{V}_l$ 与列向量 $\boldsymbol{X}^l$ 的点积，若结果大于阈值，则该基分类器判定该样本为隐写图像；否则为载体图像。

(3) 对其余基分类器重复步骤(1)和(2)，计算出所有基分类器对测试样本的判定结果。

(4) 根据简单多数投票的原则，计算集成分类器对测试样本的判定结果。即如果判定该样本为隐写图像的基分类器数量不小于判定该样本为载体图像的基分类器数量，则集成分类器判定该样本为隐写图像；否则判定为载体图像。

输出：测试样本的判定结果。

为了增加测试结果的参考性，测试样本集大小与训练样本集大小相同。假设测试过程中，载体样本中被误判为隐写图像的样本个数为FP，被正确判定为载体图像的样本个数为TP，则代表集成分类器把载体图像误判为隐写图像的虚警率(False Alarms，FA)为

$$\mathrm{FA} = \frac{\mathrm{FP}}{\mathrm{FP} + \mathrm{TP}} \tag{8-16}$$

假设隐写样本中被漏判为载体图像的样本个数为FN，被正确判定为隐写图像的样本个数为TN，则代表隐写图像被漏判为载体图像的漏检率(Missed Detection，MD)为

$$\mathrm{MD} = \frac{\mathrm{FN}}{\mathrm{FN} + \mathrm{TN}} \tag{8-17}$$

集成分类器总体测试误差由错误率ER衡量，其计算公式为

$$\mathrm{ER} = \min_{\mathrm{FA}} \frac{\mathrm{FA} + \mathrm{MD}}{2} \tag{8-18}$$

式(8-18)表示在给定FA大小的情况下，最小化漏检率为MD，并取漏检率和虚警率的平均值作为衡量集成分类器总体测试误差的指标。

本章小结

本章介绍了基于富模型的隐写分析技术，对富模型以及相关知识进行了梳理，详细介

绍了富模型隐写分析算法的基本步骤和基本原理。本章共分为三个小节，第一节介绍了高维隐写分析特征的应用需求，相当于该章的背景知识介绍，也是基于富模型隐写分析技术的产生背景；第二节详细介绍了富模型的基本知识，涉及残差计算、共生矩阵构建、子模型组合三个部分；第三节从准备过程、训练过程和测试过程三个方面对集成分类器进行了详细介绍。

习　题　8

8.1　请简述富模型特征的提出背景。为什么隐写分析特征的维数越来越高？

8.2　富模型中“富”的含义是什么？

8.3　请解释富模型中的“残差”以及“灰度共生矩阵”的含义。

8.4　根据富模型命名规则，请画出以下 1 阶残差共生矩阵的示意图。

(1) Minmax24；(2) Minmax34v；(3) Minmax41；(4) Minmax48h

8.5　根据富模型原理，判断图 8 - 16 所示共生矩阵所使用的滤波器类型，并根据富模型命名规则进行命名。

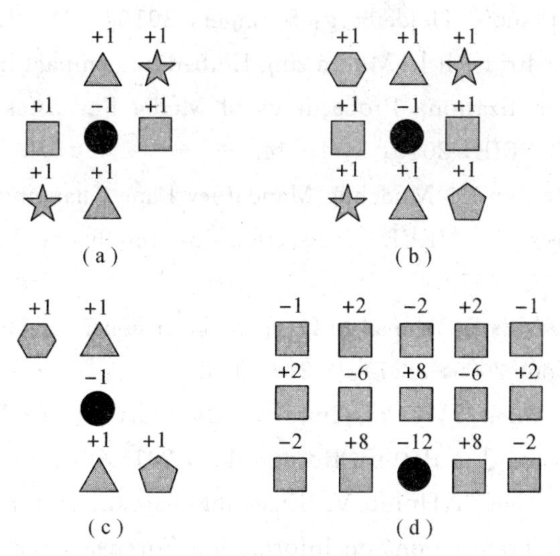

图 8 - 16　共生矩阵示意图

8.6　请分析 SRMQ1 特征和 SRM 特征维数的构成。

8.7　请简述集成分类器进行富模型训练的基本过程。

8.8　试问富模型特征还可以从哪些方面进行改进。

本章参考文献

[1]　Fridrich J. Feature-Based Steganalysis for JPEG Images and its Implications for Future Design of Steganographic Schemes. Lecture Notes in Computer Science, 2005, 3200: 67 - 81.

[2]　Pevny T, Bas P, Fridrich J. Steganalysis by Subtractive Pixel Adjacency Matrix.

Proceedings of the 11th ACM Multimedia & Security Workshop, Princeton, NJ: ACM, 2009: 75-84.

[3] Shi Y Q, Chen C, Chen W. A Markov Process Based Approach to Effective Attacking JPEG Steganography. Proceedings of Information Hiding Workshop 2006. Heidelberg: Springer, 2006: 249-264.

[4] Pevny T, Fridrich J. Merging Markov and DCT Features for Multi-Class JPEG Steganalysis. Proceedings of SPIE Electronic Imaging, Security, Steganography, and Watemarking of Multimedia Contents IX. San Jose: SPIE, 2007: 3-4.

[5] Kodovsky J, Fridrich J. Calibration Revisited. Proceedings of the 11th ACM Multimedia & Security Workshop, New Jersey, USA: ACM, 2009: 63-73.

[6] Kodovsky J, Pevny T, Fridrich J. Modern Steganalysis Can Detect YASS. Proceeding of SPIE Electronic Imaging, Media Forensics and Security Ⅻ. San Jose: SPIE, 2010: 1-11.

[7] Pevny T, Filler T, Fridrich J. Using High-Dimensional Image Models to Perform Highly Undetectable Steganography. Proceedings of Information Hiding 12th International Workshop. Heidelberg: Springer, 2010: 161-177.

[8] Filler T, Judas J, Fridrich J. Minimizing Embedding Impact in Steganography Using Trellis-Coded Quantization. Proceedings of Media Forensics and Security Ⅷ, San Jose, CA, USA: SPIE, 2010, 5: 1-14.

[9] Hou Y, Edara P, Sun C. Modeling Mandatory Lane Changing Using Bayes Classifier and Decision Trees[J]. IEEE Transactions on Intelligent Transportation Systems, 2014, 15(2): 647-655.

[10] Xiong H, Swamy M N S, Ahmad M O. Two-dimensional FLD for Face Recognition [J]. Pattern Recognition, 2005, 38(7): 1121-1124.

[11] Peng S, Hu Q, Chen Y, et al. Improved Support Vector Machine Algorithm for Heterogeneous Data[J]. Pattern Recognition, 2015, 48: 2072-2083.

[12] Kodovsky J, Fridrich J, Holub V. Ensemble Classifiers for Steganalysis of Digital Media[J]. IEEE Transactions on Information Forensics and Security, 2012, 7(2): 432-444.

[13] Fridrich J, Kodovsky J. Steganalysis in High Dimensions: Fusing Classifiers Built on Random Subspaces [A]. In: Proc. of SPIE, Electronic Imaging, Media, Watermarking, Security and Forensics XIII[C], 2011: 1-11.

[14] Fridrich J, Kodovsky J. Rich Models for Steganalysis of Digital Images[J]. IEEE Transactions on Information Forensics and Security, 2012: 7(3): 868-882.

[15] Kodovsky J, Fridrich J. Steganalysis of JPEG Images Using Rich Models[A]. In: Proc. of SPIE, Electronic Imaging, Media Watermarking, Security, and Forensics XIV[C], 2012, 10-17.

[16] Holub V, Fridrich J, Denemark T. Random Projections of Residuals as an Alternative to Co-Occurrences in Steganalysis [A]. In: Proc. of SPIE, Electronic Imaging, Media

Watermarking, Security, and Forensics XV[C], 2013: 1-12.

[17] Denemark T, Fridrich J, Holub V. Further Study on Security of S-UNIWARD [A]. In: Proc. of SPIE, Electronic Imaging, Media Watermarking, Security, and Forensics[C], 2014.

[18] Denemark T, Sedighi V, Holub V, et al. Selection-Channel-Aware Rich Model for Steganalysis of Digital Images[A]. In: Proc. of IEEE Workshop on Information Forensic and Security[C], 2014.

第9章 基于深度学习的图像隐写分析

图像隐写分析的主要方法分为专用隐写分析和通用隐写分析。前者由于在进行分析时需要知晓隐写算法的相关细节，因此在现实中使用受限；后者一般采用模式识别的思路，将隐写分析过程分为训练模型和分析检测两个步骤(如图9-1所示)，其主要工作是人工设计复杂的图像特征，再配合机器学习领域的各种算法来进行分类分析。隐写分析的成功很大程度上依赖于设计的图像隐写分析特征。

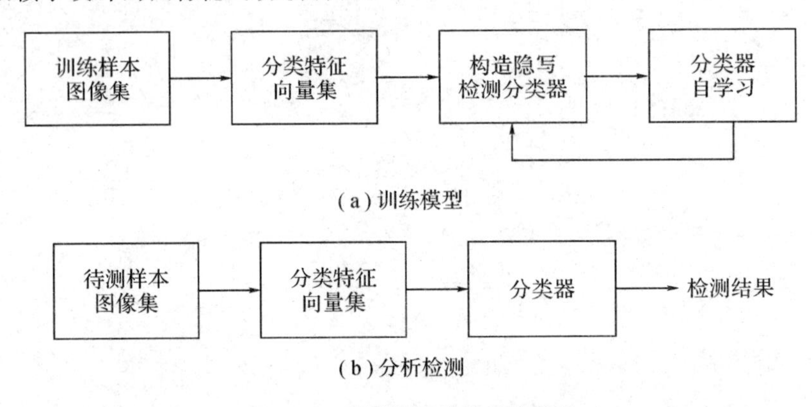

图9-1 通用隐写分析系统模型

目前出现的图像隐写算法使用了隐写分析特征和多种机器学习算法的组合，隐写分析的效果不一，而且在设计图像特征时找不到清晰的指导原则，直到深度学习算法出现。深度学习算法不再专注于隐写分析特征的设计，避免了人工设计的特征对隐写行为的虚警和漏报。另外，不同于传统的机器学习算法，深度学习算法不再显式地区分图像特征提取和图像分类两个步骤，而是直接形成一个类似黑匣子的结构。以图像隐写分析为例，深度学习隐写分析算法的输入是一幅图像，输出是一个判断："该图像是隐写图像"或"该图像不是隐写图像"，如图9-2所示。

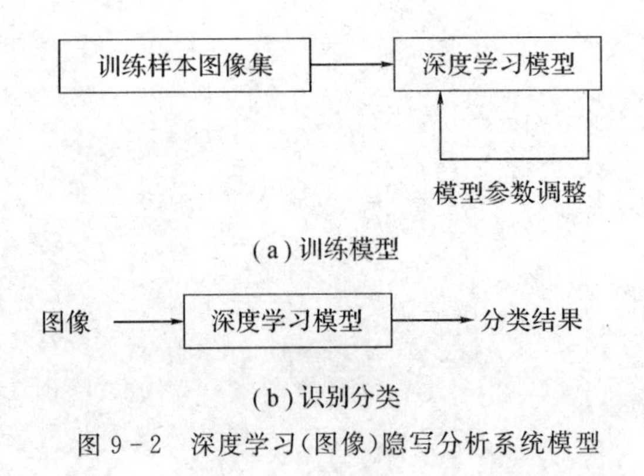

图9-2 深度学习(图像)隐写分析系统模型

9.1　深度学习与图像隐写分析

深度学习(Deep Learning)属于表示学习(Representation Learning)的一种，而表示学习属于机器学习的一个研究领域。在 2006 年，Hinton 在《科学》杂志上发表了一篇论文[1]，标志着深度学习相关研究的兴起。深度学习的原理是利用计算机强大的计算能力，模拟人脑的神经单元结构，仿照人类思维的机制来学习和分析输入的数据，例如图像、声音和文本等，并最终给出相应的判断。深度学习算法被用于图像隐写分析，取得了较好的效果。

深度学习的典型算法有深度波兹曼机(Deep Boltzmann Machines，DBM)[2]、深度自动编码器(Deep AutoEncoder，DAE)[3]、卷积神经网络(Convolutional Neural Network，CNN)[4]和生成对抗网络(Generative Adversarial Nets，GAN)[5]等。

在图像识别领域，最典型的深度学习算法是卷积神经网络(Convolutional Neural Network)[1,6]算法。本章将以卷积神经网络算法为代表，介绍基于深度卷积神经网络的图像隐写分析算法。

深度卷积神经网络为图像隐写分析算法提供了统一和高效的计算模型。隐写分析者设计神经网络的结构，而神经网络根据已有的大量标定数据自动调节其中的参数。如果把神经网络模型看做一个黑箱，它在使用时会非常简单，例如输入一幅图像，输出则是该图像的分类情况。神经网络模型的内部结构如图 9－3 所示。

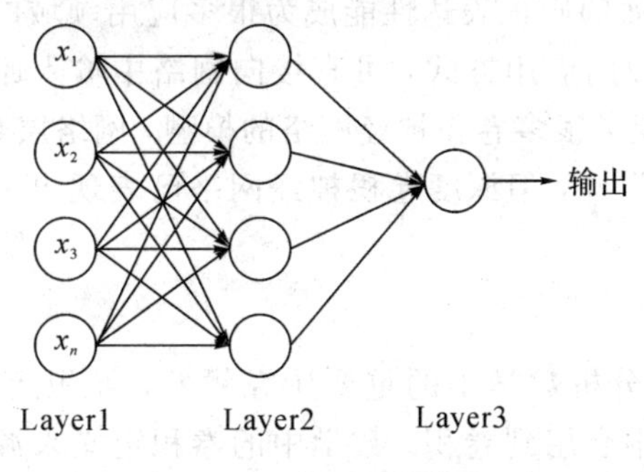

图 9－3　神经网络结构

在图 9－3 中，模型由大量的神经元(Neuron)构成(图中以圆圈表示)；若干个神经元构成网络中的一层(Layer)，如 Layer1，Layer2，…；每一个神经元都有一个输出，图中以黑色箭头表示(请读者注意，每一个神经元只有一个输出，图中为方便表示神经元向下一层多个神经元输出信号而使用了多个箭头，请不要混淆)。这个输出是该神经元接收上一层网络中的若干个神经元的激励而形成的，在语意上是对上一层图像理解的进一步提升，每一层中的神经元输出都将作为下一层神经元的输入激励。神经网络结构利用这种多层结构，逐层提炼关于图像的信息，将图像的相关知识由像素级抽象到语意级，每一层中的神经元根据学习样本中的标定信息调整权重值(简称权值)。模型内所有神经元共同构成一个实现特定功能的系统。

近几年，随着大数据时代的到来，深度学习算法凭借图形处理单元(Graphic Processing Unit，GPU)等计算机硬件性能的提升而迅猛发展。深度学习算法具有从看似杂乱无章的原始数据提炼出内容的能力，这些算法大多需要为数众多的相关参数，因此，样本数据过少将无法充分地训练这些参数，而大数据为深度学习算法提供了数以千万计的标定数据，这是深度算法成功的关键所在。GPU 用于通用计算是近几年发展起来的概念。GPU 拥有比中央处理单元(Central Processing Unit，CPU)更强大的浮点运算单元，为深度学习提供了足够的计算能力。

9.2 深度卷积神经网络图像隐写分析

在深度学习的众多算法中，深度卷积神经网络是最常用的一个，它在图像处理领域取得了较好的效果。本节介绍神经元和由其构成的深度卷积神经网络。

9.2.1 深度卷积神经网络

卷积神经网络来源于神经网络的相关研究，近年来随着计算机硬件模拟性能的提升而引起广泛重视，它已被证明是一种高效的识别方法，属于深度学习算法在图像处理领域的一个应用，而深度学习算法属于机器学习算法的一种(在深度学习流行之前，典型的机器学习算法是支持向量机)。20 世纪 60 年代，Hubel 和 Wiesel 首先提出了卷积神经网络[7]的概念，他们研究猫的脑皮层神经元时，分析了猫脑的网络结构，发现其结构可以有效地降低反馈神经网络的复杂性。K. Fukushima 在 1980 年提出的新识别机是卷积神经网络的第一个实现网络[8]。随后，更多的科研工作者对该网络进行了改进，ResNet 深度卷积神经网络的层数已达到 152 层[16]。

卷积神经网络以其高效的知识表达性能成为很多应用领域的研究热点。在模式分类领域，卷积神经网络有更便捷的应用方式，可直接向网络中输入原始图像数据，并得到相应的结果。目前，学术界出现了很多卷积神经网络的模型，网络层数、激活函数和池化函数等参数的选择仍然需要人工设计，但深度卷积神经网络已表现出良好的性能，正得到越来越广泛的应用。

1. 卷积

卷积(Convolution)是分析数学中的重要研究领域，卷积运算本身具有丰富的物理含义，很多具体的实际应用中会用到卷积。数学中的卷积定义来源于物理问题，但是数学中的卷积具有更广泛的内涵。

如果一个信号是一组历史信号的组合，比如 $a(0)$，$a(1)$，$a(2)$，…，$a(i)$，$a(n)$，…，其中 $a(i)$是 i 时刻信号的量值，若计算在某一时刻 n 的信号的组合量值 $f(n)$，则 $f(n)$是 $a(0)$，$a(1)$，$a(2)$，…，$a(n)$的组合。

类似 $f(n)=a(0)+a(1)+a(2)+\cdots+a(n)$的简单线性组合在求解时比较容易，但实际上信号会随着时间的变化而不断衰减，即 0 时刻信号的量值是 $a(0)$，但 $a(0)$变化到 n 时刻的实际值不再是 $a(0)$，所以实际的信号系统不能用到上面的简单线性组合公式。

假设已知信号的衰减规律符合统一规律函数 $b(n)$，即所有信号在 0 时刻的衰减剩余率都是 $b(0)$，在 1 时刻的衰减剩余率是 $b(1)$……如果求 n 时刻的信号组合量 $f(n)$，那么在 n 时刻 $a(n)$信号的衰减剩余率为 $b(0)$，而 $a(n-1)$信号已衰减了一个时间周期，它的衰减剩余率是 $b(1)$……用公式表示为

$$\begin{aligned}f(n) &= a(0)b(n)+a(1)b(n-1)+a(2)b(n-2)+\cdots+a(n)b(0)\\ &= \sum a(i)b(n-i) = a(i) * b(n-i)\end{aligned} \tag{9-1}$$

以上就是 $a(i)*b(n-i)$ 乘积形式的由来，是一个关于变量的数列卷积的物理意义解释，其中，$i=0$，1，2，…，n。由此可见，卷积的物理意义是一组值乘以它们相应的“权重”系数的和，该定义不难推广到一元函数、二元到多元函数的卷积意义。

在图像识别和处理算法中，一幅图像可以看成一个二维函数，自变量是图片像素的坐标(x, y)，函数值是像素的颜色(灰度)取值(0～255)。有的图像处理方法是把像素的颜色(灰度)值变换为周围图像颜色(灰度)值的调和(即周围像素颜色(灰度)值乘以一个权重值求和，效果会使得图像效果变得模糊)，这个过程也符合卷积的物理意义(一组值乘以它们相应的“权重”系数的和)，因此图像处理中大量使用的这种处理方法也被称为卷积。

卷积运算具有以下几个特点[6]：

(1) 卷积运算是一种线性运算。

(2) 卷积核的大小定义了图像中任何一点参与运算的邻域的大小。

(3) 卷积核上的不同权值对应结果与该位置的关联程度，大的权值说明结果受该位置数值的影响较大。

(4) 卷积核沿着图像所有像素移动并计算响应，一般将得到一个和原图像一样大的图像。

(5) 若使卷积核的中心覆盖原始图像所有像素，需要在原始图像的边缘以外补充像素。不同的像素补充方法，计算得到的最终效果也不相同，例如在像素边缘以外补充 0 像素值。

卷积算法通过调整卷积核中的权值，能够逐层提取图像中的线条、拐点和图形等特征，因此在图像识别等应用中取得了较好的效果。当需要提取多种图像特征时，往往设计多个卷积核，并通过多层的设计，聚集形成关于图像语义的相关知识。

2. 神经元

人的大脑细胞功能单一，但足够规模的大脑细胞集合构成大脑，能够实现复杂的功能。人工卷积神经网络也可以实现复杂的分类、识别等功能，同样，其构成单元也具有简单的结构。神经网络的构成单元叫做神经元(Neuron)。感知机(Perceptron)是一种早期的神经元结构[9]，理解它有助于理清其他类型神经元的基本结构和设计思路。

一个简单的感知机结构如图 9-4 所示。

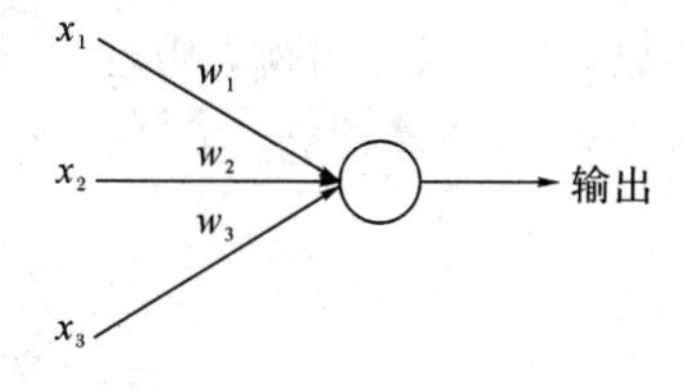

图 9-4　感知机结构

一个感知机的功能元素包括：

(1) 多个输入：x_1，x_2，x_3，…，它们只能是 0 或 1，来自于其他感知机。

(2) 一个输出：output，只能是 0 或 1。

(3) 每个输入对应一个权重值：w_1，w_2，w_3，…，它们可以是任意实数，并且能够调整，不同的权重值和输入的组合形成了不同的神经网络。

(4) 一个阈值：threshold，可以是任意实数。

感知机的原理可解释为：输出(output)的值取决于各个输入的加权求和与阈值(threshold)的大小，即

(1) 如果 $w_1x_1 + w_2x_2 + w_3x_3 + \cdots >$ threshold，则输出 output=1；

(2) 否则，输出 output=0。

从直观上理解，感知机相当于一个决策模型。输入表示进行决策时需要考虑的外在因素或条件，权重表示决策模型受某个外在因素的影响程度，而阈值则表示决策模型对这个决策事件本身的喜好程度或接受程度。

神经网络利用海量的输入数据获取知识，并且利用神经元之间连接的权值保存获取到的知识，并最终固化为特定的神经网络模型。

感知机在其每个输入上都有权重值，每个感知机有一个阈值，当每个输入的权重值确定，感知机的阈值确定时，该感知机就是一个确定的感知机，能够实现一个确定的功能。通过大量的输入数据来引导权重值和阈值自学习，就能使感知机实现期望的功能。

在实际使用阈值 threshold 时，为了表达方便，一般用它的相反数来表达：$b=-$threshold，这里的 b 被称为偏置(Bias)。这样，前面计算输出的规则就修改为

(1) 如果 $w_1x_1 + w_2x_2 + w_3x_3 + \cdots + b > 0$，则输出 output=1；

(2) 否则，输出 output=0。

在微电子领域，单个与非门的功能确定并且有限，但与非门具有普适性，通过组合可以表达其他类型的门部件，把一定规模的与非门按照一定的逻辑组合起来，所构成的系统就可以完成复杂的功能，例如 CPU 和 GPU 等。和与非门类比，在卷积神经网络中，通过组合感知机，能够实现任意复杂的功能系统。通过调整感知机的权重值和阈值，感知机可以实现与非门等电子元件的功能。在图像识别等领域，通过组合一定数量的感知机并调整其权重值、偏置参数等数据，期望得到一个具有相当识别能力的分类系统。

3. 输入层

神经网络算法的输入数据可以是特征向量。一般图像经过人为的特征挑选，通过特征函数计算得到特征向量，并作为神经网络的输入。而卷积神经网络的输入层可以把提取特征之前的图像本身作为输入。

空域灰度图像具有典型性，很多图像算法将这种类型图像的处理作为研究其他类型图像的基础。在卷积神经网络处理空域灰度图像时，灰度图像作为二维矩阵输入到网络中。而空域彩色图像具有多个通道，以 RGB 图像为例，由红、绿和蓝三个通道组成，每个通道的尺寸都和图像尺寸相同，很多图像处理算法将 RGB 图像的三个通道图作为一组二维矩阵输入卷积神经网络中。

4. 卷积层

在数字图像处理领域，空域灰度图像可被视为二维数字信号，写成矩阵形式。例如，空域灰度图像 $\boldsymbol{I}(x, y)$ 如图 9-5 所示。

图 9-5　空域灰度图像

对图像 $\boldsymbol{I}(x, y)$在典型的 8 领域上做平滑操作，其平滑结果中的每个值都来源于原对应位置及其周边 8 个元素与一个 3×3 矩阵的乘积，如图 9－6 所示。

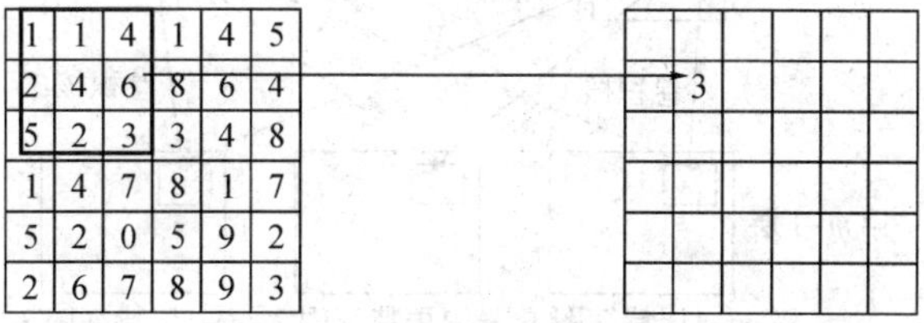

1	1	4	1	4	5
2	4	6	8	6	4
5	2	3	3	4	8
1	4	7	8	1	7
5	2	0	5	9	2
2	6	7	8	9	3

	3				

图 9－6　图像 8 邻域平滑操作

这样做相当于按照一定的顺序，将原矩阵各区域元素与 $\boldsymbol{K}$ 矩阵相乘。一个典型的 $\boldsymbol{K}$ 矩阵可表示为

$$\boldsymbol{K}=\frac{1}{9}\begin{bmatrix}1 & 1 & 1\\ 1 & 1 & 1\\ 1 & 1 & 1\end{bmatrix} \tag{9-2}$$

$\boldsymbol{K}$ 矩阵也被称为核(Kernel，3×3)。使用这个核对图像进行平滑操作，相当于对图像进行了低通滤波，因此该核也被称为滤波器。对二维图像的滤波操作可以写成卷积，比如常见的高斯滤波、拉普拉斯滤波(算子)等。

在卷积操作中，有一个重要的参数就是步进长度。例如，卷积核大小为 2×2，图像大小为 4×4(像素)，卷积核每次移动一步。用这个卷积在图像上遍历一遍，并且不对图像进行边缘填充，将会得到一个(4－2＋1)×(4－2＋1)＝3×3 的卷积矩阵，被称为特征图。需要注意的是，卷积层的特征图个数是在网络初始化时指定的，而卷积层的特征图的大小是由卷积核和上一层输入特征图的大小决定的。假设上一层的特征图大小是 $n\times n$、卷积核的大小是 $k\times k$，步进值为 1，则该层的特征图大小是$(n-k+1)\times(n-k+1)$。

在图像隐写分析任务中，卷积核的设计要充分考虑隐写操作对图像造成的影响，卷积操作应该对图像隐写区域产生神经元的激活。

在训练卷积神经网络的某一个卷积层时，实际上是在训练一系列的滤波器(卷积核)。比如，对于一个 32×32×3(宽 32 像素、高 32 像素，并且具有 RGB 三通道)的图像，如果在卷积神经网络的第一个卷积层定义训练 12 个卷积核，并且对图像的边缘进行像素填充，那么这一层的输出的特征图共有 12 个，每一个特征图的尺寸是 32×32，按照不同的任务，可以对这个输出做进一步的处理，这包括激活函数、池化、全连接等。

在卷积神经网络的某一层中，如果仅使用一个卷积核，提取的图像特征是不充分的，在实践中常添加多个卷积核，比如 128 个卷积核，可以学习到 128 种不同的特征。需要注意的是，这些卷积核需要人工设计。

在卷积神经网络的某一层中，使用若干个不同的卷积核，每个卷积核都会利用上一层所有特征图生成本层本卷积核的特征图，如图 9－7 所示。图中，实线表示使用卷积核 1 进行卷积操作；虚线表示使用卷积核 2 进行卷积操作；第 $m-1$ 层有 3 个卷积核就可以在本层(第 m 层)生成 3 幅特征图，这 3 幅特征图可以看做一张图像的不同的通道。

在图 9－7 中，卷积层的第 m 层使用两个卷积核，在其上一层(第 $m-1$ 层)的 3 个通道(特征图)上进行卷积操作，共在本层(第 m 层)生成 2 个通道(特征图)。

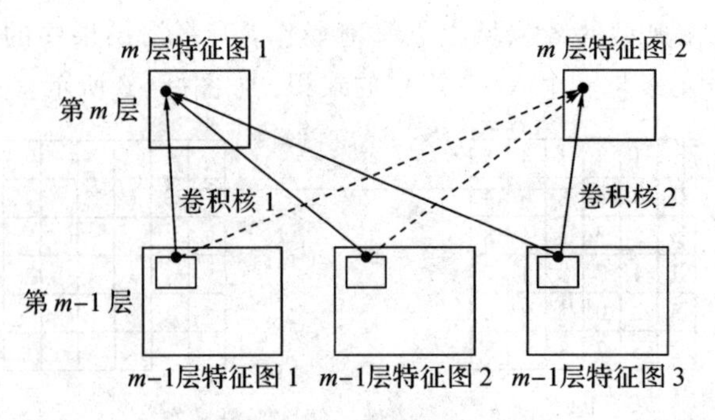

图 9-7　多卷积核

卷积神经网络算法通常设计多层卷积，每层卷积中设计多个卷积核。多个卷积核可以提取多个特征，而层次结构让图像信息逐渐由像素级别提升到全局级别，在多层和多核的设计中，将产生大量的参数，训练卷积神经网络就是要训练这些参数。参数调整完毕，卷积核就会对特定的模式有高的激活率，以达到卷积神经网络的分类和检测等目的。

卷积神经网络第一个卷积层的卷积核常用来检测低阶特征，随着卷积层数的增加，对应卷积核检测的特征就更加复杂。

卷积神经网络第二个卷积层的输入是第一个卷积层的输出(卷积核激活图)，第二层的卷积核用来检测低阶特征的组合等情况，如此累积，以检测越来越复杂的特征。实际上，人类大脑的视觉信息处理也遵循这样的低阶特征到高阶特征的模式。

最后一层的卷积核按照训练卷积神经网络目的的不同，可以在检测到隐写行为、手写字体等时激活。可见，在相当程度上，构建卷积神经网络的任务就在于构建这些卷积核。通过改变卷积核矩阵的值，训练卷积核识别特定的特征，这个过程叫做训练。

卷积神经网络开始训练时，卷积核的参数是完全随机的，它们不会对任何特征激活(不能检测任何特征)。此时，未训练的卷积神经网络不能识别人脸、手写字体或隐写图像，通过向该网络中输入标定数据，卷积神经网络才能逐步从原始像素信息中抽象出图片标定的信息。

目前，卷积神经网络的设计需要人工参与，网络的层数、激活函数、池化函数及全连接层等结构要素都是不同卷积神经网络之间的重要区别。设计好卷积神经网络后，需要将标定好的训练数据输入到该网络中，卷积神经网络要在修改好卷积核权重值和偏置之后形成最终的模型。在实践中，训练卷积神经网络采用监督学习的模式。例如，要训练一个用于分类的网络，让该网络能判定输入图像中的物体最可能是十个类别中的哪一类，简化的训练过程如下：

训练开始时，输入一幅图像，这个图像通过各层卷积处理后输出一组向量(1，1，1，1，1，1，1，1，1，1)，也就是说，对于完全由随机卷积核构建的网络，其输出认为该图像等概率地是十个类别中的某一种。

训练样本图像带有一个标定数据，假如某幅图中的物体属于结果的十个类别中的第三类，其标定数据的向量形式表示为(0，0，1，0，0，0，0，0，0，0)。

定义一个损失函数，比如常见的均方误差(Mean Squared Error，MSE)。假定 L 是这个损失函数的输出。卷积神经网络参数的训练转化为，让 L 的值反馈(这种神经网络被称为后向传输(Back Propagation))给整个卷积神经网络，以修改各个卷积核的权重值，使得 L 值最小。训练过程转化为最优化问题。

训练卷积神经网络时不可能一次就把卷积核的权重值 w 修改到使 L 最小的情况，而是需要多次训练和多次修改。

理想情况下，权重值修改的方向是使得 L 的变化收敛，即达到了训练该卷积神经网络的目的——让各个卷积层的卷积核能够组合起来，最优化地检测特定的模式。

在图像处理领域，图像用像素矩阵的形式表示，例如一个图像是 128 像素×128 像素，则可以表示为一个 128×128 的矩阵。在相邻两层全连接的情况下，128×128＝16 384，参数的个数将达到 16 384×16 384＝268 435 456，此时，图像的尺寸还很小(128×128)，卷积神经网络的层数仅有 2 层，但是已经产生规模巨大的参数，训练神经网络模型将非常困难。所以在图像处理中要使用神经网络，就必须减少相应模型的参数，加快训练的速度。

神经网络模型中，一般使用三种方法来减少模型中的参数，分别是局部感知、权值共享和池化。

(1) 局部感知。

一般认为，人对外界的认知是从局部到全局的。例如，当人面对眼前的景物时，不可能同时注意到景物中所有的细节，往往是对景物中的某一点或某一区域感兴趣，当人把所有的景物区域遍历后，就会得到对于整个景物的感知。

受人眼视觉特性启发，在图像处理领域，对图像的认识和处理也采用局部感知的方式。局部感知能够发现数据的一些局部特征，比如图像上的拐点、轮廓等。卷积神经网络中每一层都由多个特征图组成，每个特征图由多个神经元组成，同一个特征图的所有神经元公用一个卷积核(即权重)，卷积核往往代表一个特征。

图像处理领域的大量实验证明，相邻像素之间的关系较为紧密，很多图像处理算法在处理某个像素时，仅仅关注其邻域内的少量像素，而不会涉及整个图像的所有像素。在卷积神经网络中，受到启发的算法也会避免使用全连接层，而采用局部感知的技术，下一层神经元只对上一层中局部区域内的神经元进行感知，并使用局部感知手段遍历整个特征图，然后在更高层将局部的信息综合，得到全局的信息。

(2) 权值共享。

如前所述，采用局部感知技术，在每一次感知中，假如第二层中每个神经元只和上一层 10×10 个像素区域内的神经元相连，那么每个神经元与上一层特征图对应 100 个参数(权值)，若第二层一共有 16 384 个神经元，在一次局部感知中，权值参数的数量为 16 384×100，但是卷积操作往往使用若干个卷积核，从而产生若干个局部感知参数集，此时卷积操作的参数仍然过多。

卷积神经网络降低参数数量的第二种手段就是权值共享。在上面的局部感知中，如果第二层所有 16 384 个神经元与上一层特征图连接的 100 个参数(即这 16 384 个神经元都分别与上一层进行局部感知，每个局部感知的参数是 100 个参数)都是相同的，那么第二层与第一层神经元之间的连接参数数目就变为 100。

第二层某神经元对应第一层 10×10 局部范围内的神经元，所产生的 100 个参数就是大小为 10×10 卷积核进行的卷积操作中的权值参数。

权重共享的策略减少了模型中需要训练的参数，使得训练出来的模型的泛化能力更强。

(3) 池化。

卷积神经网络模型处理图像，使用多个卷积核将图像进行特征提取的同时，降低了图像特征的维度；但是，直接利用卷积后的图像特征去分类或识别，仍然需要巨大的计算量，分类器的训练变得效率不高，更为严重的是，容易使分类器过度符合训练数据，而失去对新样本的检测能力。

受卷积核大小和步进值的影响，特征图的相邻位置有可能出现不同的值，而实际上，这些相邻区域存在符合要求的图像特征(即图像中的该区域及其邻域对卷积核的响应值相近)，为进一步降低图像特征的维度，卷积神经网络模型中普遍使用了池化操作。池化操作把一定区域(池化窗口大小)内的值进行统一：如果使用池化区域内的最大值作为最终的池化值，称为最大池化；如果使用池化区域内的平均值作为最终的池化值，称为平均池化。

5. 激活函数

如果在卷积神经网络中只使用卷积操作，那么卷积神经网络将失去非线性特性。为改变这种状况，在设计卷积神经网络时，加入激活函数，使符合所需特征的图像经过卷积核后，在图像特定区域产生激活。激活函数的作用是在卷积神经网络中引入非线性，因为网络中如果仅有线性表达的话，将不足以表达现实中的系统结构。

典型的激活函数有 Sigmoid(常用于隐层神经元输出)、ReLU(Rectified Linear Unit，常用于隐层神经元输出)、Softmax(常用于多分类神经网络输出)和 tanh 等。下面以 Sigmoid 函数为重点，分别介绍四种激活函数。

(1) Sigmoid 函数表达式如下：

$$\Phi(x)=\frac{1}{1+e^{-x}} \tag{9-3}$$

在卷积神经网络中，神经元的输入通过神经元，需要对其进行加权和偏置处理后再激活，并映射到一个新的空间中。Sigmoid 函数激活神经网络的表达式如下：

$$f(x, w, b)=\frac{1}{1+e^{-(wx+b)}} \tag{9-4}$$

其中，x 是输入量；w 是输入对应的权重；b 是偏置(bias)。

Sigmoid 函数能够很好地说明偏置的作用。如图 9-8 所示，权重 w 使得 Sigmoid 函数可以调整其倾斜程度，当权重变化时，Sigmoid 函数图形也发生变化。

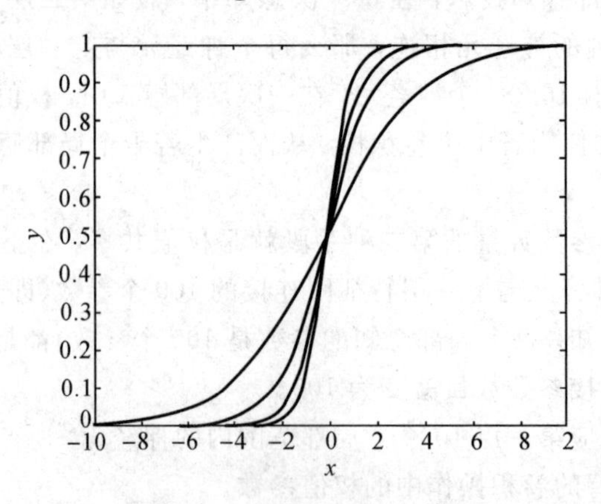

图 9-8 Sigmoid 函数曲线

图 9-8 中的 Sigmoid 函数曲线由下面这几组参数产生：

$$f(x, 0.5, 0.0),\ f(x, 1.0, 0.0),\ f(x, 1.5, 0.0),\ f(x, 2.0, 0.0)$$

在图 9-8 中，没有使用偏置 b(即 $b=0$)，从图中可以看出，无论权重如何变化，曲线都要经过(0，0.5)点，但实际情况下，可能需要在 x 接近 0 时，函数结果为其他值。

如图 9-9 所示，当固定权重值为 1 时，观察 Sigmoid 函数中仅改变偏置 b 的值而引起的函数曲线的变化情况。由图可见，不同的偏移值 b 不会改变函数曲线的大体形状，但函数曲线向左或者向右移动了，又在左下和右上部位趋于一致。

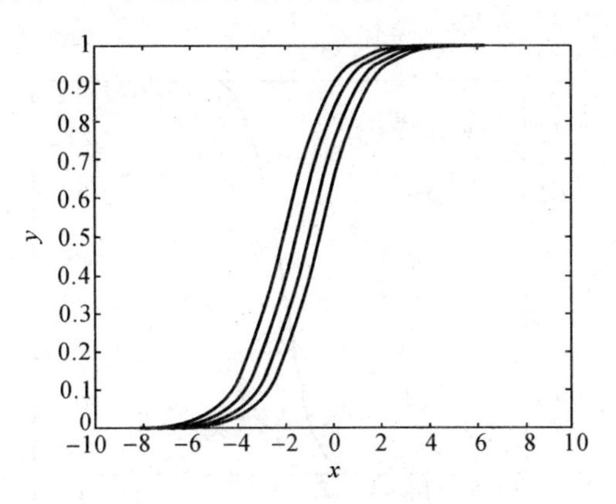

图 9-9　Sigmoid 函数中有偏置图示

图 9-9 中的几个 Sigmoid 函数曲线对应的几组参数为

$$f(x, 1.0, 1.0),\ f(x, 1.0, 0.5),\ f(x, 1.0, 1.5),\ f(x, 1.0, 2.0)$$

当改变权重 w 和偏移量 b 时，可以为神经元构造多种输出的可能性，这还仅仅是一个神经元，在神经网络中，千千万万个神经元结合就能产生复杂的输出模式。

(2) ReLU 函数表达式如下：

$$\mathrm{ReLU}(x)=\begin{cases}x, & x>0\\ 0, & x\leqslant 0\end{cases} \tag{9-5}$$

ReLU 函数曲线如图 9-10 所示。

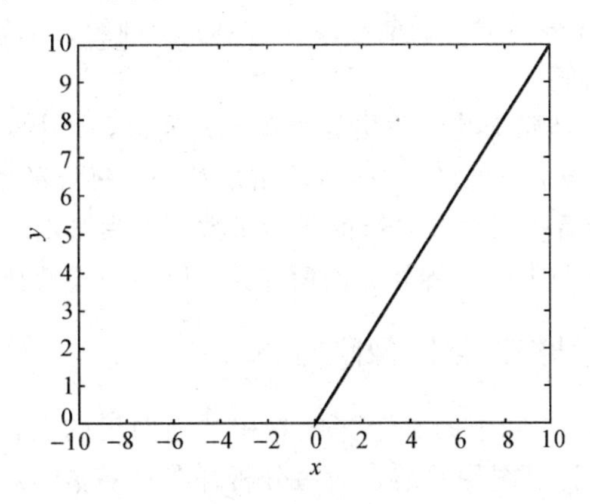

图 9-10　ReLU 函数曲线

在深度学习中，一般使用 ReLU 函数作为中间隐层神经元的激活函数。

(3) Softmax 函数表达式如下：

$$\Phi_i(z)=\frac{\mathrm{e}^{x_i}}{\sum\limits_{j\in \mathrm{group}}\mathrm{e}^{x_j}} \tag{9-6}$$

Softmax 函数只用于多于一个输出的神经元，它保证所有的输出神经元之和为 1.0，所以该函数一般输出值是小于 1 的概率值，可以很直观地比较各输出值。

(4) tanh 函数的表达式为

$$\tanh(x)=\frac{e^{x}-e^{-x}}{e^{x}+e^{-x}} \tag{9-7}$$

tanh 函数曲线如图 9-11 所示。

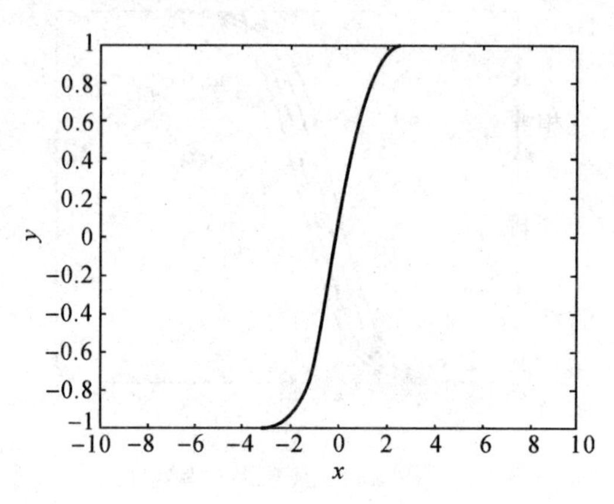

图 9-11　tanh 函数曲线

6. 全连接层

全连接层会产生大量的参数，因而仅在卷积神经网络中的特定层使用。在网络输出前的分类模块中，两层网络的神经元采用全连接的方式，使用下式进行计算[6]：

$$y_j^l=\sum_i w_{ij}^l x_i^l+b_j^l \tag{9-8}$$

其中，x_i^l(位于第 $l-1$ 层)是第 l 层(全连接层)的第 i 个输入单元；w_{ij}^l 表示连接第 l 层全连接层的第 i 个输入单元和第 j 个输出单元(也可以理解为第 j 个神经元，因为每一个神经元只有一个输出)的权重；b_j^l 表示第 l 层全连接层的第 j 个神经元的输出偏置；y_j^l 表示第 l 层第 j 个神经元的最终输出值。

全连接层的每一个神经元均与上一层的所有单元连接，其中全连接层的第一层与卷积层的最后一层相连，全连接层的最后一层与输出层相连，每层的输出作为下一层的输入；输出前使用激活函数，最后一层全连接层的激活函数一般为 Softmax 函数。

全连接层中的神经元与上一层神经元两两连接，但同一层的神经元之间不连接。

9.2.2　基于深度卷积神经网络图像隐写分析

下面介绍本章参考文献[6]中的基于深度卷积神经网络的图像隐写分析算法，在深度卷积神经网络的基础上，针对图像并结合隐写分析任务的特点，对卷积神经网络结构进行设计，利用深度学习算法进行图像隐写分析。

1. 图像预处理层

图像隐写算法追求对原始载体图像改变量的最小化，因此，从隐写分析角度而言，图像内容本身占据图像数据本身的绝大部分，而隐写的痕迹非常微弱，使隐写分析十分困难。

在隐写分析中，通常对图像进行预处理，使用高通滤波手段增强图像噪声，并去除图像内容本身的数据，这实际上是对图像隐写信号进行放大。实验发现，直接用正常或隐写图像作为卷积神经网络的输入，并以分类标签作为监督信息来进行训练时，卷积神经网络不能收敛，也就是说，卷积神经网络无法提取正常图像和隐写图像的有效特征。

传统隐写方法中所用到的高通滤波核可以分为两类：线性滤波核和非线性滤波核。线性滤波通常具有如下形式：

$$R_{ij} = \hat{X}_{ij}(N_{ij}) - X_{ij} \tag{9-9}$$

其中，N_{ij} 是像素 X_{ij} 的邻域，且该邻域不包括 X_{ij} 本身；$\hat{X}_{ij}(\cdot)$ 是预测子，用于对像素值进行预测。该类高通滤波的思想是利用邻域像素对中心像素进行预测，然后与中心像素进行差值，来抑制图像内容，使得滤波后的图像中隐写信号更为显著，从而有利于特征提取。隐写分析中，高通滤波后的图像称为噪声残差(Noise Residual)图像。线性滤波核又可分为方向性滤波核和非方向性滤波核两种。其中，方向性滤波核对于图像中特定方向的边缘、纹理比较敏感；非方向性滤波核则不区分特定方向的纹理。方向性线性滤波核中最简单的是相邻元素之间的差分，即利用相邻元素来预测其对应的中心元素，然后进行差值运算。水平方向的差分公式为

$$\boldsymbol{K}_{1\times 2} = (-1 \quad 1) \tag{9-10}$$

在非方向性滤波核中，具有代表性的有 KV 核：

$$\boldsymbol{K}_{5\times 5} = \frac{1}{12}\begin{pmatrix} -1 & 2 & -2 & 2 & -1 \\ 2 & -6 & 8 & -6 & 2 \\ -2 & 8 & -12 & 8 & -2 \\ 2 & -6 & 8 & -6 & 2 \\ -1 & 2 & -2 & 2 & -1 \end{pmatrix} \tag{9-11}$$

非线性滤波通常是采用多个线性滤波得到的残差图像中同一位置像素的最大值(或最小值)作为输出，所以该类型滤波通常称为“Minmax”滤波。例如，假设 $R^{(h)}$ 和 $R^{(v)}$ 分别是水平和垂直方向上的线性滤波得到的残差图像，则非线性滤波的过程可由下面两个公式表示：

$$r_{ij}^{(\min)} = \min\{r_{ij}^{(h)}, r_{ij}^{(v)}\} \tag{9-12}$$

$$r_{ij}^{(\max)} = \max\{r_{ij}^{(h)}, r_{ij}^{(v)}\} \tag{9-13}$$

非线性滤波核对某些方向性的边缘较为敏感，且由于目前最优秀的特征提取过程中通常需要采用不同的残差滤波以尽可能捕捉更多的图像纹理特性，因此不同的非线性滤波增加了滤波核之间的差异性。通过实验发现，使用图像预处理层，卷积神经网络在训练过程中可以快速地收敛，并可获得较好的检测效果，且不同的滤波核均有良好的效果。

2. 卷积层

网络模型中的多层卷积层构成了特征提取模块。每层卷积层的输入和输出均为多个二维矩阵(特征图)，且每个卷积层的输出作为下一层的输入。每层卷积层均包括卷积、非线性激活和池化(Pooling)三种依次进行的操作。

首先，对于每层卷积层的输入，根据下列公式进行卷积运算：

$$\boldsymbol{Y}_j^l = \sum_i \boldsymbol{X}_i^{l-1} * \boldsymbol{W}_{ij}^l + \boldsymbol{b}_j^l \tag{9-14}$$

其中，$\boldsymbol{X}_i^{l-1}$ 表示第 $l-1$ 层卷积层的第 i 个输入矩阵；$\boldsymbol{Y}_j^l$ 表示第 l 层卷积层的第 j 个输出矩

阵；W_{ij}^l 表示连接第 l 层卷积层的第 i 个输入矩阵和第 j 个卷积输出矩阵的 $m\times m$ 大小的卷积核；b_j^l 表示第 l 层卷积层的第 j 个卷积输出矩阵的偏置。

对图像隐写分析而言，卷积结构适合于捕捉临近像素间的相关性等重要信息。事实上，在近些年隐写分析领域的研究中，如何有效地对图像局部相关性进行建模一直是特征提取中重点关注的问题。但是，目前并没有准确的统计模型对相关性进行建模，且所用方法主要依赖人的经验进行设计，比如计算共生矩阵等方法。基于卷积神经网络的方法则利用卷积结构并通过训练优化，自动挖掘与隐写分析相关的邻近像素相关性信息。值得注意的是，卷积神经网络中通常含有多个卷积层，通过层层递进，高层卷积层中的卷积操作逐步融合了输入图像中更大区域的信息，并因此整合了更大范围内的相关性。这种利用更大邻域范围内相关性的思想在 PSRM[10] 特征提取中有所体现，该方法相当于用了两层卷积，其中：第一层卷积为高通滤波，用于增强隐写噪声，同时抑制图像内容；第二层卷积叫做投影映射，采用服从高斯分布的滤波核对第一层滤波得到的残差图像进行投影。基于卷积神经网络的方法与该方法的不同之处在于，卷积神经网络中用到了更多层的卷积核，可以分析更大范围内的相关性，另外卷积神经网络中的卷积核可以通过训练自动进行优化，而 PSRM 特征提取则是通过人工设定的。

其次，对卷积操作得到的输出矩阵 Y_j^l 中的每个元素进行非线性激活操作。非线性激活的作用是保留并映射特征，去除数据中的一些冗余，同时给网络引入非线性表达能力，使得网络可以拟合复杂的特征表示。

最后，对激活后的输出矩阵进行池化操作，得到该卷积层的最终输出。常用的池化方法有平均池化和最大池化，两种方法分别取滑动的池化窗口中的元素的均值和最大值作为池化窗口的输出。池化窗口的滑动步长通常大于 1，从而起到降低特征维度的作用。对隐写分析而言，隐写操作对图像带来的改变通常是微量的，通过较小的局部区域计算的特征表达很难显著地反映隐写操作带来的变化。因此隐写分析领域通常需要全局的统计特性或融合了更大区域信息的特征表达来更好地反映隐写前后图像的变化。卷积神经网络中池化操作的特点则是融合局部区域内的信息，获得更鲁棒的表达，且通过逐层的池化，使得更大区域内的隐写信号逐渐汇聚融合起来，从而有助于获得最显著性的特征表达。通过实验发现，对于隐写分析，有池化的卷积神经网络结构比没有池化的卷积神经网络结构取得了更好的检测效果；同时，对于隐写分析，平均池化比最大池化有更好的作用。

总而言之，对于具有多层卷积层的卷积神经网络，每一层卷积层都从上一层的输入或特征图输入中抽取更高层的特征表达，并传递至下一层。随着网络层数的逐步加深，高层的卷积层考虑了更大输入图像区域范围内的更复杂的相关性统计特性，使其得到的特征可以更好地捕捉隐写操作对图像带来的变化。最终，最后一层卷积层抽取的特征被传递至全连接层用于分类。

3. 全连接层

全连接层使用公式(9-8)进行计算，并利用 Softmax 激活函数，目标损失函数 Softmax-Loss 则为

$$\text{Loss}=-\log y_i \tag{9-15}$$

其中，y_i 表示 Softmax 激活函数的值，$i=1$，2。

为了降低训练中的过拟合问题，在全连接层中用到了“Dropout”技术，这是一种卷积神

经网络中常用的正则化策略。当使用"Dropout"时，每次训练过程中对相应全连接层的输出一定的概率置 0，其中概率值通常取 0.5。该正则化策略可在一定程度上提高模型的泛化能力以及检测性能。

最终通过反向传播算法最小化目标损失函数以训练整个网络，自动实现卷积层和全连接层的参数优化，从而获得有效的隐写分析特征表达并实现分类。不同于传统基于人工特征的方法，基于卷积神经网络的方法将特征学习和分类器训练整合到一个可训练的模型框架中，分类器训练模块中的监督信息可以指导特征学习。同时，数据驱动的特征学习模式相比传统更依赖于经验驱动的隐写分析方法，大大减少了对人的时间精力的需求，有利于实现复杂数据环境、复杂隐写算法环境下自动化的隐写分析。对隐写分析而言，卷积结构适合于捕捉临近像素间的相关性等重要信息。

4. 实验结果及分析

为了验证上述基于卷积神经网络的隐写分析方法的有效性，本实验在不同的图像库上对不同的隐写算法进行了测试。

实验用的数据库是隐写分析中常用的标准库 BOSS 1.01[11]。该图像库中包含 10 000 张 512×512 大小 PGM 格式的灰度正常载体图片(Cover Images)。这些图片来源于七种型号的照相机，并由照相机获取的 RAW 格式图片经过缩放、裁剪等操作以后保存成 PGM 格式得到。图片纹理特性上，数据库中既含有平滑区域较多的图像，也包括了纹理较复杂的图像。

实验中，随机划分出其中的 80%图片作为训练集，剩下的 20%图片作为测试集，对于后面的所有实验保持着相同的划分，以方便进行对比。当给定嵌入算法和嵌入率后，可通过嵌入操作得到训练和测试集中的另一类图像，即隐写图像(Stego Images)。因此，由 BOSS 1.01 数据库得到的训练集和测试集分别包括 8000 和 2000 个 Cover/Stego 图像对。为了验证上述卷积神经网络模型的隐写分析性能，对 HUGO、WOW、SUNIWARD、MiPOD 和 HILL - CMD 等先进的隐写算法进行了检测，并将检测性能与代表性的人工设计特征 SRM、maxSRMd2 进行了对比。其中传统特征用具有代表性的 Ensemble Classifier 进行训练分类。

在一些深度学习的应用领域中，数据预处理起到了很重要的作用，它可以将原始数据变换到一个深度学习模型更有效和容易处理的形式，从而有利于获取更好的特征表达。

对于隐写分析任务，在前面的相关内容中提到了用高通滤波预处理手段来对图像内容进行抑制，从而帮助卷积神经网络模型学到更有效的隐写分析特征表达。此外，还可以考虑另一种图像预处理策略。实际应用中，隐写分析者可能会遇到如下两种情况：第一种情况，给定需要检测较大尺寸图片的前提条件，去设计卷积神经网络。该种情况下，如果直接将原始尺寸图像作为输入，由于输入尺寸较大，会大幅提升网络规模和训练参数，对 GPU 等硬件带来较大的计算需求。第二种情况，对于给定的卷积神经网络，当待检测的图像的尺寸和卷积神经网络的输入尺寸不同时(例如图像尺寸大于卷积神经网络输入尺寸)，无法直接进行检测，而重新训练网络会带来额外的时间需求。对于这两种情况，本章参考文献[6]提出将图片裁剪成大小相同且与卷积神经网络输入尺寸匹配的不同的图像块(Patch)，并以这些图像块作为卷积神经网络的输入。在计算机视觉等领域，可以将尺寸较大或与卷积神经网络输入尺寸不同的图像，通过缩放并结合裁剪等手段处理成尺寸相对较小或合适的图像来解决这个问题。这些操作不会对图像的视觉内容带来较大改变，因此不会对视觉任务的性能带来较大影响。而对于隐写分析来说，缩放操作会破坏隐写操作带来的痕迹，从而严重影响对隐写图像的检测。因此针对隐写分析问题的特点，该实验采用裁剪的方式从原图像中获得不同的大小相同的图像块分别作为网络输入，其保留了隐写操作对图像带来的修改痕迹。值得注意的是，与传统人工特征提取方法中直接从全图计算共生矩阵、直方图等全局统计信息的方式不同，卷积神经网络提取特征的特点是通过逐层的池化操作对局部区域的信息进行汇聚，使其在进行特征提取时受到的由图像裁剪分块所带来的信息损失的影响相对传统的依赖于全图统计特性的人工特征带来的影响要小。

在 BOSS 1.01 数据库上进行实验时，由于该库中图像尺寸(512×512)较大，因此用裁剪的方式对正常载体图像和嵌入信息后的隐写图像分别进行了预处理。在训练环节，对每幅 512×512 大小的图片，裁剪出五个 256×256 大小的图像块，分别为四个角和中心位置；同时对这五个图像块分别进行翻转，得到另外五个图像块。一方面，以该方式得到的图像块覆盖了整个图像区域，保证了可以利用图像不同区域的信息。实验中发现当选取的图像块数量较少且不能完整覆盖原图像所有区域时，检测性能有所下降。另一方面，该方式进一步增大了数据集，可以提供更多的数据来促进网络的训练。这种情况下可以从每幅 512×512 大小的 Cover 或 Stego 图像中生成 10 个 256×256 大小的图像块作为网络的输入。在测试环节，对于每个待测的 512×512 大小图片，本章参考文献[6]按照训练环节中的方式，生成 10 个 256×256 大小的图像块作为输入，并由每个图像块得到一个用于判断类别的预测值，最终将一张 512×512 图片对应的 10 个图像块预测值取平均值，得到该图片最终的预测概率，用于判别分类。

下面给出实验中网络模型结构配置以及模型训练中需要设定的各种参数。网络结构模型包括一层图像处理层、五层卷积层和三层全连接层。网络接收的输入图像或图像块尺寸为 256×256。在图像处理层中，用固定的高通滤波核对图像进行预处理操作，得到残差图像。第一层卷积层以残差图像作为输入，且该层中卷积核数量为 16，卷积核的大小为5×5；第二、三、四层卷积层中均含有 256 个卷积核，卷积核的大小为 3×3。第五层卷积层也含有 256 个大小为 5×5 的卷积核。每层卷积层中均有池化操作，窗口大小为 3×3，步长为 2。对于卷积层中激活函数以及池化方式的选取，将通过后面的实验讨论。经过五层卷积层后，256×256 大小的输入图像或图像块被转换为 256 维特征。该特征被传递到由三层全连接层组成的分类模块。前两层全连接层均含有 128 个神经元，激活函数均为 ReLU；最后一层全连接层含有两个节点，激活函数为 Softmax。实验中，网络模型的实现基于 Cuda - ConvnettM 深度学习框架，所用的 GPU 型号为 Tesla K40c，它具有 12GB 显存。

在五层卷积层中，需要训练的参数数量共有 13 792 个，主要来自卷积核权重及偏置。当包括全连接层时，整个网络的训练参数数量为 63 456 个。所有卷积层和全连接层中的权重均是按照均值为 0、标准差为 0.1 的高斯分布进行初始化的，每层神经元的偏置均按照常量 0 进行初始化。每个 Minibatch 中含有 128 个样本(Cover 或 Stego)。卷积层中的权重衰减(Weight Decay)参数为 0，全连接层中的权重衰减为 0.01，每层中的 Momentum 参数均为 0.9。当使用“Gaussian”或“1 - Gaussian”激活函数时，第一层卷积层的参数 a 为 1，第二至五层卷积层中的参数 a 为 0.5。所有模型的初始化学习率均为 0.001。

本实验主要研究分别用不同的高通滤波核在图像预处理层进行预处理，然后分别训练得到的单模型，并检测多模型融合的效果。

实验中，对于给定的待检测隐写算法和嵌入率，将图 9 - 12 中所示的四种滤波核 $\boldsymbol{K}_{5\times5}$、

$K_{3\times2}$、$K_{1\times4}$ 和 $K_{5\times5}^{max}$ 分别用于基于 CNN 的隐写分析模型的图像处理层，分别训练得到四个 CNN 模型，即 $K_{5\times5}$-CNN、$K_{3\times2}$-CNN、$K_{1\times4}$-CNN、$K_{5\times5}^{max}$-CNN，并对四个模型的预测概率值取平均值作为最终的概率预测值用于分类。

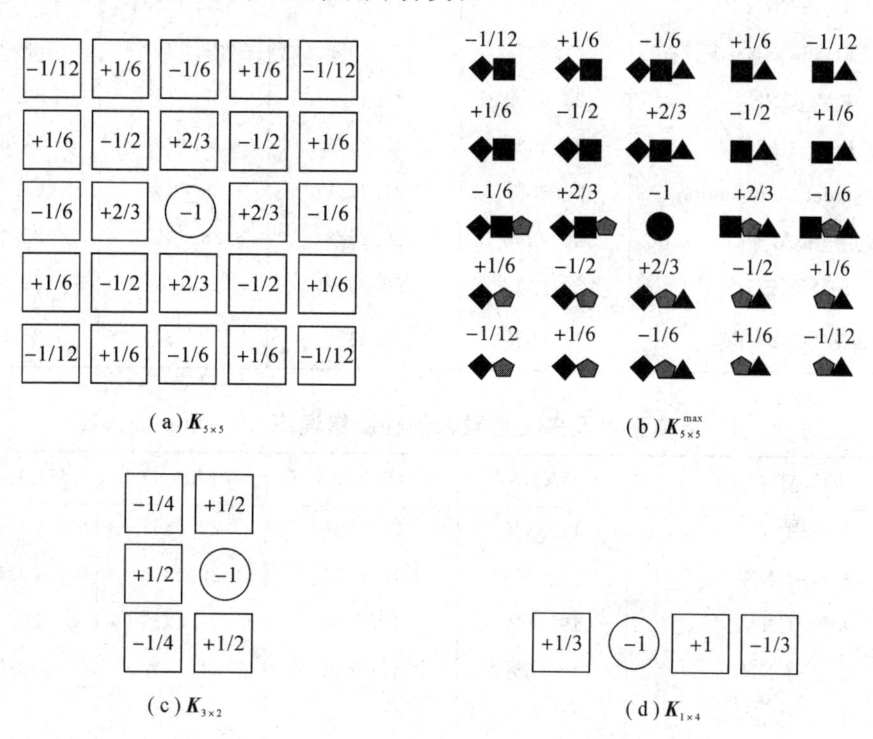

图 9-12　模型融合中用到的滤波核

表 9-1、表 9-2 和表 9-3 分别给出了单模型以及多模型融合对目前最先进的自适应隐写算法 WOW、SUNIWARD、MiPOD 及 HILL-CMD 在不同嵌入率下的检测错误率，并和隐写分析领域目前最具代表性的基于人工特征方法“SRM+EC”和“maxSRMd2+EC”进行了对比。其中，“SRM+EC”表示提取 SRM 特征，并用 Ensemble Classifier 训练分类；“maxSRMd2+EC”表示提取 maxSRMd2 特征，并用 Ensemble Classifier 训练分类。

表 9-1　单模型以及多模型融合的检测错误率(0.3 bpp 嵌入率)

隐写算法	WOW	S-UNTWARD	MiPOD	HILL-CMD
$K_{5\times5}$-CNN	28.93%	32.05%	32.78%	38.55%
$K_{3\times2}$-CNN	27.45%	31.38%	32.98%	36.95%
$K_{5\times5}^{max}$_CNN	29.73%	31.78%	33.13%	37.68%
$K_{1\times4}$-CNN	27.70%	30.60%	32.28%	36.88%
CNN model combination	26.97%	30.38%	32.27%	36.88%
$K_{5\times5}$-SRM+EC	31.95%	30.60%	33.22%	39.00%
SRM+EC	25.57%	26.12%	29.05%	34.65%
maxSRMd2+EC	18.77%	23.62%	27.52%	30.28%

表 9-2 单模型以及多模型融合的检测错误率(0.4 bpp 嵌入率)

隐写算法	WOW	S-UNTWARD	MiPOD	HILL-CMD
$\boldsymbol{K}_{5\times5}$-CNN	21.98%	24.20%	27.63%	33.35%
$\boldsymbol{K}_{3\times2}$-CNN	21.80%	22.30%	26.38%	33.25%
$\boldsymbol{K}_{5\times5}^{\max}$_CNN	22.58%	23.48%	27.68%	34.30%
$\boldsymbol{K}_{1\times4}$-CNN	20.55%	22.35%	27.13%	31.88%
CNN Model Combination	20.05%	21.72%	26.07%	31.70%
$\boldsymbol{K}_{5\times5}$-SRM+EC	26.72%	26.25%	28.53%	35.13%
SRM+EC	20.90%	20.92%	24.32%	29.83%
maxSRMd2+EC	15.53%	19.51%	22.43%	26.32%

表 9-3 单模型以及多模型融合的检测错误率(0.5 bpp 嵌入率)

隐写算法	WOW	S-UNTWARD	MiPOD	HILL-CMD
$\boldsymbol{K}_{5\times5}$-CNN	17.35%	20.65%	22.83%	29.75%
$\boldsymbol{K}_{3\times2}$-CNN	16.75%	19.03%	20.93%	29.13%
$\boldsymbol{K}_{5\times5}^{\max}$_CNN	19.08%	19.70%	23.55%	30.70%
$\boldsymbol{K}_{1\times4}$-CNN	16.68%	17.68%	21.78%	29.00%
CNN Model Combination	16.03%	17.45%	20.92%	28.30%
$\boldsymbol{K}_{5\times5}$-SRM+EC	22.45%	22.25%	24.10%	31.45%
SRM+EC	16.60%	16.70%	20.42%	26.07%
maxSRMd2+EC	12.84%	15.66%	19.00%	23.40%

从表 9-1～表 9-3 中可以看出，对于给定的嵌入算法和嵌入率，用不同的滤波核进行预处理后训练的网络模型的检测性能存在着一定的差异。通过模型融合以后，检测性能得到了进一步提高。当与“SRM+EC”方法进行对比时，检测性能总体较为接近。SRM 特征提取过程中用到了超过 100 种的高通滤波核进行预处理，而由于时间及硬件的限制，模型融合方法中只用到了其中的四种。实验中，当基于人工特征的方法和基于卷积神经网络的方法都只用同一种高通滤波核进行预处理时，对其检测性能进行了对比。选取 34 671 维 SRM 特征中用 $\boldsymbol{K}_{5\times5}$ 核预处理所得到的 169 维特征，用 Ensemble Classifier 训练分类，结果如表 9-1～表 9-3 中“$\boldsymbol{K}_{5\times5}$-SRM+EC”一栏所示。通过和 $\boldsymbol{K}_{5\times5}$-CNN 对比可以看出，用同一种滤波核预处理时，基于 CNN 的方法有更好的检测性能，这也表明了基于深度学习的隐写分析模型的有效性。与“maxSRMd2+EC”进行对比时，检测性能相差 2%～8%。“maxSRMd2+EC”相对更好的一个原因是，其在特征提取时利用了图像中每个像素的修改概率这一重要的先验信息。

9.3 浅层卷积神经网络图像隐写分析

本节介绍一种基于浅层卷积神经网络的图像隐写分析方法。与深度卷积神经网络相比，浅层卷积神经网络(Shallow Convolution Neural Network)通过减少卷积层和禁用池化层，来加快神经网络收敛速度和减少隐写特征丢失，同时采用增加卷积核数、使用批(量)正则化以及单层全连接层的方式，提高隐写分析网络的泛化性能。

9.3.1 隐写方案

本小节介绍的浅层卷积神经网络(S 卷积神经网络)示意图如图 9－13 所示。

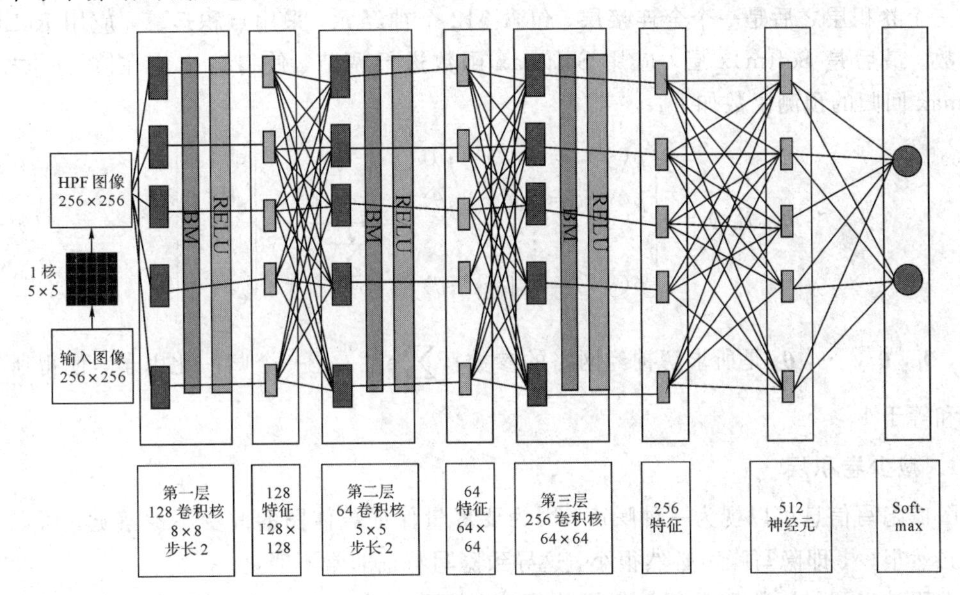

图 9－13 浅层卷积神经网络示意图

该浅层卷积神经网络包含三个卷积层和两个全连接层。输入图像大小为 256×256，采用与本章参考文献[12]相同的高通滤波器 $F^{(0)}$(大小为 5×5 卷积核)。该文献[12]表示使用这个卷积核能突出噪声残余，Pibre 等人[13]论证了高通滤波器对隐写分析的必要性。对图像而言，低频部分权重较大，不易嵌入信息，因此都在权重较小的高频部分嵌入信息，以尽可能地使图像的改变不被察觉。通过高通滤波能突出噪声残余，即放大嵌入信息，进而更好地提取隐写图像特征。实验发现，浅层卷积神经网络若没有这个预处理过程，训练过程将会难以收敛，同时检测性能也较差。

形式上以 $I^{(0)}$(一个高通滤波图)表示 S 卷积神经网络的输入图像，以 $F_k^{(l)}$ 表示第 $l=\{1, \cdots, L\}$层的第 k 个卷积核。其中，l 是卷积层数，$k\in\{1, \cdots, K^{(l)}\}$，$K^{(l)}$ 是第 l 层的卷积核数(也是第 l 层输出的特征图数量)。S 卷积神经网络第一层采用 128 个大小为 8×8 的卷积核(滤波器)，这些滤波器的功能类似于带通滤波器。因为步长为 2，所以特征图大小为 128×128。以 $\widetilde{I}_k^{(l)}$ 表示第 l 层第 k 个卷积核产生的卷积图像，则有

$$\widetilde{I}_k^{(l)} = I^{(0)} * F_k^{(l)} \tag{9-16}$$

第二层及第三层都有 $K^{(l-1)}$ 个特征图作为输入，第 l 层卷积层进行卷积操作后得到第 k 个卷积图像 $\widetilde{I}_k^{(l)}$，$\widetilde{I}_k^{(l)}$ 是 $K^{(l-1)}$ 个卷积的求和，即

$$\widetilde{I}_k^{(l)} = \sum_{i=1}^{i=K^{(l-1)}} I_i^{(l-1)} * F_{k,i}^{(l)} \tag{9-17}$$

其中，$\{F_{k,i}^{(l)}\}_{i=1}^{i=K^{(l-1)}}$ 是给定 k 值下 $K^{(l-1)}$ 个卷积核的集合。

第二层使用 64 个大小为 5×5 的卷积核，步长为 2。每一个卷积求和可看成：在每个特征图中，通过计算隐写信号与特征图的相关度，来观察局部信号是否为隐写信息。

第三层用一个全局卷积核(大小为 64×64)来产生 256 个单值，以与之后的全连接层相连接，然后通过 Softmax 函数连接到最后一层的输出。

三个卷积层之后是一个全连接层，包含 512 个神经元，采用点积运算，应用 ReLU 激活函数。最后是 Softmax 层，应用 Softmax 函数进行调节，使得输出值在[0，1]之间。Softmax 回归的预测函数如下：

$$\boldsymbol{h}_\theta(x^{(i)}) = \begin{bmatrix} p(y^{(i)}=1 \mid x^{(i)};\theta) \\ p(y^{(i)}=2 \mid x^{(i)};\theta) \\ \vdots \\ p(y^{(i)}=k \mid x^{(i)};\theta) \end{bmatrix} = \frac{1}{\sum_{j=1}^{k} e^{\boldsymbol{\theta}_j^{\mathrm{T}} x^{(i)}}} \begin{bmatrix} e^{\boldsymbol{\theta}_1^{\mathrm{T}} x^{(i)}} \\ e^{\boldsymbol{\theta}_2^{\mathrm{T}} x^{(i)}} \\ \vdots \\ e^{\boldsymbol{\theta}_k^{\mathrm{T}} x^{(i)}} \end{bmatrix} \tag{9-18}$$

其中，$\boldsymbol{\theta}_1$，$\boldsymbol{\theta}_2$，…，$\boldsymbol{\theta}_k$ 是所求解神经网络的参数；$\sum_{j=1}^{k} e^{\boldsymbol{\theta}_j^{\mathrm{T}} x^{(i)}}$ 是一个归一化因子，使得所有概率之和等于 1。

1. 减少卷积层

图像隐写信息可以视为一种噪声，因为要尽量保证载体图的改变不被察觉，所以嵌入信息必然很少，即隐写噪声必然很小，这导致隐写特征非常不明显。

卷积神经网络层数和卷积神经网络深度的不断增加，会导致在采样中丢失所嵌入信息，使隐写分析检测效果变差。下面介绍的算法将卷积层数大幅减少至 3 层，并在每层通过增加卷积核数来增加卷积神经网络高度，以提高特征提取效果。第一层卷积核数增加至 128 个，第二层增加至 64 个。在此基础上，进一步改善卷积结构，加入 BN 层的同时，去掉 ABS 层和 TanH 层。

对卷积神经网络而言，由于存在内部协变量迁移(Internal Covariate Shift)[14]，训练的进行会放大前面训练参数的变化，导致当前层特征的概率分布与初始层特征的概率分布不一致，进而使得之前的学习率和权重不再适用。批量正则化能将每一层的概率分布变换为标准正态分布，从而规避参数扰动。Ioffe 在本章参考文献[14]中指出，在每次产生随机梯度(SCG)时，通过批量样本(Minibatch)对相应激活函数做批正则化(BN)操作，可以使得结果(输出信号的各个维度)的概率分布转变为均值为 0、方差为 1 的稳定概率分布。

卷积层的数据有 4 维(n，k，i，j)，$n(1 \leqslant n \leqslant N)$表示训练时 Minibatch 中的第 n 个输入数据，$k(1 \leqslant k \leqslant K)$表示第 k 个特征图；i 和 $j(1 \leqslant i \leqslant H，1 \leqslant j \leqslant W)$分别表示特征图的高和宽。以 $x_{n,j,k}^{(k)}$ 和 $\hat{x}_{n,j,k}^{(k)}$ 分别表示第 k 个特征图的输入和相应的正则化特征图，则第 k 个特征图的正则化可表示为

$$\hat{x}_{n,j,k}^{(k)} = \frac{x_{n,j,k}^{(k)} - \mu^{(k)}}{\sigma^{(k)}} \tag{9-19}$$

其中

$$\mu^{(k)} = \frac{1}{\mathrm{NHW}} \sum_{n,i,j} x_{n,i,j}^{(k)}$$

$$\sigma^{(k)} = \sqrt{\frac{1}{\mathrm{NHW}} \sum_{n,i,j} (x_{n,i,j}^{(k)} - \mu^{(k)})^2}$$

由于上面的归一化会破坏上一层网络学到的特征，为恢复所学特征，BN 层对正则化的数据通过变换因子 $\gamma^{(k)}$ 和偏置 $\beta^{(k)}$ 进行变换和重构，得到输出 $y_{n,i,j}^{(k)}$ 为

$$y_{n,i,j}^{(k)} = \gamma^{(k)} \cdot \hat{x}_{n,i,j}^{(k)} + \beta^{(k)} \tag{9-20}$$

通过变换和重构，特征图的空间关系得以保存。本章参考文献[14]中特别指出，在卷积神经网络中，BN 应作用在非线性映射前。BN 能防止梯度弥散，在卷积神经网络中加入 BN 能加快训练速度，提高模型精度。

经过批正则化处理的卷积神经网络，在训练过程中需要使用反向传播算法(Back Propagation，BP)计算损失代价函数的梯度和批正则化变换中引入的参数。反向传播算法求解神经网络参数梯度的过程如下：

$$\begin{cases} \dfrac{\partial l}{\partial \hat{x}_i} = \dfrac{\partial l}{\partial y_i}\gamma \\ \dfrac{\partial l}{\partial \sigma_B^2} = \displaystyle\sum_{i=1}^{m} \dfrac{\partial l}{\partial \hat{x}_i} \cdot (x_i - \mu_B) \cdot \dfrac{-1}{2}(\sigma_B^2 + \varepsilon)^{\frac{-3}{2}} \\ \dfrac{\partial l}{\partial \mu_B} = \left(\displaystyle\sum_{i=1}^{m} \dfrac{\partial l}{\partial \hat{x}_i} \cdot \dfrac{-1}{\sqrt{\sigma_B^2 + \varepsilon}}\right) + \dfrac{\partial l}{\partial \sigma_B^2} \cdot \dfrac{\displaystyle\sum_{i=1}^{m} -2(x_i - \mu_B)}{m} \\ \dfrac{\partial l}{\partial x_i} = \dfrac{\partial l}{\partial \hat{x}_i} \cdot \dfrac{1}{\sqrt{\sigma_B^2 + \varepsilon}} + \dfrac{\partial l}{\partial \sigma_B^2} . \dfrac{2(x_i - \mu_B)}{m} + \dfrac{\partial l}{\partial \mu_B} . \dfrac{1}{m} \\ \dfrac{\partial l}{\partial \gamma} = \displaystyle\sum_{i=1}^{m} \dfrac{\partial l}{\partial y_i} \cdot \hat{x}_i \\ \dfrac{\partial l}{\partial \beta} = \displaystyle\sum_{i=1}^{m} \dfrac{\partial l}{\partial y_i} \end{cases} \tag{9-21}$$

这里对式(9-21)求解的具体过程不做过多阐述(主要运用了链式法则)。从式中可以看出，批正则化算法是处处可导的，这使得卷积神经网络的训练能有效减少因内部协变量迁移造成的训练速度变慢的问题。

2. 激活函数

当卷积层中所有卷积操作完成后，就需要对过滤图中的每一个值应用激活函数。激活函数包括绝对值函数 $f(x)=|x|$、正弦函数 $f(x)=\sin x$、正切函数 $f(x)=\tan x$、高斯函数 $f(x)=e^{-x^2/d^2}$、ReLU 函数 $f(x)=\max(0, x)$等，这些函数能破坏卷积层经过线性滤波后产生的线性特性。激活函数的选择与所分类问题有关，所选激活函数应当可导，以便计算反向传播错误率。由于导数会影响计算代价和学习时间，因此可以此作为激活函数选择的依据。这里选择了两个常用的非线性激活函数：Tanh 与 ReLU(如图 9-14 所示)。从实

验中观察到，ReLU 函数表现得更好，所以激活函数全部采用 ReLU 函数。

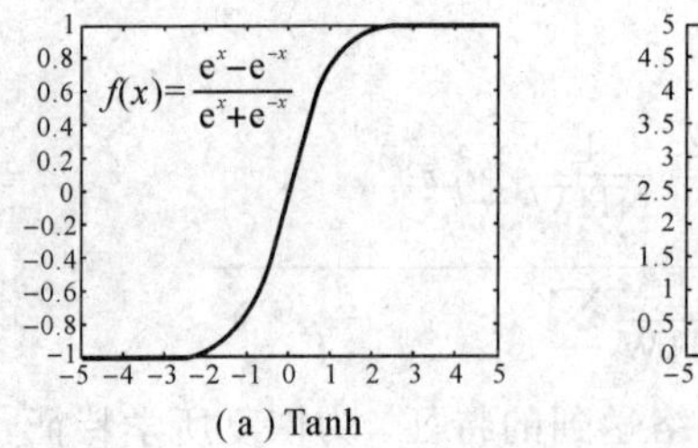

(a) Tanh

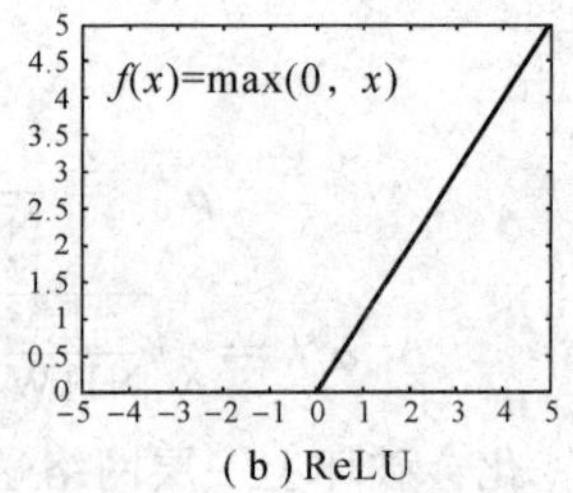

(b) ReLU

图 9-14　两个非线性激活函数

3. 禁用池化层

池化也称为子采样，在深度卷积神经网络中，经过卷积之后再进行池化，会产生过度采样，导致图像隐写信息丢失。而隐写分析的目的就是检测隐写信息(隐写噪声)，因此池化会产生反作用，使得准确率下降。上述方法在去掉网络结构中的全部池化层后，卷积神经网络能迅速收敛，大幅提高了训练效率。

9.3.2　实验

1. 实验平台与数据集

实验平台选择谷歌的深度学习平台 TensorFlow，GPU 为 NVIDIA GTX1080，数据集为 BOSSBase v1.0，其包含有 10 000 张大小为 512×512 的灰度图。由于性能限制，将每张载体图切分成 4 张大小为 256×256 的灰度图，共得到 40 000 张载体图。

隐写图通过在载体图中嵌入数据得到。隐写算法为空域自适应隐写算法：S-UNIWARD，采用相同的嵌入密钥，嵌入率分别为 0.1 bpp 和 0.4 bpp。隐写算法实现程序来自于 Binhanton DDE 实验室的网站，由此得到含有 40 000 对载体图/隐写图的数据库。选取其中 20 000 对作为训练集，其余 20 000 对作为测试集。

实验中，每训练 40 组做一次测试，全部训练完成后，对训练集进行遍历测试，最后输出总体检测准确率。

由于参数量很大，要想使卷积神经网络收敛，就必须有足够的迭代次数。在 Minibatch 为 64，采用 20 000 对载体图/隐写图作为训练集时，迭代 625 次即可对训练集实现一次遍历。实验表明，当对训练集实现一次遍历后，重复遍历并不能提高准确率，因此每次训练只需遍历一次训练集即可。所用代码可从 GitHub[15] 中下载。

实验中采用 Minibatch 的大小为 64，每次训练完成后，都会对训练集进行随机重置，然后遍历训练集，以便在每次训练时，随机选取成对载体图/隐写图进行训练，这可能和本章参考文献[12]使用的载体图/隐写图对有所不同。学习率初始化为 0.001，Momentum 设为 0.9。

2. 实验结果与分析

1) 禁用池化层

因为应用池化层会降低准确率，所以禁用池化层。实验表明，在嵌入率为 0.4 bpp 时，在 5 层卷积神经网络中去掉池化层后，检测准确率最高值从 67%提升至 81%，如图 9-15

所示。同时，卷积神经网络能迅速收敛，其原因可能为隐写信息量不大，加入池化反而会造成过度采样，使得隐写特征更加分散，不易提取，从而导致卷积神经网络难以快速收敛。

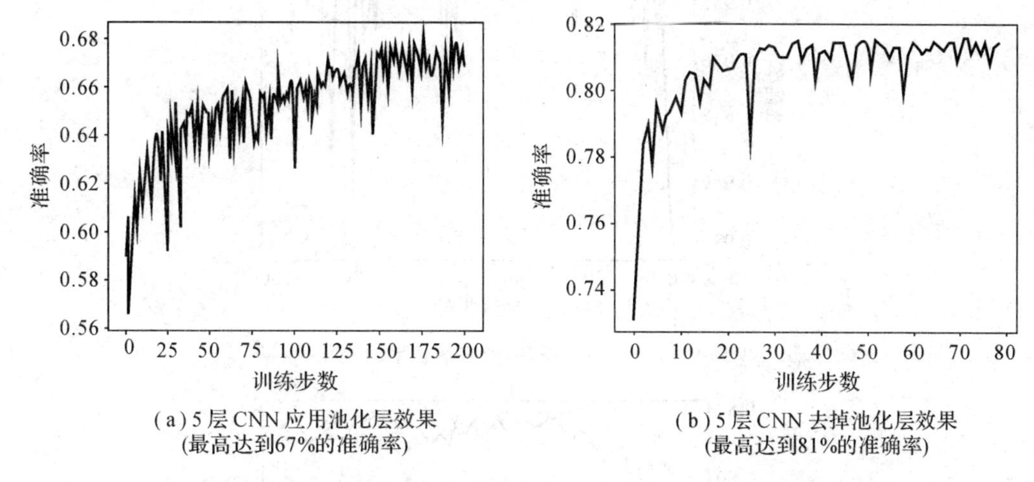

(a) 5 层 CNN 应用池化层效果
(最高达到67%的准确率)

(b) 5 层 CNN 去掉池化层效果
(最高达到81%的准确率)

图 9-15　5 层卷积神经网络应用和去掉池化层对准确率的影响

2) 减少卷积层

将卷积层减少至三层，卷积核数在第一层增加至 128、第二层增加至 64、第三层增加至 256。实验表明，在减少卷积层数后，当嵌入率为 0.4 bpp 时，检测准确率最高值从 81% 提高到 95.2%，如图 9-16 所示。由此表明减少卷积层数有助于提高检测准确率，也证明增加卷积层数会导致隐写信息丢失。

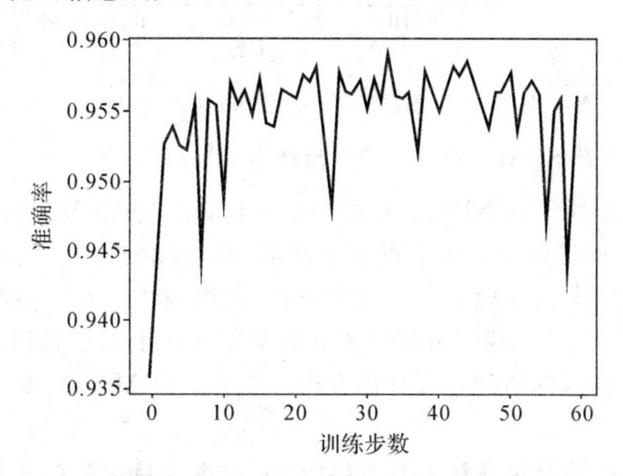

图 9-16　减少卷积层数和增加深度对准确率的影响

3) 应用 BN 层

在上述基础上，加入 BN 层的同时，去掉 ABS 层和 TanH 层。实验表明，加入 BN 层能有效提高检测准确率，准确率最高值从 95.2%提高到 96%，如图 9-17 所示。

4) 测试模型在嵌入率为 0.1 bpp 时的效果

在测试模型的嵌入率为 0.1 bpp 时，实验表明，其准确率最高值能达到 81.7%，相比 SRM+EC 提高大约 22%，如图 9-18 所示。可见本实验所用方法(S 卷积神经网络)可提高低嵌入率情况下隐写图像的检测准确率，相比高嵌入率下的隐写图像，其检测效果更加良好。

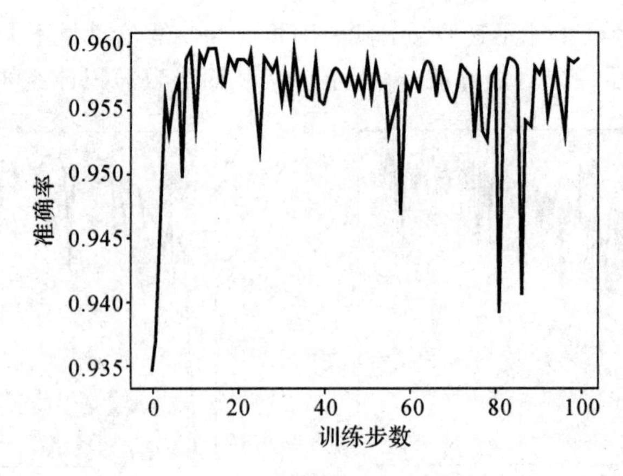

图 9-17 改善卷积结构后准确率的变化

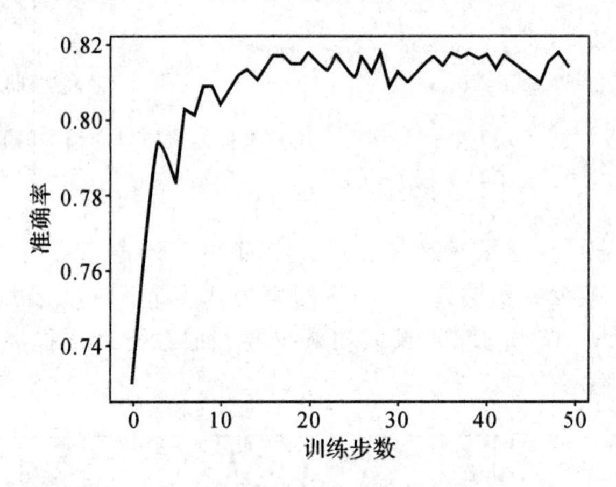

图 9-18 测试模型在 0.1 bpp 时的准确率

5）本实验方法相对 SRM＋EC 等模型的优势

以上实验表明，针对 S-UNIWARD 隐写算法，在嵌入率为 0.4 bpp 的情况下，本实验算法最高能达到 96％的准确率，比本章参考文献[12]提高近 16％；在嵌入率为 0.1 bpp 时，最高可以达到 81.7％的准确率，比 SRM＋EC 约提高约 22％，如表 9-4 所示。由此表明，浅层卷积神经网络架构在隐写分析检测准确率方面优于深层卷积神经网络架构。本实验提出的基于 S 卷积神经网络的隐写分析方法，与现有 SRM＋EC 等模型相比检测准确率更高。

表 9-4 各模型准确率对比（SRM＋EC 数据来自本章参考文献[12]）

模　　型	最高准确率（嵌入率为 0.4 bpp）	最高准确率（嵌入率为 0.1 bpp）
五层卷积神经网络	66.4％	55.2％
SRM＋EC	79.53％	59.25％
本章参考文献[12]提出的卷积神经网络	80.24％	57.33％
本实验采用的 S 卷积神经网络	96％	81.7％

6）失配测试

在实际应用环境下，训练集和测试集往往存在分布偏差，从而产生失配问题。具体原因如下：

（1）载体图像源不同。载体数据来自不同的源，不同成像设备会造成载体量化后噪声分布不一致，从而在分类过程中产生失配问题。

因为 LIMIR 数据库与 BOSSBase 数据库采用完全不同的成像设备，所以可将其应用于载体库源失配测试。对 LIMIR 数据库中 1008 幅大小为 256×256 的图像进行相同的隐写，得到一个新的数据库，而后选择准确率最高的模型对其进行测试。如图 9－19 所示，其平均准确率为 98%，并且准确率有多次达到 100%，比在 BOSSBase 数据库下的检测准确率更高。实验表明，本实验采用的 S 卷积神经网络对载体库源失配情形适应良好，泛化性能良好。

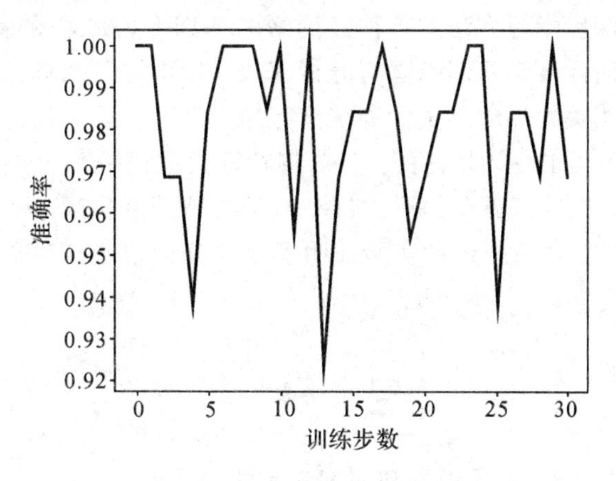

图 9－19　载体库源失配测试

（2）嵌入率不同。隐写图像生成过程中，不同的隐写方法和嵌入率也会造成失配。采用嵌入率高的训练图像库产生的训练模型，对嵌入率低的测试图像库进行隐写分析检测时，检测结果会发生失配。

把在嵌入率为 0.4 bpp 下得到的模型和在嵌入率为 0.1 bpp 下隐写产生的测试集进行嵌入率失配测试，其准确率仅为 55%，比在嵌入率为 0.1 bpp 下直接训练的模型得到的检测准确率低 26%，如图 9－20 所示。其原因是在高嵌入率下，隐写图的特征容易提取，而由

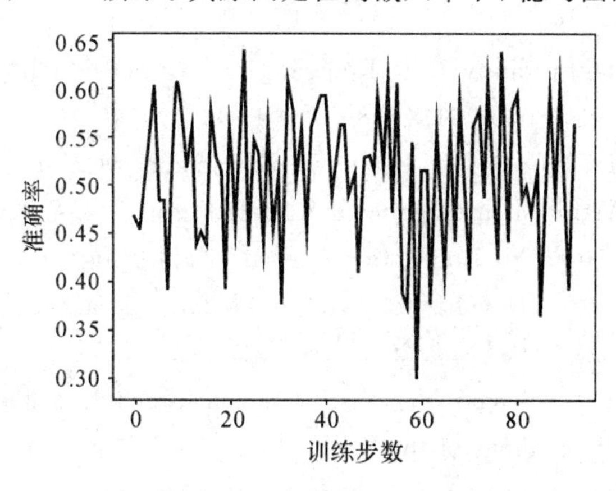

图 9－20　嵌入率失配测试

此训练产生的模型对低嵌入率下的隐写特征难以有效提取，导致检测准确率严重下降。但是从实验结果看，它仍能达到与之前几种直接训练的模型相近的检测准确率，证明本实验采用的S卷积神经网络对低嵌入率图具有较好的泛化性能。

本章小结

在隐写分析的研究中，特征表达问题是目前研究的重点和难点。传统的隐写分析方法中，特征提取主要依赖于人工设计，需要大量时间和精力，并对人的经验提出了很高要求。虽然人工设计在提取特征方面取得了丰硕的成果，但是随着隐写术的不断发展，隐写分析仍面临严重挑战，人工设计特征也变得越来越困难。

本章在代表性的深度学习方法卷积神经网络的基础上，针对图像隐写分析的特点，介绍了两个卷积神经网络深度学习图像隐写分析算法。卷积神经网络隐写分析模型可以更有效地捕捉与隐写分析相关的邻域相关性等统计特性，并自动地学到有效的隐写分析特征表达，相对于传统的基于人工设计特征的方法，将特征提取模块和分类模块整合到一个可训练的网络模型框架下，以数据驱动的形式自动地学习特征并实现分类，从而大大减少了对人的经验和时间的需求。本章介绍的实验证明了隐写分析领域自动学习特征的可行性和有效性。

习　题　9

9.1　请阐述机器学习、模式识别和深度学习的关系。

9.2　在深度卷积神经网络中，池化的目的是什么？

9.3　用于图像隐写分析的深度卷积神经网络的输出是几维向量？

9.4　深度学习中有哪些典型的激活函数？

9.5　感知机和神经网络哪一个能实现非线性映射？通过什么途径实现？

本章参考文献

[1] Hinton G E Salakhutdinov R R Reducing the Dimensionality of Data with Neural Networks，Science，2006，313(5786)：504 - 507 .

[2] Salakhutdinov R，Hinton G E. Deep Boltzmann Machines[C] // International Conference on Artificial Intelligence and Statistics. [S. I.]，2009：448 - 455.

[3] Larochelle H，Bengio Y，Louradour J，et al. Exploring Strategies for Training Deep Nneural Networks[J]. The Journal of Machine Learning Research，2009，10：1 - 40.

[4] Lecun Y，Bottou L，Bengio Y，et al. Gradient-Based Learning Applied to Document Recognition[J]. Proceedings of the IEEE，1998，86 (11)：2278 - 2324.

[5] Goodfellow I，Pouget-Abadie J，Mirza M，et al. Generative Adversarial Nets[C]// Advances in neural information processing systems. [S. I.]，2014：2672 - 2680.

[6] 钱学龙. 基于深度学习的图像隐写分析方法研究[D]. 合肥：中国科学技术大学，2017.

[7] Hubel D H, Wiesel T N. Receptive Fields of Single Neurones in the Cat's Striate Cortex [J]. Physiol, 1959, 148: 574 - 591.

[8] Fukushima K, Murakami S, Matsushima J, et al. Vestibular Responses and Branching of Interstitiospinal Neurons[J]. Experimental Brain Research, 1980, 40(2): 131 - 145.

[9] Rosenblatt F. The Perceptron: Probabilistic Model for Information Storage and Organization in the Brain[J]. Psychological Review, 1958.

[10] Holub V, Fridrich J. Random Projections of Residuals for Digital Image Steganalysis[J]. IEEE Transactions on Information Forensics and Security, 2013, 8(12): 1996 - 2006.

[11] Bas P, Filler T, Pevny T. Break Our Steganographic System: The Ins and Outs of Organizing Boss[C]//Information Hiding. [S. I.], 2011: 59 - 70.

[12] Xu Guanshuo, Wu Hanzhou, Shi Yunqing. Structural Design of Convolutional Neural Networks for Steganalysis[J]. IEEE Signal Processing Letters, 2016, 23(5): 708 - 712.

[13] Pibre L, Jer'ome P, Ienco D, et al. Deep Learning is a Good Steganalysis Tool when Embedding Key is Reused for Different Images, even if there is a Cover Source-Mismatch [C]// Media Watermarking, Security, and Forensics, EI: Electronic Imaging. 2016: 79 - 95.

[14] Ioffe S, Szegedy C. Batch Normalization: Accelerating Deepnetwork Training by Reducing Internal Covariate Shift[J]. arXiv, 2015: 448 - 456.

[15] https: //github. com/rcouturier/steganalysis with CNN and SRM. git.

[16] He Kaiming, Zhang Xiangyu, Ren Shaoqing, et al. Deep Residual Learning for Image Recognition[J]. Computer Vision and Pattern Recognition. 2016: 770 - 778.

第10章 隐写与隐写分析的博弈对抗

在信息隐藏中，隐写者的目的是将秘密信息隐藏在载体中不被攻击者发现，而隐写分析者的目的则是试图发现这种隐蔽通信行为从而进行攻击。显然，隐写者与隐写分析者是博弈的双方，因此利用博弈论的观点对信息隐藏的双方进行研究是合理的。

本章从博弈论的角度对信息隐藏攻防的双方进行分析，首先介绍了隐写者与隐写分析者进行博弈的理论基础，然后介绍了一种基于博弈模型的策略自适应隐写方法，最后介绍了基于博弈模型的生成对抗网络在信息隐藏中的应用与发展。

10.1 隐写与隐写分析的博弈

10.1.1 博弈论基础知识

博弈理论思想最早起源于中国，春秋时期《孙子兵法》记载的军事理论与治国策略，战国时期的田忌赛马，以及《三国演义》等都蕴含了丰富、深刻的博弈思想。将博弈上升到理论阶段是在20世纪，并经过不断发展走向成熟。博弈论是一种研究具有斗争或竞争性质现象的数学理论和方法。从数学角度看，博弈论作为运筹学的分支，为研究策略(方案)最优选择的决策理论提供了数学分析方法。博弈论是现代社会科学的一种主流研究方法，在经济学、社会学、心理学、政治学、国际关系、公共政策等学科中得到了广泛应用，对进化生物学和计算机科学等自然学科也产生了重要影响。

博弈论采用数学模型，运用数学的方法来研究现实生活中的矛盾与冲突，为了看清事物的本质，抓住解决分析问题的要害，对现实局势进行必要的简化和抽象就是必然的事了。但是怎样衡量一个事件的重要性，在分析局势时应遵循哪些原则，在建立模型时都应该有一个共同的基础或原则；否则，同样的局势，各个参与者各有各的看法，将无法很好地达成一致。因此博弈论对参与博弈的参与者或者局中人有三个基本假设：① 局中人都是理性的，即每个局中人都要为自己的行为负责；② 局中人都是聪明和智慧的；③ 局中人都是经济的，即每个局中人在博弈中追求的目标都是最大化个人效用。

对一个现实中复杂的局势进行描述和分析，必须首先简化和忽略一些次要的因素，以便在分析中突出重点，抓住要害。但是不恰当的简化也可能导致博弈模型相对于实际局势出现失真和偏差。因此需要规范博弈建模的构成要素，至少包括以下三个要素：

(1) 局中人或者参与者是博弈行为中的主体，可能是自然人，也可能是机构，在博弈中代表参与博弈的角色。此外为了方便，如果在一个博弈中，要处理外生的随机概率分布机制，就需要引入虚拟参与者。虚拟参与者以一定的概率参与决策。参与者的集合通常用 N 表示：

$$N = \{1, 2, \cdots, n\} \tag{10-1}$$

(2) 策略空间。给博弈局势中每一个参与者 i 提供了一个可供其选择的行动策略集 S_i，则参与者 i 的任意一个策略 $s_i \in S_i$，当有 n 个参与者时，$s=\{s_1, s_2, \cdots, s_n\}$称为 n 个参与者的策略组合。那么所有参与者的策略集 S_i 就组成了博弈全部的策略空间 $S=S_1 \times S_2 \times \cdots \times S_n$。

(3) 收益(盈利)函数或支付函数 u_i。这是博弈的局中人最关心的，无论什么形式的盈利函数，它们都是以效用函数为基础，参与者的目标都是追求个人效用的最大化。

10.1.2　基于隐写与隐写分析的博弈

普遍认为，目前最安全的隐写方式是基于内容自适应的隐写方式，其基本思想是将秘密信息主要嵌入在纹理或者边缘这些更适合嵌入的区域。由于这类方式的出发点通常是针对某一种或某一类隐写分析来设计自适应的准则，因此如果改变隐写分析方式，基于内容自适应的隐写方式将会暴露弱点。更进一步地说，该方式违背了信息安全中一个重要的基本准则，即 Kerckhoffs 准则[1]：一个安全保密系统的安全性不是建立在它的算法对于对手来说是保密的，而是应该建立在它所选择的密钥对于对手来说是保密的。因此对于自适应的隐写算法来说，攻击者应该能完全知道自适应的准则并且能很好地重建或者估计这个准则，从而为隐写分析带来优势。比如，本书第 3 章中介绍的 WOW 算法，它主要是将秘密信息嵌入在纹理和边缘区域，本章参考文献[2]则根据这个自适应标准，利用从纹理和边缘区域提取的特征，对 WOW 算法进行了有效攻击。总之，在设计隐写算法或者隐写分析算法时，考虑博弈的对方是必要的。

博弈论是关于策略相互作用的理论，即关于社会局势中理性行为的理论，其中每个局中人对自己行动的选择必须以他对其他局中人将如何反应的判断为基础[3]，博弈论最重要的研究课题是如何求解纳什均衡点[4]的问题，当局中人选定的策略组成纳什均衡后，形成一个平衡局势。任何一个局中人单方面地改变自己的策略，只可能使自己的收益下降(或不变)，绝不能使自己的收益增加，这样，纳什均衡点构成的平衡局势使每个局中人不敢轻举妄动，因而构成平衡。将隐写模型应用到博弈论中来分析，一方面，隐写者在载体中选择嵌入位置嵌入秘密信息后而尽量不要被隐写分析者所发现；另一方面分析者则要从隐写载体中找到隐写的秘密信息。其中一方所获得的收益(支付)是另一方的付出，在博弈论中这种情况称为二人零和博弈。二人零和博弈的正规形可以用一个三元组(X_1, X_2, u)表示，其中：

(1) X_1 为一个非空集合，表示局中人 Player1 的策略空间；

(2) X_2 为一个非空集合，表示局中人 Player2 的策略空间；

(3) u 为定义在 $X_1 \times X_2$ 上的实值函数，表示 Player1 的支付函数。

在有限的情况下，可假设 X_1 包含 m 个可选的策略，X_2 包含 n 个可选的策略，支付函数 u 就可以表示成一个 $m \times n$ 的支付矩阵 $\boldsymbol{A}$，因此二人零和博弈又称为矩阵博弈，可以使用三元组$(X_1, X_2, \boldsymbol{A})$来表示。如果局中人在他的策略空间中选取唯一确定的策略，则称之为纯策略；反之，如果局中人采取的不是唯一确定的策略，而是对每一种行动策略选择一个概率进行活动，则称之为混合策略。

最早将博弈论应用于信息隐藏的研究始于本章参考文献[5]，作者以隐写者能传输正确的秘密信息比特建立支付函数，并且利用二人零和模型分析了隐写者和隐写分析者之间纳什均衡。Ker 针对批量隐写与批量隐写分析的应用场景[6]，通过建立博弈模型找到了最优策略，结论是秘密信息在所有载体上的分布要么足够分散，要么足够集中，由于他所定义的支付函数的限制，因此只能得到一个在纯策略中的最小最大化策略和最大最小化策略，而不能得到一个混合策略中的纳什均衡。

Pascal Schöttle 和 Benjamin Johnson 等对基于博弈模型的信息隐藏进行了深入研究[7-9]，提出了将博弈论应用到自适应隐写中的方案，他们认为传统的内容自适应隐写算法安全性并不高，因为这种方法的安全性建立在攻击者是非内容自适应的基础上，一旦攻击者选择的是内容自适应的攻击方法，那么内容自适应隐写算法的安全性将会降低。下节将详细介绍该方案的主要内容。

10.1.3 基于内容自适应的信息隐藏博弈模型

1. 问题定义

根据信息隐藏的模型，定义 Alice 为隐写者，Bob 为信息接收者，Eve 为隐写分析者，隐写通信信道模型如图 10-1 所示。Alice 和 Bob 之间通过隐写信道传递秘密信息，而 Eve 的目的是检测是否存在这样的通信行为。在此通信信道上建立博弈模型，隐写者 Alice 和隐写分析者 Eve 是博弈的双方，构成二人零和博弈。与传统的隐写模型不同，在该博弈模型中，Eve 能访问到原始载体从而获得一部分边信息。因此该模型是遵循 Kerckhoffs 准则的，即在内容自适应的隐写系统中，隐写分析者能够获得自适应的准则。

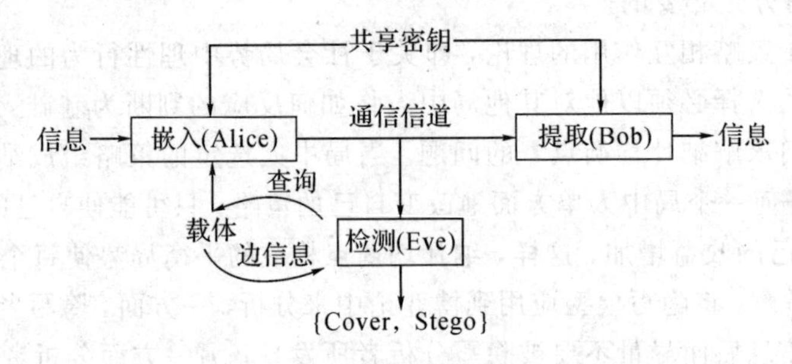

图 10-1 隐写通信信道模型

定义载体向量 $\boldsymbol{X}=(X_0, \cdots, X_{n-1})$，$X_i \in \{0, 1\}(i=0, \cdots, n-1)$包含 n 个独立随机变量，以小写字母表示该向量具体的实现 $\boldsymbol{x}=(x_0, \cdots, x_{n-1})$。单调递增函数 $f(i)=\{0, \cdots, n-1\} \to [1/2, 1]$代表载体元素 X_1 最可能值的概率。不失一般性，令 $f(i)=P(X_i=1)$。为了防止出现溢出情况，需要定义 $f(0)=0.5+\varepsilon$，$f(n-1)=1-\varepsilon$，其中 ε 为一个严格的正数，从而保证安全性不会出现完全安全和完全不安全的极端情况。

Alice 的行动空间是在给定的具体载体 $\boldsymbol{x}$ 上修改其中的 k 个比特，以嵌入给定的秘密信息，通过使用类似 STC 这样的编码可以确保 Alice 和 Bob 之间正确传递秘密信息。Alice 在$(0, \cdots, n-1)$中选择大小为 k 的子集用来代表嵌入位置，则她的混合策略行动空间是在$(0, \cdots, n-1)$中所有 k 个元素的子集上的一个概率分布 a。

Eve 的目的是判断观察到的一个比特向量是正常载体 Cover，还是隐写后的载体 Stego。Eve 的最优决策规则是建立在载体 Cover 和隐写后载体 Stego 上的联合概率分布 P_0、P_1 上的一个似然比检验。在实际中，Eve 是不能完全获知 P_0 和 P_1 具体分布的，只能

依靠对局部的预测来做局部的决策判断。当然了，Eve 并不是全能的隐写分析者，在此模型中，约定 Eve 每次可以从一个比特位获取边信息，因此 Eve 的混合策略行动空间是一个在 n 个位置上的概率分布 e，她可以在每个单独的位置上来查询以获取边信息。

在此博弈模型中，Eve 的任务是很困难的，如果当 $k=1$，即使 Alice 决定在第一个位置嵌入秘密信息，Eve 相对于随机猜测的优势不会超过 ε；如果 Alice 随机化她的嵌入策略，则 Eve 的优势会更小。随着 Alice 嵌入比特数的增加，Eve 的优势会增加，因为 Alice 会用到更多可被预测(低安全性)的位置。此博弈模型的目标是确定其中是否存在纳什均衡的解。

下面的目标函数定义了一个二人零和博弈：Alice 的目的是通过最小化 Eve 的检测错误来提高自己的安全性，而 Eve 的目标则是最小化自己的检测错误。表 10-1 表示了该博弈的支付矩阵。

表 10-1　(Eve，Alice)的支付矩阵

Eve 的决策	事　实	
	Cover	Stego
Cover	(1，−1)	(−1，1)
Stego	(−1，1)	(1，−1)

2. 模型解决

首先定义 Eve 的局部决策规则，Eve 观测第 i 个元素是 1 的概率为 $f(i)$，由于 $f(i)$ 大于 1/2，因此如果 Eve 观测到某个比特为 1，则这个比特更可能是一个 Cover；相反，如果观测到的比特为 0，则这个比特更可能为一个 Stego。

$$\text{Eve 的决策 } d(i) = \begin{cases} \text{Cover}, & x_i = 1 \\ \text{Stego}, & x_i = 0 \end{cases} \tag{10-2}$$

为了简单起见，定义函数 $\tilde{f}(i)=f(i)-1/2$，由于 $f(i)$ 为第 i 个位置观测到 1 的概率，实际上定义了元素位置 i 的可预测性。则 $\tilde{f}(i)$ 可以描述为第 i 个位置的值的偏离程度，称之为偏离函数。

注意：Alice 的混合策略行动空间是在(0，…，$n-1$)中所有 k 个元素的子集上的一个概率分布 a，对于其中一个包含 k 个位置的子集 S，$a(S)$ 是 Alice 在这 k 个位置嵌入秘密信息的概率，并且 $\sum_S a(S)=1$。将 Alice 在所有位置上的混合策略映射到在第 i 个位置上的概率总和，因此对于 $i\in\{0,\cdots,n-1\}$，定义 $a(i)$ 如下：

$$a(i) = \sum_{\{S:\ i\in S\}} a(S) \tag{10-3}$$

如果 Alice 仅仅在一个位置嵌入秘密信息，则 $a(i)=a(\{i\})$ 并且 $\sum_{i=0}^{n-1} a(i)=1$；如果嵌入 k 个比特，则

$$\sum_{i=0}^{n-1} a(i) = k \tag{10-4}$$

Eve 的混合策略行动空间是一个在 n 个位置上的概率分布 e，她以概率 $e(i)$ 在第 i 个位置上进行询问以获得第 i 个位置的偏离程度，从而决定她所观测到的位置 i 是 Cover 还

是 Stego。

3. 博弈纳什均衡

结合博弈论的计算方法，通过数学计算和证明，已知 $\tilde{f}$ 为偏离函数，e 为 Eve 的混合策略，a 为 Alice 的混合策略，对于在载体中嵌入 k 比特的情况，不存在纯策略纳什均衡，但存在一个唯一的混合策略纳什均衡解，即 Alice 在第 i 个位置进行嵌入的概率为

$$a(i)=\frac{k}{\tilde{f}(i)\times\sum_{j=0}^{n-1}\frac{1}{\tilde{f}(j)}} \tag{10-5}$$

而 Eve 在第 i 个位置进行观测的概率为

$$e(i)=\frac{1}{\tilde{f}(i)\times\sum_{j=0}^{n-1}\frac{1}{\tilde{f}(j)}} \tag{10-6}$$

可见，该纳什均衡的意义在于，Alice 和 Eve 的博弈过程中，分别以概率 $a(i)$和 $e(i)$进行嵌入和检测对双方来说都是最合理的，整个博弈过程也是最稳定的。

10.2 博弈模型上的策略自适应隐写

将博弈论应用于信息隐藏的研究一般都集中在理论方面，在本章参考文献[9]的基础上，文献[10]和[11]将博弈论的研究与隐写的实际应用结合起来，基于内容自适应嵌入提出了策略自适应的隐写方法。

10.2.1 模型框架

隐写二人零和博弈模型建立如下：

(1) 原始载体 Cover$=\{x_i, \mid x_i\in\{0, 1\}, i=1, \cdots, n-1\}$，即 Cover 为由 n 个比特组成的序列，秘密信息 m 的长度为 k。

(2) 局中人 N 的行动选择由抛一枚硬币决定，即分布为(0.5, 0.5)，也就是说，若在载体 Cover 的第 i 个位置嵌入秘密信息，该信息比特与载体比特相同的概率为 1/2(载体信息比特 1/2 的概率翻转，1/2 的概率不变)。

(3) 局中人 $N=\{$Alice, Eve$\}$，其中 Alice 为隐写者，Eve 为隐写分析者。

(4) Alice 的纯策略行动集是从 n 个原始载体 Cover 中选择 k 个位置进行嵌入的，由于在纯策略行动集下不存在纳什均衡，因此考虑 Alice 的混合策略行动集 A_i 是在$\{0, \cdots, n-1\}$中 k 个位置的子集 S 上的概率分布：

$$A_i=\{a_i=(a_1, a_2, \cdots, a_{n-1}), \mid a_i\geqslant 0, i=1, 2, \cdots, (n-1), \sum_{i=0}^{n-1}a_i=k\} \tag{10-7}$$

其中，a_i 代表隐写者 Alice 在第 i 个位置嵌入信息的概率。

(5) Eve 的混合策略行动集 E_i 则是在 n 个隐写后载体 Stego 上的概率分布：

$$E_i=\{e_i\mid e_i\geqslant 0, i=1,\cdots, n-1\} \tag{10-8}$$

其中，e_i 代表 Eve 对第 i 个位置进行询问以获取边信息，来判断该位置上是否经过隐写的

概率。

单调递增函数 $f(i)$：$\{0, \cdots, n-1\} \to [1/2, 1]$，用来量化原始载体 Cover 在第 i 个位置最可能值的概率。因此 Alice 和 Eve 为了避免对方知道自己的行动策略，都会根据 $f(i)$ 的值采用随机的方法来决定自己策略。根据 10.1.3 节的内容可知，该博弈模型存在唯一的一个纳什均衡解：

$$\begin{cases} a(i) = \dfrac{k}{\tilde{f}(i) \times \displaystyle\sum_{j=0}^{n-1} \dfrac{1}{\tilde{f}(j)}} \\ e(i) = \dfrac{1}{\tilde{f}(i) \times \displaystyle\sum_{j=0}^{n-1} \dfrac{1}{\tilde{f}(j)}} \end{cases} \tag{10-9}$$

因此 Alice 只要以概率 $a(i)$ 在第 i 个载体上进行嵌入，即可达到纳什均衡条件下的隐写，而要获得 $a(i)$ 的值则先要获得偏离函数 $\tilde{f}(i)$ 的值。$\tilde{f}(i)$ 表征某一系数对全局统计特性的影响，若 $\tilde{f}(i)=0$，则说明该系数的值在 0 与 1 之间完全随机，Alice 在策略自适应嵌入条件下可以无任何风险地在该系数上嵌入 1 比特，也就是说，该系数对全局统计特性没有影响。当 $\tilde{f}(i)=1/2$ 时，说明该系数的值以 100% 的概率取 0(或 100% 概率取 1)，若 Alice 在该系数上嵌入秘密信息，则 Eve 在策略自适应条件下可以完全检测出来，也就是说，该系数对全局统计特性影响大。

10.2.2　基于策略自适应算法的嵌入流程

本小节所介绍的策略自适应隐写算法完整流程如下：

步骤 1　X、Y 分别为图像原始载体和隐写后载体，大小为 $M \times N$。首先对 X 和 Y 分别进行一层 DB8 小波分解，得到 $W_{uv}^{(k)}(X)$ 和 $W_{uv}^{(k)}(Y)$ 小波分解系数，其中 $k=1, 2, 3$，$(u, v) \in \{1, \cdots, M\} \times \{1, \cdots, N\}$。索引 $k=1, 2, 3$ 分别对应着小波系数中的 LH、HL 和 HH 子带。原始载体失真值通过如下公式来计算：

$$D(X, Y) = \sum_{k=1}^{3} \sum_{u=1}^{M} \sum_{v=1}^{N} \frac{|W_{uv}^{(k)}(X) - W_{uv}^{(k)}(Y)|}{\sigma + |W_{uv}^{(k)}(X)|} \tag{10-10}$$

其中，σ 是一个常量，以避免分母为零的情况。需要注意的是，式(10-10)是非加性的，当修改其中一个元素 X_{ij} 时，会影响到 $s \times s$ 个小波系数(s 为小波基的大小)，因此在实际计算过程中使用近似的加性失真，即将载体元素 x_{ij} 修改为 y_{ij} 带来的失真可以用如下表达式近似表示：

$$\rho_{i,j}(X, y_{i,j}) \approx D(X, x_{\sim i,j} y_{i,j}) \tag{10-11}$$

为了和已介绍的博弈纳什均衡结果形式保持一致，可将二维形式转换为一维形式，用 $\rho(i)$ 表示载体中第 i 个元素的失真值。

步骤 2　基于自适应的隐写方法中最重要的部分是与载体模型相关的失真函数设计，而本节所介绍的基于策略自适应隐写算法最重要的则是偏离函数的设计，前者表征了图像小波域中某一系数的修改对图像全局统计特性的影响，即若失真值 $\rho(i)$ 越大，则说明该系数对全局统计特性影响越大，就越不能被修改，反之亦然。根据对偏离函数 $\tilde{f}(i)$ 的分析可以发现，它也可以表征某一系数对全局统计特性的影响，即 $\tilde{f}(i)$ 越大，则说明该系数对全局统计特性影响越大，就越不能被修改，反之亦然。因此可以得出结论：$\tilde{f}(i)$与$\rho(i)$成正比例关系。为构建偏离函数，首先将$\rho(i)$按照从小到大的顺序排列；然后将$\rho(i)$线性归一化，得到偏离函数$\tilde{f}(i)$如下：

$$\tilde{f}(i)=\begin{cases}\varepsilon, & i=0\\ \dfrac{1}{2}\times\dfrac{\rho(i)-\mathrm{MIN}(\rho)}{\mathrm{MAX}(\rho)-\mathrm{MIN}(\rho)}, & i=1,2,\cdots,n-2\\ \dfrac{1}{2}-\varepsilon, & i=n-1\end{cases} \tag{10-12}$$

其中，$\mathrm{MIN}(\rho)$为所有失真值的最小值；$\mathrm{MAX}(\rho)$为所有失真值的最大值。

步骤 3 根据式(10-12)计算得到的第i个元素的偏离函数值$\tilde{f}(i)$，可以通过纳什均衡结论式(10-9)来得到修改第i个载体的概率$a(i)$为

$$a(i)=\frac{m}{\tilde{f}(i)\times\sum_{j=0}^{n-1}\dfrac{1}{\tilde{f}(i)}} \tag{10-13}$$

其中，m为所需嵌入载体比特的数量；n为载体总数。

步骤 4 为了将本节所介绍的策略自适应与传统的内容自适应结合起来，需要将式(10-13)中得到的概率$a(i)$转换得到一个新的失真函数值，而这两者之间是一个反比例关系。当嵌入概率$a(i)$为0时，代表这个载体元素不应该被修改，从而失真值应该为无穷大；当$a(i)$为1时，代表这个载体元素可以确定被修改，从而失真值为0。新的失真值计算公式如下：

$$\rho'(i)=\frac{1}{a(i)}=\frac{\tilde{f}(i)\times\sum_{j=0}^{n-1}\dfrac{1}{\tilde{f}(i)}}{m} \tag{10-14}$$

步骤 5 根据上述新的失真值$\rho'(i)$，可以利用STC等编码进行嵌入，整个嵌入过程流程图如图10-2所示。

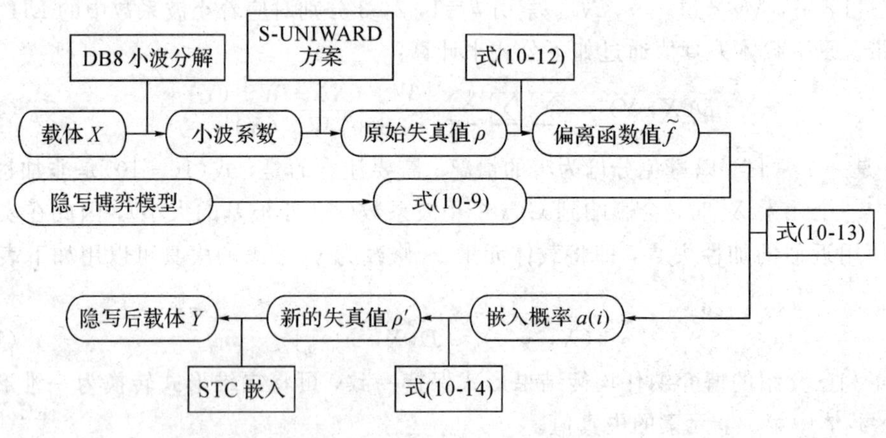

图 10-2 嵌入过程流程图

上述新的失真函数的设计过程实际上是对原有失真函数的一个改进，即在原有失真函数值的基础上加入了博弈论纳什均衡的结果，使得该失真函数的设计既有内容自适应的优点，又有策略自适应的优点。

10.3　基于生成对抗网络的隐写与隐写分析

技术创新是社会和经济发展的核心驱动力。继以物联网、云计算、大数据和移动互联网为代表的信息技术之后，人工智能技术蓬勃发展，被公认是社会经济发展的新动能和新引擎，有望在农业生产、工业制造、经济金融、社会管理等众多领域产生颠覆性变革。生成式对抗网络(Generative Adversarial Networks，GAN)作为一种新的生成式模型，正在成为人工智能的一个重要研究方向。GAN 的基本思想来源于博弈论中的二人零和博弈，通过生成器和判别器之间迭代的对抗学习，逼近纳什均衡，估测真实数据样本的潜在分布并生成新的数据样本。

作为强大的生成式模型，GAN 在图像和视觉计算、语音和语言处理、信息安全等领域具有极高的应用价值。随着 GAN 技术的发展，将 GAN 中的样本生成、对抗学习思想与其他人工智能技术相结合，拓宽相关技术的研究思路，具有巨大的发展潜力。在信息隐藏领域，基于双方博弈对抗来促进各方进化完善的思想，生成对抗网络为隐写载体图像的自然化，以及隐写失真函数的训练提供了新的研究思路。

10.3.1　生成对抗网络

生成对抗网络 GAN(Generative Adversarial Networks)是 Goodfellow 等人[12]在 2014 年提出的一种生成模型。GAN 在结构上受博弈论中的二人零和博弈(即二人的利益之和为零，一方的所得利益正是另一方的所失)的启发，该系统由一个生成器和一个判别器构成。生成器捕捉真实数据样本的潜在分布，并生成新的数据样本；判别器是一个二分类器，判别输入是真实数据还是生成的样本。生成器和判别器均可以采用目前研究火热的深度神经网络[13]。GAN 的优化过程是一个最小最大博弈(Minimax Game)问题，优化目标是达到纳什均衡[12]。它设定参与游戏双方分别为一个生成器(Generator)和一个判别器(Discriminator)，生成器的目的是尽量去学习真实的数据分布，而判别器的目的是尽量正确判别输入数据是来自真实数据还是来自生成器。为了取得游戏胜利，该两个游戏参与者需要不断优化，各自提高自己的生成能力和判别能力，这个学习优化过程就是寻找二者之间的一个纳什均衡。GAN 的计算流程与结构如图 10－3 所示。

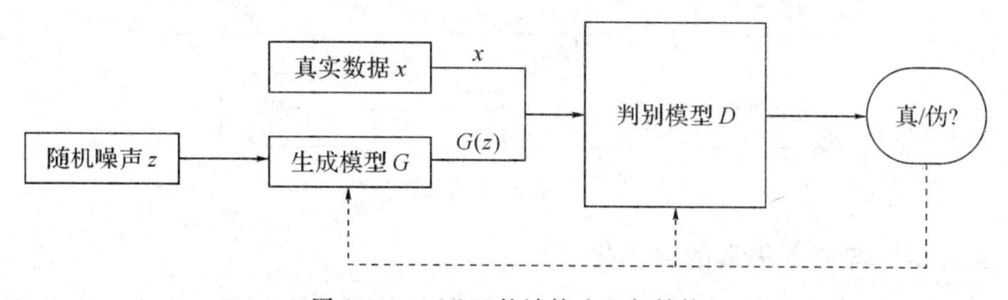

图 10－3　GAN 的计算流程与结构

任意可微分的函数都可以用来表示 GAN 的生成器和判别器，由此，我们用可微分函数 D 和 G 来分别表示判别器和生成器，它们的输入分别为真实数据 x 和随机变量 z。$G(z)$ 则为由 G 生成的尽量服从真实数据分布 pdata 的样本。如果判别器的输入来自真实数据，则标注为 1；如果输入样本为 $G(z)$，则标注为 0。这里 D 的目标是实现对数据来源的二分类判别：1 代表真(来源于真实数据 x 的分布)；0 代表伪(来源于生成器的伪数据 $G(z)$)。目标函数如下：

$$\min_{G}\max_{D}V(D, G)=E_{s\sim P_{\text{data}}}[\log D(\boldsymbol{s})]+E_{x\sim P_{z}}[\log(1-D(G(\boldsymbol{x})))] \quad (10-15)$$

而 G 的目标是使自己生成的伪数据 $G(z)$ 在 D 上的表现 $D(G(z))$ 和真实数据 x 在 D 上的表现 $D(x)$ 一致，这两个相互对抗并迭代优化的过程使得 D 和 G 的性能不断提升，当最终 D 的判别能力提升到一定程度，并且无法正确判别数据来源时，可以认为这个生成器 G 已经学到了真实数据的分布。

10.3.2 基于生成对抗网络的隐写与隐写分析方法

这种博弈的思想在信息安全技术的发展中有着“天然”的应用，因为信息安全技术的应用场景必然存在对抗博弈的双方——保护方与分析方的角色与功能可以通过生成对抗网络进行一定的构造，使得机器学习的过程在对抗网络的演化过程中得到充分体现。因此，对于信息隐藏领域来说，隐写者与分析者都可以在生成对抗网络中构造理想的适合嵌入的载体，或者具有较高分辨能力的分类器失真函数，而当前的研究也是主要基于这两个方面。

1. 隐写载体的自然化

如图 10－4 所示，整个隐写生成对抗网络(Steganography－GAN)中包含三个网络：生成网络 G、载体判别网络 D 和携密载体判别网络 S。整个生成对抗网络的目的是生成一个载体，载体既接近真实图像分布，又能在嵌入信息之后也符合真实图像分布。因此，G 的输出结果是一个待嵌入的载体，这个载体需要发送给两个分类器进行分类训练。首先是发送给 D，它跟传统的判别器一样，用于区分 G 输出的载体与自然图像，如果能够进行区分，那么会反馈给 G 进行优化；同时，G 的输出载体会进行一种嵌入修改，如进行 LSB 嵌入，嵌入之后的携密载体会发送给 S 进行分类，如果 S 能够区分携密载体与自然图像，那么会反馈给 G 进行优化。如此迭代训练的结果是 G 生成的载体既不会被 D 区分(即完成载体本身的自然化)，同时在进行了嵌入操作之后也不会被 S 区分(即完成了携密载体的自然化)。载体的自然化过程就基于这样一种生成对抗网络的构造实现了。

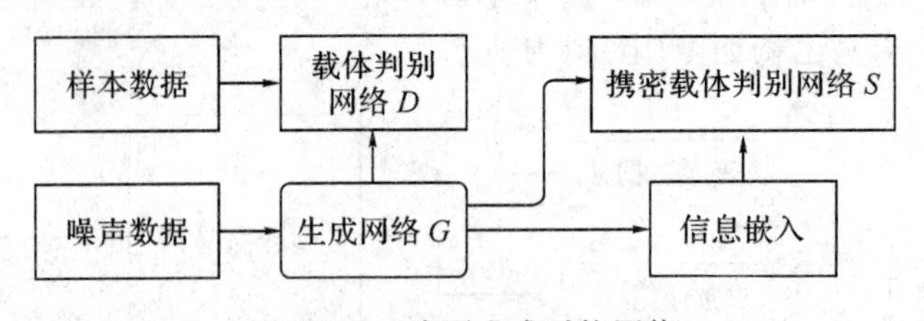

图 10－4　隐写生成对抗网络

2. 失真函数与嵌入失真的自优化

这里的隐写分析是指通用隐写分析，它主要是依赖于提取特征，建立失真函数，通过计算给定图像的失真来判断所给图像是否是自然图像。失真函数的优化是分析水平提高的重要手段。而失真函数自优化的这方面工作，通过直接引入深度学习算法就可以实现对于失真函数分类能力的自动提高。

另外，失真函数也被应用于正向隐写的过程中，隐写后的携密载体如果能够实现嵌入失真最小，那么该隐写方法可以认为是优秀的。在此基础上，当前基于生成对抗网络来实现嵌入失真自优化的算法在不断发展。本章参考文献[14]是一种试图实现嵌入失真函数自动优化的算法，其生成器的目的是输入一个载体图像，输出该图片满足最小失真情况下各个像素点发生改变的概率。判别器是输入携密载体，分类出该载体是否是自然图像，而嵌入方法是根据生成器输出的各像素点的改变概率来选择嵌入编码方法。经过训练后的生成器能够生成判别器不能区分的最小化失真下的像素改变策略，而嵌入过程基于这样的策略进行嵌入操作，可以实现嵌入失真最小，即完成了失真函数的自优化。

本章小结

本章主要通过博弈论这个科学工具，对信息隐藏攻防的双方进行分析，首先介绍了隐写者与隐写分析者进行博弈的理论基础；然后介绍了一种基于博弈模型的策略自适应隐写方法；最后介绍了基于博弈模型而形成的生成对抗网络在信息隐藏中的应用与发展。

习 题 10

10.1 构成博弈论的基本要素是什么？一般有哪几个前提假设？

10.2 查阅相关资料，阐述纳什均衡在信息隐藏中的作用。

10.3 简述密码学中 Kerckhoffs 准则的基本含义。为什么信息隐藏中也应该遵循此准则？

10.4 什么是基于策略自适应的隐写算法？提出该类算法的出发点是什么？

10.5 阐述基于内容自适应算法与基于策略自适应算法的区别。

10.6 二人零和博弈的基本思想是什么？为什么它与信息隐藏能融合到一起？

10.7 简述10.2节所介绍算法的基本思想。它有什么缺陷？还可以从哪些方面进行改进？

10.8 结合生成对抗网络的博弈思想，设计一个能够在对抗中不断完成优化的生活场景。

10.9 在当前技术条件下，是否可以认为生成图片与自然图片已经无法区分？

本章参考文献

[1] Kerckhoffs A. La Cryptographie Militaire[M]. University Microfilms, 1978.

[2] Tang W, Li H, Luo W, et al. Adaptive Steganalysis Against WOW Embedding Algorithm. In Procedding of ACM workshop on information hiding and multimedia security, 2014: 91-96.

[3] 汪贤裕，肖玉明. 博弈论及其应用[M]. 北京：科学出版社，2008.

[4] Nash J. Non-Cooperative Games. Ann Math. 1951, 54: 286-295.

[5] Ettinger M. Steganalysis and Game Equilibria. In Aucsmith, D, ed: Information Hiding. Lecture Notes in Computer Science, Springer, 1998, 1525: 319-328.

[6] Ker AD: Batch Steganography and the Threshold Game. SPIE，2007，6505：650504.
[7] Schöttle P，Bohme R. A Game-Theoretic Approach to Content-Adaptive Steganography [C]：Information Hiding. LNCS，Springer Berlin Heidelberg，2013：125－141.
[8] Johnson B，Schöttle P，Bohme R. Where to Hide the Bits? [M]. Decision and Game Theory for Security. Springer Berlin Heidelberg，2012：1－17.
[9] Schöttle Pascal，Laszka Aron，Johnson Benjamin，et al. A Game-Theoretic Analysis of Content-adaptive Steganography with Independent Embedding[J]. EUSIPCO，IEEE，2013.
[10] 钮可，李军，刘佳，等. 博弈模型上的策略自适应隐写方法[J]. 西安电子科技大学学报：自然科学版，2015，42(4)：165－170.
[11] Li J，Yang X，Liao，X. et al. A Game-Theoretic Method for Designing Distortion Function in Spatial Steganography. https：//doi. org/10. 1007/s11042－016－3632－7. Multimed Tools Appl，2017，76：12417－12431.
[12] Goodfellow I，et al. Generative Adversarial Nets. In Proc，Adv，Neural Inf Process Syst. 2014：2672－2680.
[13] Chen X，et al. InfoGAN：Interpretable Representation Learning by Information Maximizing Generative Adversarial Nets. arXiu，2016，1606：03657.
[14] Tang W，Tan S，Li B，et al. Automatic Steganographic Distortion Learning Using a Generative Adversarial Network. IEEE Signal Processing Letters，2017，(10)：1547－1551.